面向21世纪高等院校课程规划教材

凌阳16位单片机实训教程

主审　顾　滨

主编　孔祥洪　董昌春　王令群

北京航空航天大学出版社

内容简介

本书重点介绍凌阳16位单片机SPCE061A的工作原理与接口应用，全书分7章，共给出42个实训项目。第1章简要介绍SPCE061A单片机；第2章介绍工程设计中的编程规范；第3章介绍集成开发环境；第4章介绍基础应用实训；第5章介绍语音编程实训；第6章介绍分立模组实训；第7章介绍综合实训。

本书可作为高等院校单片机课程实训教材，也可供从事电子技术、计算机应用与开发的科研人员和工程技术人员学习参考。

图书在版编目(CIP)数据

凌阳16位单片机实训教程/孔祥洪，董昌春，王令群主编．—北京：北京航空航天大学出版社，2009.2

ISBN 978-7-81124-260-7

Ⅰ.凌… Ⅱ.①孔…②董…③王… Ⅲ.单片机微型计算机—教材 Ⅳ.TP368.1

中国版本图书馆CIP数据核字(2008)第023441号

凌阳16位单片机实训教程

主审　顾　滨

主编　孔祥洪　董昌春　王令群

责任编辑　杨　波　史海文

*

北京航空航天大学出版社出版发行

北京市海淀区学院路37号(100083)　发行部电话:(010)82317024　传真:(010)82328026

http://www.buaapress.com.cn　E-mail:emsbook@gmail.com

北京时代华都印刷有限公司 印装　各地书店经销

*

开本:787mm×1 092mm　1/16　印张:17　字数:435千字

2009年3月第1版　2009年3月第1次印刷　印数:5 000册

ISBN 978-7-81124-260-7　　定价:32.00元(含光盘1张)

前言

本书是根据教育部全国高等工程专科计算机课程委员会十一五选题计划和单片机的教学基本要求编写的，由上海市教委高职高专计算机教学指导委员会组织评审、推荐出版的规划教材，也是上海市教委制造业信息化教学高地建设项目的成果之一。

本书的编写基于黄炎培职业教育思想研究所关于我国职业教育继承与创新的指导思想，充分体现了黄炎培先生“双手万能，手脑并用”的职教精髓。力求做到基本理论以必须、够用为原则，实际项目导入教学为线索，整合电子信息类智能控制方向单片机教学体系和知识结构，使学生在做、学中迅速提高并消化所学的知识，为我国近年来电子产业的迅速崛起培养中坚力量。

本书侧重于凌阳16位单片机的实用技术及实际应用的介绍，以操作、使用为主，分为理论知识和实训两大部分，共7章，包括42个实训项目。第1～3章为理论部分：第1章介绍SPCE061A单片机；第2章介绍工程设计中的编程规范；第3章介绍集成开发环境。第4～7章为实训部分：第4章为基础应用实训，有基于SPCE061A硬件设计的21个实训练习，主要针对SPCE061A的各个硬件模块，让学生掌握SPCE061A的硬件结构、硬件模块、工作原理和简单的编程方法；第5章为语音编程实训，有7个实训练习，主要针对不同语音算法进行实训，让学生熟悉掌握凌阳16位单片机的语音算法；第6章为分立模组实训，有6个实训练习，让学生掌握SPLC501液晶显示模组的各种显示功能，UART与USB通信方式的转换，以及Flash的擦除与读/写；第7章为综合实训，有8个实训练习，涉及了从简单模块实验到复杂完整功能实验，如电压测量表，录音笔等，让学生从整体上掌握利用SPCE061A开发设计的过程，并学会SPCE061A单片机较复杂的编程方法。实训的源程序参见附带的光盘。

本书由孔祥洪、董昌春、王令群主编，马洪良、赵轶群、徐良贤参编，顾滨为主审，孔祥洪和王令群负责全书的统稿。本书共7章，第1章由马洪良、赵轶群编写，第2章由徐良贤编写，第3、5章由孔祥洪编写，第4、7章由王令群编写，第6章由董昌春编写。

另外，在资料收集、整理方面，还得到高镜霞、诸杭、李吉鹏、杨明霞、张彦之、江瑞煌、陶佳元、王贤娉、赵红霄、金殿、苏孙国、金鑫、沈敏、马琰、韩鹏等同学的帮助，在此谨致以诚挚的感谢！

本书在编写、出版过程中得到了上海市教委高职高专计算机教学指导委员会和台湾凌阳科技股份有限公司的指导和帮助，以及黄冬梅教授、陈明教授和邹国良教授等人的指导，在此一并表示衷心感谢。由于计算机技术发展迅速，加之编者水平有限，而且时间仓促，书中难免有疏漏之处，敬请批评指正。

编　者

2009年1月

目　录

第 1 章　凌阳 SPCE061A 单片机简介

第 2 章　编程规范简述

第 3 章 集成开发环境 IDE

第 4 章　SPCE061A 基础应用实训

第5章 语音编程实训

第1章 凌阳 SPCE061A 单片机简介

1.1 单片机概论

1.1.1 何谓单片机

单片机一词最初源于 Single Chip Microcomputer，简称 SCM。单片机也叫做微控制器或者嵌入式微控制器。它不是完成某一个逻辑功能的芯片（芯片也称作集成电路块，它是 1958 年 9 月 12 日在 Robert Noyce 的领导下发明集成电路后开始出现的一个名称），而是把一个微型计算机系统集成到一个芯片上。

所谓单片机，是指在一块芯片中集成有中央处理器（CPU）、存储器（RAM 和 ROM）、基本 I/O 接口和定时器/计数器等部件，并具有独立指令系统的智能器件，即在一块芯片上实现了一台微型计算机的基本功能。

单片机具有体积小，质量轻，价格低的特点，为学习、应用和开发提供了便利条件。同时，学习使用单片机是了解计算机原理与结构的最佳选择。

图 1-1 所示为单片机的一般内部结构图。其中有最重要的 CPU，可以等视于 PC 机中主板上的 CPU，也常称作 CPU 内核（简称内核）。还有协调整个系统工作的系统时钟；存储器，包括 RAM 和 ROM；输入/输出（I/O）接口，包适串行和并行等接口。而现代单片机内部还集成有如定时器、看门狗、CCU 等特殊功能模块。当然单片机内部的各个模块在工作时需要相互间进行数据的交换，所以少不了内部总线。

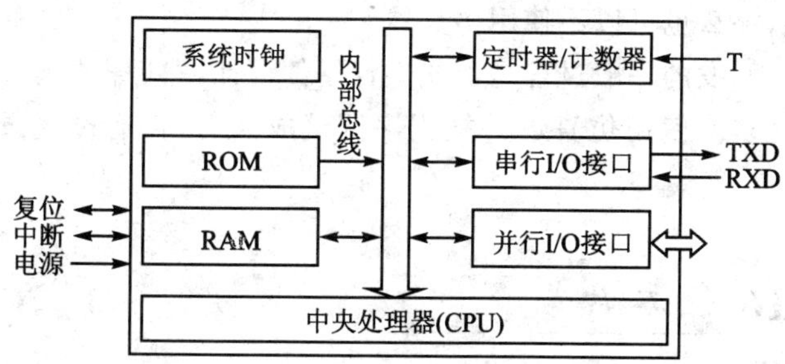

图 1-1 单片机内部结构图

1.1.2 单片机的用途

目前单片机渗透到我们生活的各个领域，几乎很难找到哪个领域没有单片机的踪迹。导弹的导航装置，飞机上各种仪表的控制，计算机的网络通信与数据传输，工业自动化过程的实时控制和数据处理，广泛使用的各种手机、充电器、电话、电风扇、录像机、摄像机、全自动洗衣机的控制，以及程控玩具、电子宠物等，这些都离不开单片机。更不用说自动控制领域的机器人、智能仪表、医疗器械了。因此，单片机的学习、开发与应用将造就一批计算机应用与智能化控制的科学家、工程师。

1.1.3 单片机开发的一般过程

从单片机的应用可以发现，每一个系统都是在完成一个特定的功能，而这些特定功能的实现是依靠单片机来指派的。单片机知道怎样来进行指派，是由所编写的程序来控制的。从这个过程反过来推导就是单片机开发的一个过程，最简流程是根据硬件设计编写程序，并把程序加载到单片机中。

所谓硬件(Hardware)，就是看得到，摸得着的实体。有了硬件，才有了实现计算和控制功能的可能性。硬件设计就是根据要设计的系统，找到实现这个系统所需要的硬件，并根据一定的电气规则把它们组合起来(前期用来做试验的硬件也称之为开发系统)。

单片机要真正地能进行计算和控制，还必须有软件(Software)的配合。软件主要指的是各种程序。只有将各种正确的程序"灌入"(存入)单片机，它才能有效地工作。所谓程序，就是人们为了告诉微处理器要做什么事而编写的，微处理器能够理解的一串指令，有时也叫代码。单片机能自动地进行运算和控制，是由于人们把实现计算和控制的步骤一步步地用命令的形式，即一条条指令(Instruction)预先存入到存储器中，单片机在中央处理器的控制下，将指令一条条地取出来，并加以翻译和执行。

由于单片机只认识"0"和"1"，因此为了让单片机认识所编写的程序，就需要一个"中间人"来充当翻译，把程序翻译成"0"和"1"的一系列组合("0"和"1"的一系列组合也称之为目标码或机器码)，这个"中间人"就是通常所说的开发环境(也称编译器)。为了把翻译的结果"灌入"(存入)单片机，人们发明了下载器(或称烧录器)。

同时，为了更加方便地检查所编写的程序是否符合设计系统的要求(或者说更好地进行程序调试)，人们又发明了仿真机。当程序仿真成功后，再下载到所设计的系统上。这样一来，不仅为程序调试提供了方便，也减少了把一个有误的程序下载到所设计系统上的可能。当然，如果确认程序没有问题，那么也可以不使用仿真器。

总体来说，单片机开发的一般过程是首先进行硬件设计，然后根据硬件和系统的要求在开发环境中编写程序，经多次使用仿真器并把程序调试成功后，再通过烧录器把程序写到单片机中。

1.2 凌阳16位单片机

1.2.1 凌阳16位单片机简介

随着单片机功能集成化的发展，其应用领域也逐渐地由传统的控制，扩展为控制处理、数据处理以及数字信号处理(Digital Signal Processing，简称为DSP)等领域。凌阳16位单片机就是为了适应这种发展而设计的。它的 CPU 内核采用凌阳最新推出的 μ'nSP™(Microcontroller and Signal Processor)16 位微处理器芯片(以下简称 μ'nSP™)。

凌阳科技(http://www.sunplus.com)是世界级消费性电子产品零件供应商,积极引领各类消费性芯片的研发与创新设计,以实现科技产品应用于生活领域中。凌阳科技是世界前 20 大芯片设计公司,拥有先进的设计技术,提供了几千种标准产品。这些产品广泛应用于工业领域和消费类电子产品领域。同时,凌阳科技还提供高性能的外围电路,包括 LCD、AGC、DTMF、A/D、D/A、UART、SPl、PCI、计数器和存储控制器等。其中部分型号的单片机可以完成在线编程、仿真和调试。采用这种设计方法不仅降低了开发者的成本,而且在很大程度上加快了开发者的设计进程。

凌阳科技的单片机除了集成了更多的具有混合外设功能的模块和大容量的存储器外,还集成了一些诸如数字处理和语音处理等功能,竭力提高单片机的性价比,使其应用更加广泛。本章将特别针对凌阳科技自行开发的 16 位单片机讲述其系列产品的结构设计特点。凌阳公司 16 位单片机系列产品如表 1-1 所列,μ'nSP™家族产品如图 1-2 所示。

表 1-1　凌阳公司 16 位单片机系列产品

系列类型	IC 型号	用　途
SPCEXXXX	SPCE500A、SPCE060A、SPCE061A	主要应用于语音播放和语音识别领域
SPGXXX	SPG200、SPG220	主要应用于视频游戏机类产品
SPT660X	SPT6602、SPT6605、SPT6608	主要应用于通信领域中带 LCD 驱动的、可实现来电辨识和语音拨号功能的产品
SPMCXXX	SPMC701、SPMC75F	通用单片机,适用于家电应用、工业控制应用领域
SPFXXX	SPF32A、SPF64、SPF8	主要应用于高档电子乐器
SPL16XXXX	SPL162001、SPL161001	主要应用于数字声音、语音识别、显示屏等领域

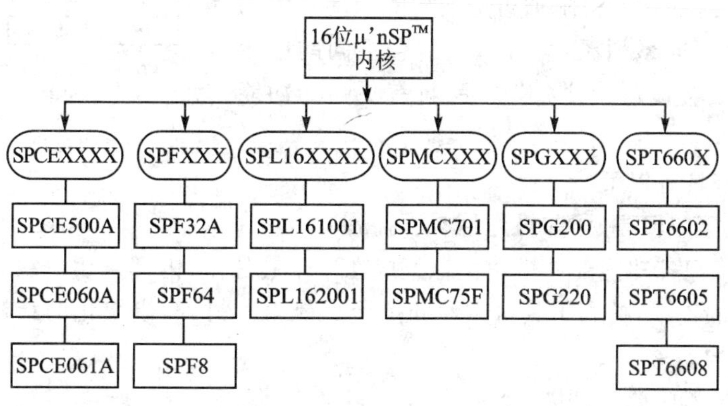

图 1-2　μ'nSP™家族产品

SPCE 系列单片机内置全双工异步通信串行接口,可实现多机通信,方便地组成分布式控制系统;红外收发通信接口,可用于近距离的双机通信或制作红外遥控装置;A/D、D/A 转换接口,可方便地用于各种数据的采集、处理和控制输出,并为与用户系统友好交互打下基础;A/D、D/A 转换接口与 μ'nSP™的 DSP 运算功能配合使用,可实现语音识别功能,从而使其方便地运用于语音识别领域。

SPG系列单片机配备μ'nSP™内核、图片处理单元(PPU)和声音处理单元(SPU),能产生电视系统(NTSC或PAL)的图像和声音;内置10位ADC、UART接口、SPI接口和其他连接各种输入/输出的装置,如图像传感器和触摸盘等。

SPT660X系列单片机内置双音多频(Dual Tone Multi Frequency,简称DTMF)发生器,可实现电话拨号功能;LCD控制器/驱动器;具有4~8路自动增益控制的ADC通道及用于播放乐曲/语音的DAC通道。同样,它们与μ'nSP™的DSP运算功能配合使用,可实现来电辨识和语音拨号功能。

SPMC系列单片机内置标准外围接口、并行通信接口,具有捕获、比较和脉宽调制等功能,使其能够方便地应用于家电产品、工业控制以及汽车等一般控制领域。

SPF系列单片机配备2个处理器,包括μ'nSP™和32通道声音处理单元(SPU)、内置LCD控制器(可达1024×256个像素)、SPI接口、10位ADC、UART(MID1)接口和其他连接不同输入/输出的装置。SPF系列单片机可提供最新的声音处理技术。

SPL16系列单片机配备μ'nSP™内核,内置16位LCD控制器(支持16级灰度,可达320×320个像素),提供低电压检测/复位功能和7个12位ADC通道(一个通道内置带自动增益控制的MIC放大器),主要应用于具备数字语音功能和带LCD显示的产品。

1.2.2 凌阳16位单片机的结构及特点

围绕μ'nSP™所形成的16位μ'nSP™系列单片机(以下简称μ'nSP™家族)采用的是模块式集成结构,它以μ'nSP™内核为中心,集成不同规模的ROM、RAM和功能丰富的各种外设接口部件,如图1-3所示。

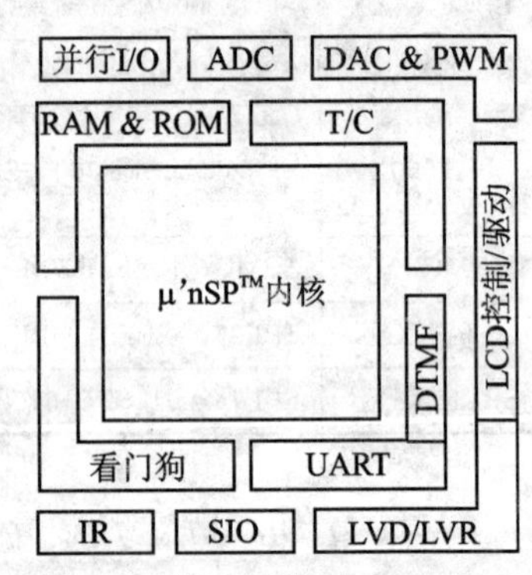

图1-3 μ'nSP™家族的模块式结构

μ'nSP™内核是一个通用的核结构。除此之外的其他功能模块均为可选结构,亦即这种结构可大、可小或可有、可无。借助这种通用结构附加可选结构的积木式的构成,便可形成各种不同系列派生产品,以适合不同的应用场合。这样做无疑会使每一种派生产品具有更强的功能和更低的成本。

μ'nSP™家族具有以下特点:

(1) 体积小、集成度高、可靠性好且易于扩展

μ'nSP™家族把各功能部件模块化地集成在一个芯片里,内部采用总线结构,因而减少了各功能部件之间的连线,提高了其可靠性和抗干扰能力。另外,模块化的结构易于系统扩展,以适应不同用户的需求。

(2) 具有较强的中断处理能力

μ'nSP™家族的中断系统支持10个中断向量及10余个中断源,适用于实时应用领域。

(3) 高性价比

μ'nSP™家族片内带有高寻址能力的ROM、静态RAM和多功能的I/O口。另外,μ'nSP™的指令系统提供了具有较高运算速度的16×16位的乘法运算指令和内积运算指令,并为其应用增添了DSP功能,使得μ'nSP™家族运用在复杂的数字信号处理方面既便利,又比专用的DSP芯片廉价。

(4) 功能强、效率高的指令系统

μ'nSP™指令系统的指令格式紧凑，执行迅速，并且其指令结构提供了对高级语言的支持，可大大缩短产品的开发时间。

(5) 低功耗、低电压

μ'nSP™家族采用 CMOS 制造工艺，同时增加了软件激发的弱振方式、空闲方式和掉电方式，极大地降低了其功耗。另外，μ'nSP™家族的工作电压范围大，能在低电压供电时正常工作，且能用电池供电。这对于其在野外作业等领域中的应用具有特殊的意义。

1.2.3 SPCE061A 的性能

SPCE061A 是继 μ'nSP™系列产品 SPCE500A 等之后凌阳科技推出的又一款 16 位单片机与 SPCE500A 不同的是，在存储器资源方面考虑到用户的较少资源的需求以及便于程序调试等功能，SPCE061A 中只内嵌了 32K 字的闪存(Flash)。较高的处理速度使 μ'nSP™能够非常容易地、快速地处理复杂的数字信号。因此，与 SPCE500A 相比，以 μ'nSP™为核心的 SPCE061A 单片机是适用于数字语音识别应用领域产品的一种最经济的选择。

SPCE061A 具有以下性能：

- 16 位 μ'nSP™微处理器。
- 工作电压(CPU)VDD 为 2.4～3.6 V(I/O)，VDDH 为 2.4～5.5 V。
- CPU 时钟频率为 0.32～49.152 MHz。
- 内置 2K 字 SRAM。
- 内置 32K 字 Flash。
- 可编程音频处理。
- 晶体振荡器。
- 当系统处于备用状态时(时钟处于停止状态)，耗电仅为 2 μA@3.6 V。
- 2 个 16 位可编程定时器/计数器(可自动预置初始计数值)。
- 2 个 10 位 DAC(数/模转换)输出通道。
- 32 位通用可编程输入/输出端口。
- 14 个中断源来自定时器 A/B、时基、2 个外部时钟源输入、键唤醒。
- 具备键唤醒功能。
- 使用凌阳音频编码 SACM_S240 方式(2.4 Kbits/s)，能容纳 210 s 的语音数据。
- 锁相环 PLL 振荡器可提供系统时钟信号。
- 32768 Hz 实时时钟。
- 7 通道 10 位电压模/数转换器(ADC)和单通道声音模/数转换器。
- 声音模/数转换器输入通道内置麦克风放大器和自动增益控制(AGC)功能。
- 具有串行设备接口。
- 具有低电压复位(LVR)功能和低电压监测(LVD)功能。
- 内置在线仿真电路 ICE(In－Circuit Emulator)接口。
- 具有保密能力。
- 具有看门狗功能。

1.2.4 SPCE061A 的结构

SPCE061A 的结构如图 1-4 所示。

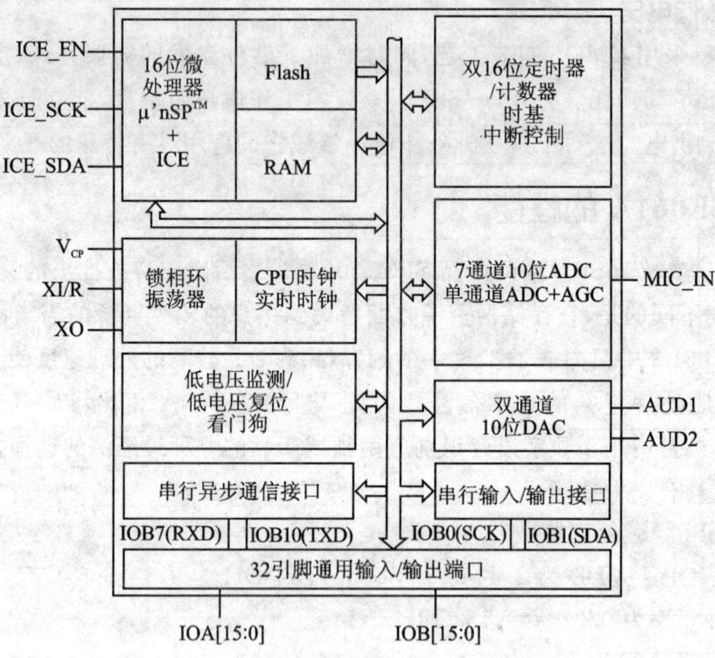

图 1-4 SPCE061A 的结构

1.2.5 SPCE061A 芯片的引脚排列和说明

SPCE061A 有两种封装片：一种为 84 个引脚，采用 PLCC84 封装形式，其排列如图 1-5 所示，其实物图如图 1-6 所示；另一种为 80 个引脚，采用 LQFP80 封装形式。

在 PLCC84 封装中，有 15 个空余引脚，用户使用时这 15 个空余引脚悬浮。在 LQFP80 封装中有 9 个空余引脚，用户使用时这 9 个空余引脚接地。表 1-2 为 PLCC84 封装引脚功能介绍。

表 1-2 PLCC84 封装引脚功能表

引脚名称	引脚编号	类　型	引脚功能
IOA[15：8]	60～53	输入/输出	IOA[15：8]：双向 I/O 端口
IOA[7：0]	48～41	输入/输出	IOA[7：0]：通过编程，可设置成唤醒引脚 IOA[6：0]：与 ADC Line_In 输入共用
IOB[15：11]	64～68	输入/输出	IOB[15：11]：双向 I/O 端口
IOB[10：0]		输入/输出	IOB[10：0]除用作普通的 I/O 端口外，还可作其他用途。其中
IOB10	76	输入/输出	IOB10：通用异步串行数据发送引脚 Tx
IOB9	77	输入/输出	IOB9：TimerB 脉宽调制输出引脚 BPWMO
IOB8	78	输入/输出	IOB8：TimerA 脉宽调制输出引脚 APWMO
IOB7	79	输入/输出	IOB7：通用异步串行数据接收引脚 Rx
IOB6	80	输入/输出	IOB6：双向 I/O 端口
IOB5	81	输入/输出	IOB5：外部中断源 EXT2 的反馈引脚
IOB4	1	输入/输出	IOB4：外部中断源 EXT1 的反馈引脚

续表 1-2

引脚名称	引脚编号	类　型	引脚功能
IOB3	2	输入/输出	IOB3：外部中断源 EXT2
IOB2	3	输入/输出	IOB2：外部中断源 EXT1
IOB1	4	输入/输出	IOB1：串行接口的数据传送引脚
IOB0	5	输入/输出	IOB0：串行接口的时钟信号
DAC1	21	输出	DAC1 数据输出引脚
DAC2	22	输出	DAC2 数据输出引脚
OSC32I	13	输入	32768 Hz 晶振输入引脚
OSC32O	12	输出	32768 Hz 晶振输出引脚
VCOIN	8	输入	PLL 的 RC 滤波器连接引脚
AGC	25	输入	AGC 的控制引脚
MICN	28	输入	麦克风负向输入引脚
MICP	33	输入	麦克风正向输入引脚
V2VREF	23	输出	电压源 2.0 V 产生 5 mA 的驱动电流，可用作外部 ADC Line_In 通道的最高参考输入电压，不可作为电压源使用
MICOUT	27	输出	麦克风 1 阶放大器输出引脚，引脚外接电阻决定 AGC 增益倍数
OPI	26	输入	麦克风 2 阶放大器输入引脚
VEXTREF	35	输入	ADC Line_In 通道的最高参考输入电压引脚
VMIC	37	输出	麦克风电源
VADREF	34	输出	A/D 参考电压（由内部 ADC 产生）
VDD	7、15	输入	逻辑电源的正向电压
VSS	9、19、38	输入	逻辑电源和 I/O 端口的参考地
VDDIO	51、52、75	输入	I/O 端口的正向电压引脚
VSSIO	49、50、62	输入	I/O 端口的参考地
AVDD	36	输入	模拟电路（A/D、D/A 和 2 V 稳压源）正向电压
AVSS	34	输入	模拟电路（A/D、D/A 和 2 V 稳压源）参考地
RESET	6	输入	低电平有效的复位引脚
SLEEP	63	输出	睡眠模式（高电平激活）
ICE	16	输入	激活 ICE（高电平激活）
ICECLK	17	输入	ICE 串行接口时钟引脚
ICESDA	18	输入/输出	ICE 串行接口数据引脚
TEST	14	输入	测试模式时接高电平，正常模式时接地（GND）或悬浮
ROMT	61	输入	测试闪烁存储器，正常模式时悬浮
NC	10、11、30、31、32、39、40、70、71、72、73、74、82、83、84	输入	正常使用时接地
PFUSE、PVIN*	29、20	输入	程序保密设定引脚。用户慎重使用

* 可将 PFUSE 接 5 V，PVIN 接 GND 并维持 1 s 以上，即可将内部保险丝熔化，此后就无法读取及向闪存加载数据。

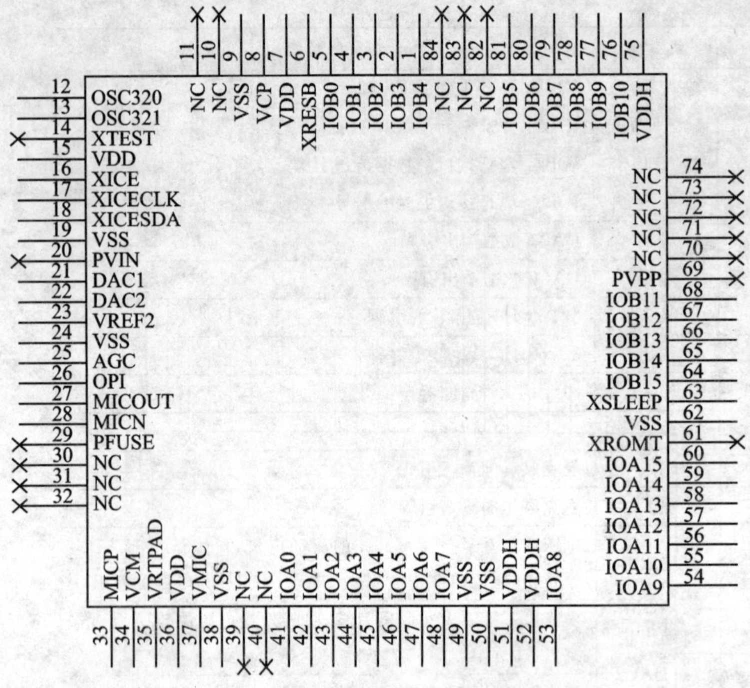

图 1-5 SPCE061A PLCC84 封装排列图

图 1-6 SPCE061A PLCC84 实物图

1.2.6 SPCE061A 的特性

SPCE061A 的特性参数如表 1-3 所列。

表 1-3 SPCE061A 的特性参数

特性参数	描　述	特性参数	描　述
工作电压	2.6～3.6 V	UART	具备
最大工作频率	49.152 MHz	ADC	7通道10位电压模/数转换器(ADC)和单通道声音模/数转换器(ADC)
CPU	16位 μ'nSP™	串行SRAM接口	具备(凌阳格式)
SRAM容量	2K字	晶振	具备
ROM容量	32K字闪存	低电压复位	具备
并行I/O端口A	IOA[15:0]	低电压监测	具备
并行I/O端口B	IOB[15:0]	内置ICE接口	具备
音频输出方式	DAC×2	上电复位	具备
中断源	TimerA/B	麦克风放大器和自动增益控制	单通道
时基信号发生器	外部中断	节电功能	具备
触键唤醒	唤醒源	中断控制功能	具备
IOA[7:0]	其他中断源	触键唤醒功能	具备
定时器/计数器	双16位加计数定时器/计数器 双通道PWM输出		

1.2.7 SPCE061A 最小系统

SPCE061A 最小系统接线如图 1-7 所示，在 OSC0、OSC1 端接上晶振及谐振电容，在锁相环压控振荡器的阻容输入 VCP 端接上相应的电容、电阻后即可工作。其他不用的电源端和地端接上 0.1 μF 的去耦电容，以提高抗干扰能力。

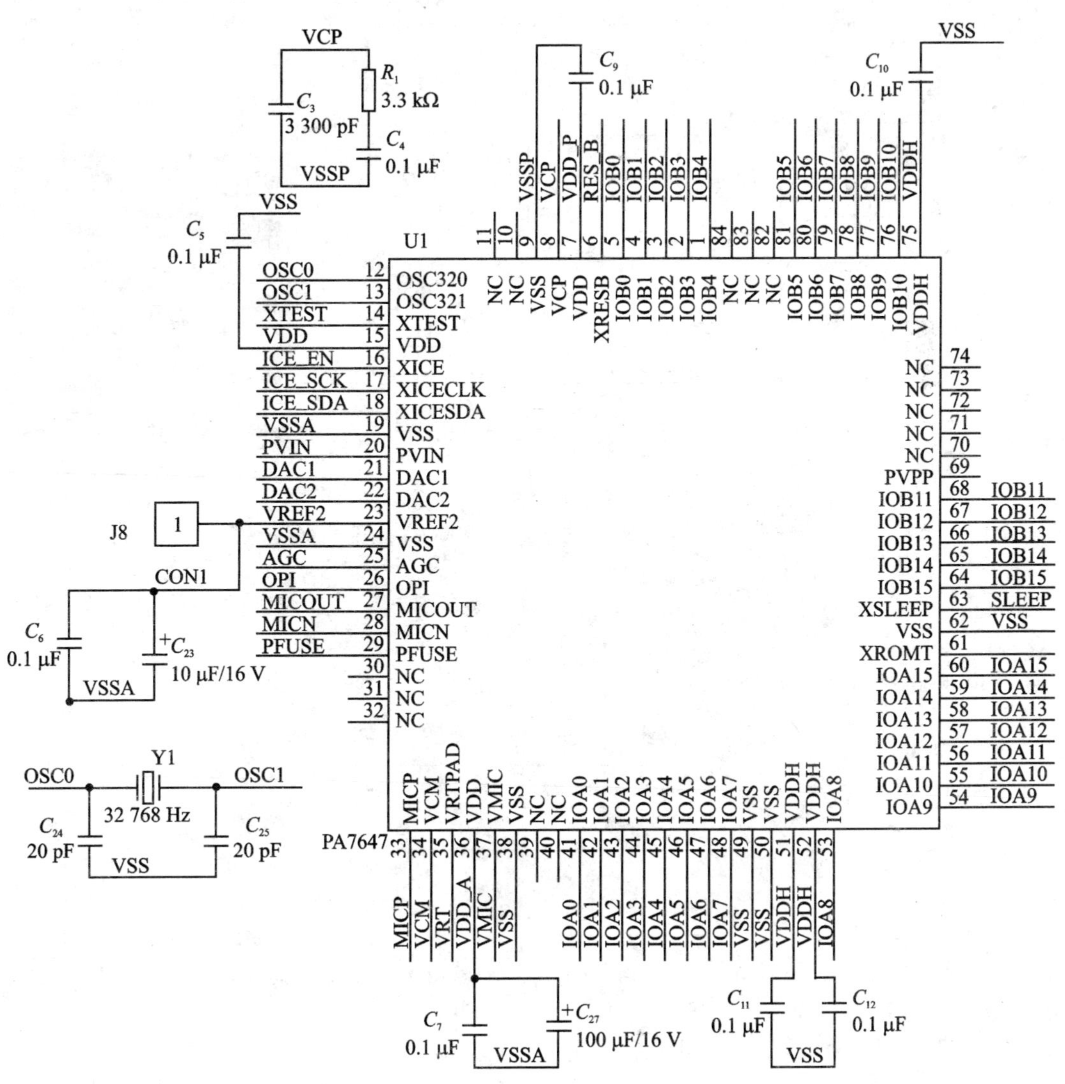

图 1-7 SPCE061A 最小系统原理图

1.2.8 SPCE061A 开发方法

SPCE061A 的开发是通过在线调试器 PROBE 实现的。它既是一个编程器(即程序烧写器)，又是一个实时在线调试器。用它可以替代在单片机应用项目的开发过程中常用的软件工具(硬件在线实时仿真器和程序烧写器)。它利用了 SPCE061A 片内在线仿真电路 ICE(In Circuit Emulator)接口和凌阳公司的在线串行编程技术。PROBE 工作于凌阳 IDE 集成开发环境下，其5芯的仿真头直接连接到目标电路板上的SPCE061A相应引脚，直接在目标电路板上的CPU－SPCE061A调试、运行用户编制的程序。PROBE的另一头是标准25针打印机接口，直接连接到计算机打印口，与上位机通信，在计算机IDE集成开发环境软件包下，完成在线调试功能。图1－8是计算机、PROBE、用户目标板三者之间的连接示意图，图1－9是实物连接图。

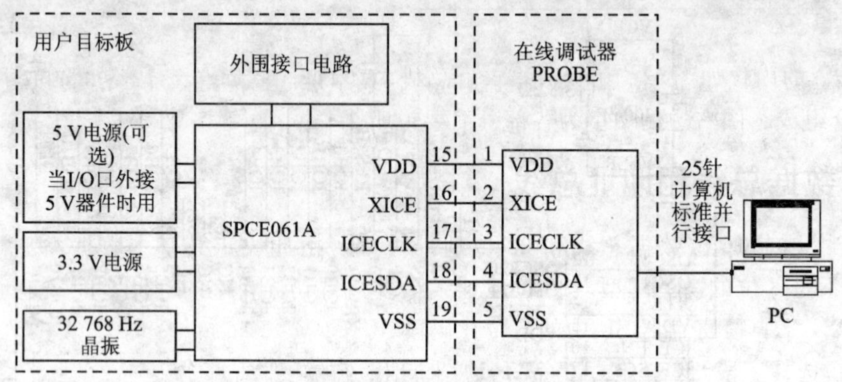

图1－8　用户目标板、PROBE、计算机三者之间的连接图

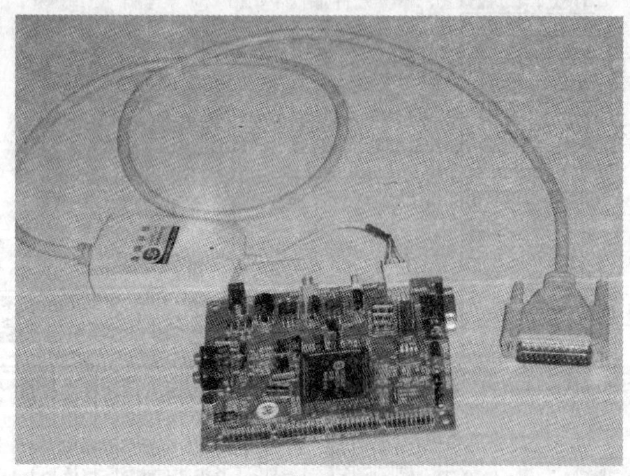

图1－9　实物连接图

1.2.9　SPCE061A应用领域

SPCE061A应用领域如下：

- 家用电器控制器，包括冰箱、空调、洗衣机等白色家电。
- 仪器仪表，包括数字仪表(有语音提示功能)。
- 电表、水表、煤气表、暖气表。
- 工业控制。
- 智能家居控制器。
- 通信产品，包括多功能录音电话、自动总机、语音信箱、数字录音系统产品。
- 医疗设备、保健器械(电子血压计、红外体温监测仪等)。

➢ 体育健身产品(跑步机等)。
➢ 电子书籍(儿童电子故事书类)、电教设备等。
➢ 语音识别类产品(语音识别遥控器、智能语音交互式玩具等)。

1.3 μ'nSP™的结构与原理

μ'nSP™的内核如图 1-10 所示。它由总线、算术逻辑运算单元、寄存器组、中断系统及堆栈等部分组成。图右边的文字为各部分简要说明。

1.3.1 数据总线和地址总线

μ'nSP™具有 16 位数据总线和 22 位地址总线。由此决定其基本数据类型是 16 位的"字"型,而不是 8 位的"字节"型。22 位地址线最多可寻访 4M 字的存储空间。地址线中的 6 位 A16~A21 来自段寄存器 SR 中的 6 位代码段(CS: Code Segment)或 6 位数据段(DS: Data Segment)选择字段,低 16 位 A0~A15 则来自相应的内部寄存器。通常,地址线的高 6 位称为存储器的页索引码,简称页码(Page);而低 16 位则称为存储器的地址偏移量(Offset)。μ'nSP™通过对段(Segment)的编码来实现存储器页的检索,就是说 Segment 的含义与 Page 的含义是等同的,因而,通过 Segment 与 Offset 的配合即可产生 22 位地址线,如图 1-10 中 ADDRGEN 所示。

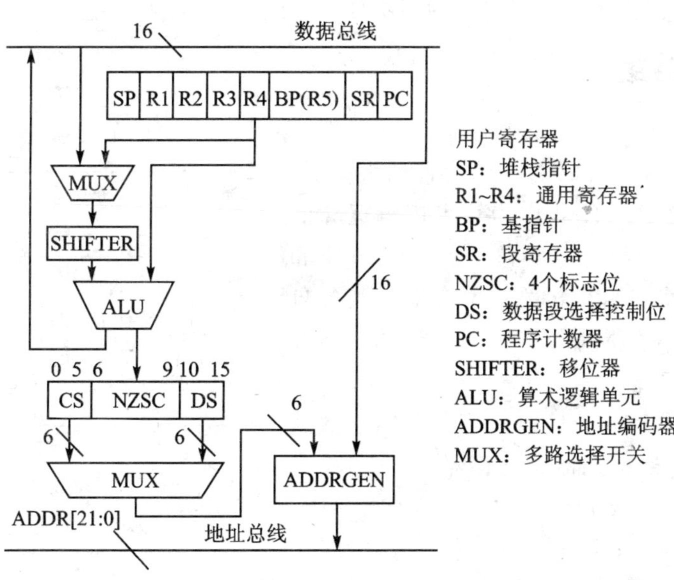

图 1-10 μ'nSP™的内核

1.3.2 算术逻辑运算单元 ALU

μ'nSP™的 ALU 在运算能力上很有特色,它不仅用于 16 位基本的算术逻辑运算,还可用于带移位操作的 16 位算术逻辑运算,同时还能用于数字信号处理的 16×16 位的乘法运算和内积运算。

(1) 16位算术逻辑运算

μ'nSP™与大多数CPU类似，提供了基本的算术运算与逻辑操作指令，包括加、减、比较、取补、“异或”、“或”、“与”、测试、写入和读出等16位算术逻辑运算及数据传送操作。

(2) 带移位操作的16位算术逻辑运算

由图1-10中可知，在μ'nSP™的ALU的前面串接一个移位器SHIFTER。也就是说，操作数在经过ALU的算术逻辑操作前可先进行移位处理，然后再经ALU完成算术逻辑运算操作。移位包括算术右移、逻辑左移、逻辑右移、循环左移以及循环右移。因此，μ'nSP™的指令系统中专有一组复合式的“移位算术逻辑操作”指令，该指令完成移位和算术逻辑运算两项功能。程序设计者可利用这些复合式的指令，编写出更为精简的程序代码，进而增加程序代码密集度。在单片机应用中，如何增加程序代码密集度是非常重要的议题，提高程序代码密集度意味着减少程序代码，进而减少对ROM或Flash的需求，以此来降低系统成本，增加执行效率。

(3) 16×16位的乘法运算和内积运算

除了普通的16位算术逻辑运算指令外，μ'nSP™指令系统还提供了处理速度较高的16×16位的乘法运算指令Mul和内积运算指令Muls。两者都可以用于2个有符号数或1个有符号数与1个无符号数的运算。在该指令集下，Mul指令只需花费12个时钟周期，Muls指令花费10n+6个时钟周期，其中n为乘积求和的项数。例如：“MR=[R2]×[R1],4”表示求4项乘积的和，Muls指令只需花费46(10×4+6=46)个时钟周期。这两条指令为μ'nSP™应用于复杂的数字信号处理运算提供了便利的条件。

1.3.3 寄存器组

μ'nSP™的CPU寄存器组中有8个16位寄存器，可分为通用型寄存器和专用型寄存器两大类别。通用型寄存器包括R1～R4，作为算术逻辑运算的源及目标寄存。专用型寄存器包括SP、BP、SR和PC，作为与CPU特定用途相关的寄存器。其各自的功能描述如表1-4所列。

表1-4 CPU寄存器及其功能

寄存器ID号	寄存器符号	功能名称
0(000)	SP	堆栈指针寄存器
1(001)	R1	通用型寄存器
2(010)	R2	通用型寄存器
3(011)	R3	通用型寄存器
4(100)	R4	通用型寄存器
5(101)	BP(R5)	基址指针寄存器
6(110)	SR	段寄存器
7(111)	PC	程序指针寄存器

(1) 通用型寄存器

通用型寄存器(R1～R4)通常可分别用于数据运算或传送源及目标寄存器。寄存器R3和R4配对使用还可组成一个32位的乘法结果寄存器MR，其中R4为结果的高位字，R3为结果的低位字，用于存放乘法运算或内积运算结果。

(2) 堆栈指针寄存器

堆栈指针寄存器(SP)在CPU执行压栈/出栈指令(push/pop)、子程序调用/返回指令(call/reft)以及进入中断服务子程序(Interrupt Service Routine，简称为ISR)或从1SR返回指令(reft)时，自动减少(压栈)或增加(弹栈)，以示堆栈指针的移动。堆栈的最大容量范围限制在2 KB的RAM内，即地址为0x000000～0x0007FF的存储器范围中。

(3) 基址指针寄存器

μ'nSP™提供了一种方便的寻址方式，即变址寻址方式[BP＋IM6(IM16)]。程序设计者可通过它直接存取 ROM 与 RAM 中的各种数据，包括局部变量(Local Variable)、函数参数(Function Parameter)和返回地址(Return Address)等。这在 C 语言程序设计中是特别有用的。基址指针寄存器(BP)除了上述用途外，还可作为通用寄存器 R5 使用。因此，在本章或程序中，BP 与 R5 是共享的，均代表基址指针寄存器。

(4) 段寄存器

段寄存器(SR)有多种功能用途，如图 1－10 所示。SR 中有代码段选择字段(CS)和数据段选择字段(DS)，它们可分别与其他的 16 位寄存器合在一起形成 22 位地址线，用来寻址 4 MB容量的存储器。

算术逻辑运算结果的各标志位 NZSC 亦存储于其中，即 SR 中间的 4 位(B6～B9)。CPU 在执行条件/无条件短跳转指令(JMP)时，需测试这些标志位以控制程序的流向。这些标志位的内容如下：

➤ 对于进位标志 C，C＝0，表示运算过程中无进位或有借位产生；而 C＝1，表示运算过程中有进位或无借位产生。在无符号数运算中，16 位数可以表示的数值范围是 0x0000～0xFFFF，即 0～65 535。如果运算结果大于 65 535(0xFFFF)，则标志位 C 被置 1。

  注意：标志位 C 一般用于无符号数运算的进、借位判断。

➤ 对于零标志 Z，Z＝0，表示运算结果非 0；Z＝1，表示运算结果为 0。

➤ 负标志 N 用来判断运算结果的最高位(B15)为 0，还是为 1。N＝0，则 B15＝0；N＝1，则 B15＝1。

➤ 对于符号标志 S，S＝0，表示运算结果非负；S＝1，则表示运算结果(在二进制补码的规则下)为负。对于有符号数运算，16 位数所表示的数值范围是 0x8000～0x7FFF，即－32 768～32 767。若运算结果小于零，则标志位 S 置 1。有符号数运算的运算结果可能会大于 0x7FFF 或小于 0x8000。例如：0x7FFF＋0x7FFF＝0xFFFE(65 534)，运算结果为正(S＝0)，且无进位(C＝0)发生。在此情况下，标志位 N 被置 1(因为最高有效位为 1)。若标志位 N 和 S 不同，即 S＝0，N＝1 或 S＝1，N＝0，则说明有溢出发生。而“JVC(N＝＝S)”，“JVS(N！＝S)”则可用来判断是否有溢出发生。

  注意：N 与 S 的组合用于有符号数溢出的判断。

(5) 程序指针计数器

程序指针计数器(PC)的作用与所有单片机中的 PC 作用相同，是作为程序的地址指针来控制程序走向的专用寄存器。CPU 每执行完当前指令，都会将 PC 值累加当前指令所占的字节数或字数，以指向下一条指令的地址。在 μ'nSP™ 中，16 位的 PC 通常与 SR 寄存器中的 CS 选择字段共同组成 22 位的程序代码地址。

1.3.4 堆　栈

堆栈是在内存 RAM 区专门开辟出来的按照“先进后出”原则进行数据存取的一种工作方式，其结构如图 1－11 所示，主要用于于程序调用及返回和中断处理断点的保护及返回。值得注意的是堆栈的生长方向，系统复位后，SP 初始化为栈区的最高地址处，每执行 push 指令一次，SP 指针减 1。

压栈(push)操作如图 1－11 所示。堆栈指针 SP 总是指向位于栈顶的第一个空项，在压入一个字数据后 SP 减 1。将多个寄存器压栈写入时，总是让指令中序号最高的寄存器先入栈，直至序号最低的寄存器最后入栈。因此，执行指令“push r1，r4 to[sp]”与指令“push r4，r1 to [sp]”是等效的。

弹栈(pop)操作前 SP 总是指向栈底的第一个空项，如图 1－11 所示。按照 μ'nSP™ 堆栈“先进后出”的原则，在弹栈复制数据之前 SP 要加 1，并且总是将先弹出复制的数据置入指令中序号最低的寄存器，直至最后一个复制数据置入序号最高的寄存器。

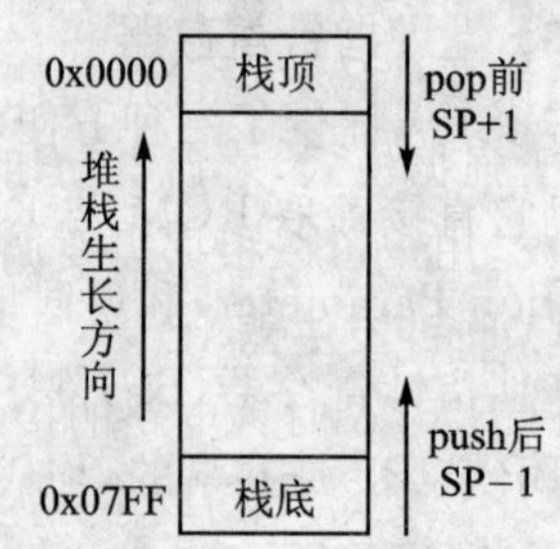

➤ 最大容量为 2K 字；
➤ 地址范围为 0x7FF～0x0000 的 SRAM；
➤ SP 初始化为 0x07FF；
➤ SP 生长方向为从高地址到低位地址。

图 1－11 堆 栈

1.3.5 系统时钟

不同型号的 μ'nSP™ 单片机，其系统时钟提供的方式不同，例如 SPMC701FM0A，其外部时钟振荡器有两个，一个是 6 MHz 晶振或者 RC 振荡电路，另一个是 32768 Hz 晶振。6 MHz 晶振用于内部的锁相环振荡器，32768 Hz 晶振用于提供时间基准信号。而 SPCE061A 单片机的系统时钟与 SPMC701 又有不同，此处以 SPCE061A 为例重点介绍。

SPCE061A 的系统时钟由时钟发生器(32768 Hz 晶振)、锁相环(PLL)和时基信号(RTC) 3 部分组成，其结构如图 1－12 所示。

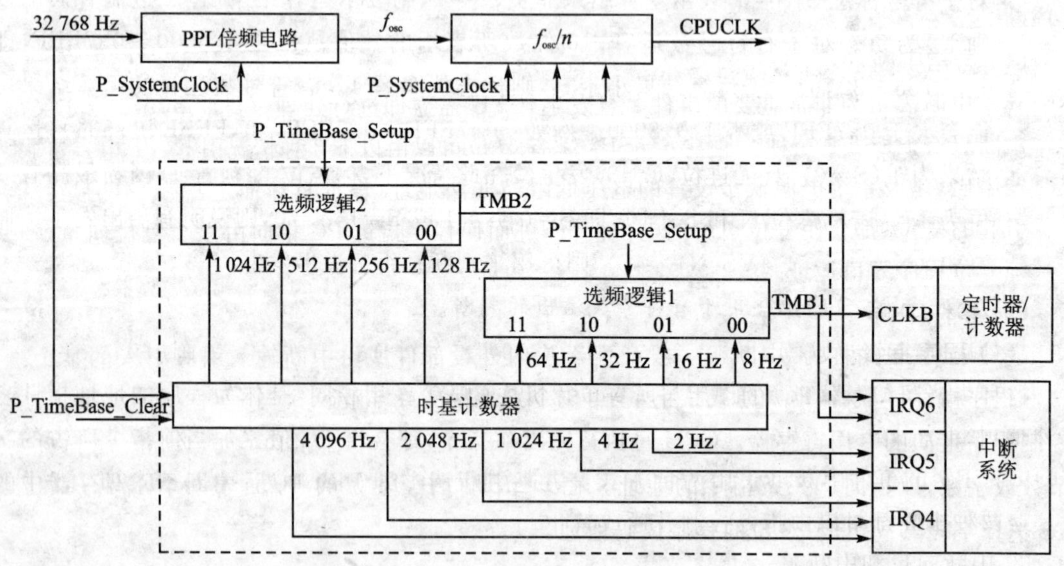

图 1－12 SPCE061A 的系统时钟

32768 Hz 的晶体振荡器经过 PLL 倍频电路产生系统时钟频率(f_{osc})，f_{osc} 再经过分频得到 CPU 时钟频率(f_{CPUCLK})。默认的 f_{osc}、f_{CPUCLK} 分别为 24.576 MHz 和 $f_{osc}/8$。

此外，32 768 Hz 振荡器有两种工作方式：强振模式和自动弱振模式。当处于强振模式时，RC 振荡器始终运行在高耗能的状态下；当处于自动弱振模式时，系统在上电复位后的前 7 s 内处于强振模式，之后自动切换到弱振模式，以降低功耗。CPU 被唤醒后，默认的时钟频率为 $f_{osc}/8$，用户可以根据需要调整该值。

(1) 时钟发生器

SPCE061A 时钟电路的接线图如图 1－13 所示，其外接晶振频率为 32768 Hz。因 RC 振荡器的电路时钟不如外接晶振准确，故推荐使用外接 32768 Hz 晶振。

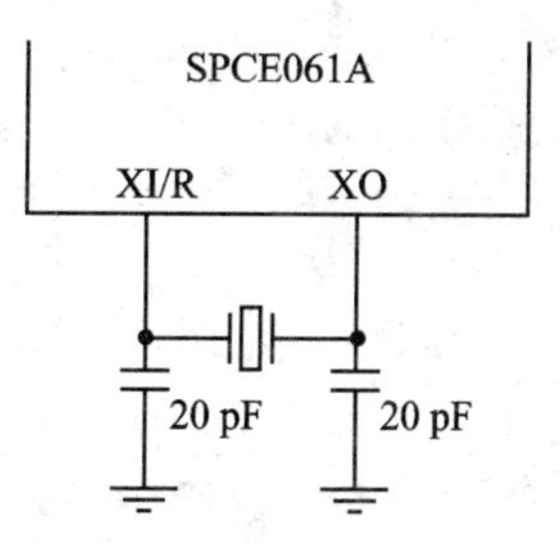

图 1－13　SPCE061A 时钟电路

(2) 锁相环振荡器

锁相环振荡器(Phase Lock Loop，简称 PLL)电路的作用是将系统提供的实时时钟的基频(32768 Hz)进行倍频，调整至49.152 MHz、40.96 MHz、32.768 MHz、24.576 MHz 或 20.480 MHz。系统默认的 PLL 自激振荡频率为24.576 MHz。

(3) 时间基准信号

时间基准信号，简称时基信号，来自于 32768 Hz 实时时钟。它通过频率选择组合而成。时基信号发生器可通过分频产生 2 Hz、4 Hz、8 Hz、16 Hz、32 Hz、1024 Hz、2048 Hz 以及 4096 Hz的时基信号。时基信号发生器的结构如图 1－13 所示。

32768 Hz 时基信号通常用于钟表、实时时钟延时以及其他与时间相关类产品之中。

1.3.6　中断系统

本章开始处，就强调过 μ'nSP™具有强大的中断处理能力，为用户提供了弹性较大的软/硬件设计空间。μ'nSP™单片机的中断系统提供了 3 种类型的中断：异常中断、事件中断和软件中断。

(1) 异常中断

异常中断表示为非常重要的事件一旦发生，CPU 需立即进行处理。目前 μ'nSP™定义的异常中断只有 RESET 一种。通常 μ'nSP™系统复位可以由以下 3 种情况引起：上电，看门狗定时器溢出，以及系统电源低于设置的电压低限与非法地址(根据具体而定)等。不论是什么情况引起的复位，都会使复位引脚的电位变低，进而使程序指针 PC 指向由一个复位向量所指的系统复位程序入口地址。

(2) 事件中断

事件中断(可简称为“中断”)一般产生于片内外设部件或由中断输入引脚引入的某个事件。这种中断可以整体地开通或禁止，也可以个别地使能或屏蔽。

① 中断方式

μ'nSP™的事件中断可采用两种方式：快速中断请求即 FIQ 中断；中断请求即 IRQ 中断。这两种中断都可以由指令控制开通或禁止。

② 中断向量和中断源

μ'nSP™共有 9 个事件中断向量，即 FIQ、IRQ0～IRQ6 和 UART IRQ 这 9 个中断向量可安置多于 9 个中断源，供用户使用，也就是 1 个中断向量中，均含有至少 1 个以上的中断源。因此，用户使用 μ'nSP™时，注意在中断子程序中进行中断源的判断，可以确定是哪个中断产生。

③ 中断的优先级别

除了复位以外，FIQ 中断的优先级别最高，其余依次为 IRQ0～IRQ6 中断和 UART IRQ 中断，如表 1-5 所列。IRQ 中断又分 7 个优先级别，依次从优先级别最高的 IRQ0 排到优先级别最低的 IRQ6。注意，这里所说的 IRQ 中断的优先级别只是在有两种以上的 IRQ 中断同时发生的情况下才起作用。换句话说，如果有一个较低级别的 IRQ 中断先发生，则后面即便有较高级别的 IRQ 中断产生请求，也不能打断当时 IRQ 中断的响应。例如，当 IRQ4 产生中断请求而被 CPU 响应后，IRQ3 再产生中断请求是不能打断当前 IRQ4 中断响应的。

表 1-5　中断优先级别

中断向量	中断优先级别	中断向量	中断优先级别
FFF7H(复位向量)	RESET	FFFBH	IRQ3
FFF6H	FIQ	FFFCH	IRQ4
FFF8H	IRQ0	FFFDH	IRQ5
FFF9H	IRQ1	FFFEH	IRQ6
FFFAH	IRQ2	FFFFH	UART IRQ

注：所谓中断向量即是指向中断服务子程序入口地址的指针。

④ 中断服务子程序

中断服务子程序是由编程者根据需要而编写的。当中断发生时，这些中断服务子程序就会通过 CPU 响应中断而被执行。符号_IRQ0～_IRQ7、_FIQ 为系统保留字，作为中断服务子程序的入口标号。μ'nSP™的程序链接器会自动把这些服务子程序的入口地址链接到中断向量表中。

允许中断的中断源产生中断请求时，CPU 会按照中断的优先级别进入由相应的中断向量所指的中断服务子程序入口地址来响应中断，同一个向量所指地址上的中断服务程序要读取中断控制[P_INT_Ctrl]单元中各中断标志位，来判断是哪一个中断源产生了中断请求，以便进入相应的服务程序入口进行中断处理。

当中断源的中断请求被 CPU 响应后，该中断请求可通过写入[P_INT_Clear]单元而清除掉，这个单元通常只能被写入。当某一位被写入"1"时，便清除了该位相应中断源的中断请求；写入"0"时不会改变中断源的状态。CPU 执行完当前的中断服务程序，会进入下一级的中断向量所指的入口地址，继续执行下一级中断服务程序，直至所有的中断服务程序都被执行完毕，CPU 便会回到中断发生前的程序指令处继续执行指令。

⑤ 中断的控制要素

各中断源中断的控制：开通/禁止；各中断源中断请求状态：读出/清除；中断源中断方式的控制：固定/可编程控制。

(3) 软件中断

软件中断是指由指令系统中 BREAK 指令所产生的中断，其向量地址为 0xFFF5H。

1.4 片内存储器结构

SPCE061A 芯片内存储器有 2K 字的 SRAM(包括堆栈区),其地址范围为 0x0000～0x07FF。前 64 字(地址为 0x0000～0x003F)可采用 6 位地址直接地址寻址方法,寻访速度为 2 个 CPU 时钟周期,其余地址范围(地址为 0x0040～0x07FF)内存储器的寻访速度为 3 个 CPU 时钟周期。

芯片内存储器有 32K 字闪存(Flash),地址为 0x8FFF～0xFFFF。

思考题

1. 什么是单片机? 凌阳 16 位单片机有什么特点?
2. 凌阳 16 位单片机数字总线与地址总线的特点是什么?
3. 描述凌阳 16 位单片机片内存储器结构。

第2章 编程规范简述

现代高新科技的发展，使得从事电子设计、软件设计等IT行业的工程师不单要具备良好的专业技术知识，还要具备良好的团队合作能力与协调能力。直观地说，团队合作已经是目前高新技术产业对人员素质的基本要求之一。

从表面上看，团队的合作表现在日常共同完成一个项目的各人之间、各小团队之间的协作行为、协调动作上，但对于个体的工程师而言，其实还会体现在其所负责的工作细节当中，比如文档、代码的规范化、设计的可重用性等。个体的工程师在工作当中规范化的修养是最基础的，也是最普遍的工作能力体现，直接或间接影响着团队内部、团队之间甚至行业范围内的横向协作发展，以及纵向的进阶升级发展。

本章将介绍一些编程规范的概念及内容，供读者参考。当然，所介绍的大部分规范是大家在长期工作中所形成的共识，不论在哪个国家，哪一个公司，从事哪种行业，只要进行程序的编写工作，大家都会认同并遵循这些规范。

2.1 目的

为了统一读者的程序代码编程规范，提高程序的可读性，利于各人代码的交流，特编写此编程规范，并进一步提出编程风格建议，以减少程序出错率，提高效率。希望读者养成良好的习惯。

2.2 工程结构

一个工程一般都由主程序文件作为主程序入口，命名为 main. asm 或 main. c。程序中用到的端口寄存器应在文件开头作出定义，或者 include 统一的外部定义文件。

对于综合应用类程序，建议每个功能模块各自存放在一个程序文件中，并根据程序实现的功能来命名，如 Flash. asm、Key. asm。此外，还要为这些程序模块创建函数声明头文件(. inc 和. h)，建议与程序文件同名，供主程序文件包含。用户可配置的内容(如 I/O 端口配置)可放在程序文件开头，也可建立专门的头文件(可命名为??? _cfg. inc 或??? _cfg. h)。

工程中所有包含的头文件和库文件都要在工程路径下，头文件要添加到 IDE 的 Head files 下。

工程文件夹下不要有与工程不相关的程序文件。

2.3 命名方式

函数、变量、标号等的命名不宜过长,最好在15字符以内;以“容易读懂”为原则,建议格式为:[前缀]+“_”+行为描述。

(1) 前缀:用来识别该项地址空间的作用与意义,均以大写字母表示。建议的命名如表2-1所列。对于普通变量,可以不加前缀。如果加前缀,则在工程中要统一。建议的变量前缀如表2-2所列。

表2-1 建议命名表

符号	描述	符号	描述
?	局部标号定义(Local Label)	P	端口(系统寄存器)
C	常量(Constant),如:C_PI=3.1416	T	表(Table,one dimension array)
F	汇编函数(Function)	G	全局变量(Global Variable)

表2-2 建议变量前缀表

前缀	类型	例子	前缀	类型	例子
P or ptr	pointer		ui	unsigned int	uiTest、uiTemp
str	char * or string		l	Long	lTest、lTemp
a	Array	aPoint	ul	unsigned long	ulTest、ulTemp
ch	Char	chTest、chTemp	f	float	fTest、fResult
uc	unsigned char	ucTest、ucTemp	d	double	dTest、dResult
i	Int	iTest、iTemp			

(2) 行为描述:说明该项地址空间的功能、行为或要操作的对象。用表达意思明确的单词来组合,每个单词的第一个字母要大写,表示独立内容的首字母组合也要大写,其余小写,单词之间可以使用“_”来连接。例如:

```
L_MainControlMode
T_ScheduleDisplayType
F_CH0SpeechPlayMode
```

2.4 注释

2.4.1 项目头注释

项目头注释(在主程序的开头 Main Program)即在main.c或main.asm开头,注释内容包括版权申明和项目重点说明。项目重点说明包含作者名称、版本、时间、用途、应用芯片、参考资料、维护记录等。建议的项目重点说明如下:

```
//==========================================
//工程名称：FlashRW
//功能描述：《试验指导书》第2章
//内部flash的擦除和读/写
//A口低8位接8个LED,当读/写擦除全部成功时,点亮所有的LED
//擦除失败时点亮第一个LED
//写单字失败时点亮第二个LED
//写页失败时点亮第三个LED
//涉及的库：CMacro.lib
//SacmV26e.lib
//组成文件：main.c
//Flash.asm,hardware.asm
//hardware.h,hardware.inc
//硬件连接：……
//维护记录：2007-5-22 v1.0
//2007-5-23 v1.1
//==========================================
```

2.4.2 文件/函数头注释

文件开始的地方应加上注释,建议的模块头注释如下：

```
//==========================================
//文件名称：flash.asm
//功能描述：擦除、写1字、写多字子程序
//维护记录：2000-12-5 v1.0
//==========================================
```

函数开始的地方应加上注释,建议的汇编函数头注释如下：

```
//==========================================
//汇编格式：F_FlashWrite1Word
//C格式：void FlashWrite1Word(unsigned int * sectorAddress);
//实现功能：写1字到Flash中
//入口参数：r1——被写数据的存储地址
//r2——被写数据
//出口参数：无
//破坏寄存器：无
//==========================================
```

建议的C函数头注释如下：

```
//==========================================
//语法格式：void FlashErase(unsigned int * sectorAddress);
//实现功能：擦除1页Flash
//参数：SectorAddress——要擦除页的地址
//返回值：无
//==========================================
```

2.4.3 变量的注释

对于比较重要的变量，可在变量的右边加上注释（可以多行）来说明它的作用。如果是以 bit 来定义不同功能，则建议采用以下风格：

```
unsigned int uiSpeedControl;
//*********************************************************
//Bit 7: \
//Bit 6: + - - -  switch1 for 8 - speed control
//Bit 5: /
//000 speed level0,stop
//001 speed level1
//111 speed level7,high speed
//Bit 4: = - - - - - -  reserved
//Bit 3: = - - - - - -  reserved
//Bit 2: \
//Bit 1: / - - -  switch 4 - speed control
//Bit 0: = - - - -  reserve
//*********************************************************
```

2.4.4 行注释

对于比较难以理解或重要的行要做注释，以说明该行的作用（注释放在该行的右边，如果比较长，可以加入多行）。

2.5 书写与缩进

2.5.1 大小写

汇编指令、寄存器一律用小写书写；宏指令（伪指令）一律用大写书写。例如：

```
.CODE
r1 = 0x1000
irq on
```

2.5.2 缩进原则

程序缩进一律用 TAB。其余的像代码、注释等的缩进，只要前后一致就可以了。

对于汇编程序，建议使用下面的缩进方法：

```
F_Function:
r1 = 5
? Loop:
r1 - = 1
Jnz ? Loop
retf
```

对于C程序，建议使用下面的缩进方法：

```
Function()
{
if(…)
{
switch(i)
{
  case 0:
  i = 1;
  break;
  case 1:
  i = 1;
  break;
  default:
  break;
}
}
}
```

2.5.3 空行的使用

相对独立的程序块之间必须加空行。可加1行或多行，以示之间关系的密切程度。源程序中关系较为紧密的代码应尽可能相邻，便于程序阅读和查找。

思考题

编写程序时应注意哪些工程结构规范？

第3章 集成开发环境 IDE

3.1 综 述

μ'nSP™集成开发环境集程序的编辑、编译、链接、调试及仿真等功能为一体，具有友好的交互界面、下拉菜单、快捷键和快速访问命令列表等，使编程、调试工作方便且高效。此外，它的软件仿真功能可以在不连接仿真板的情况下模拟硬件的各项功能来调试程序。

桌面 IDE 的开发界面如图 3-1 所示。本章将介绍 μ'nSP™开发环境的菜单、窗口界面及项目的操作等，使有兴趣者对开发环境有一个总体了解，并能够动手实践。

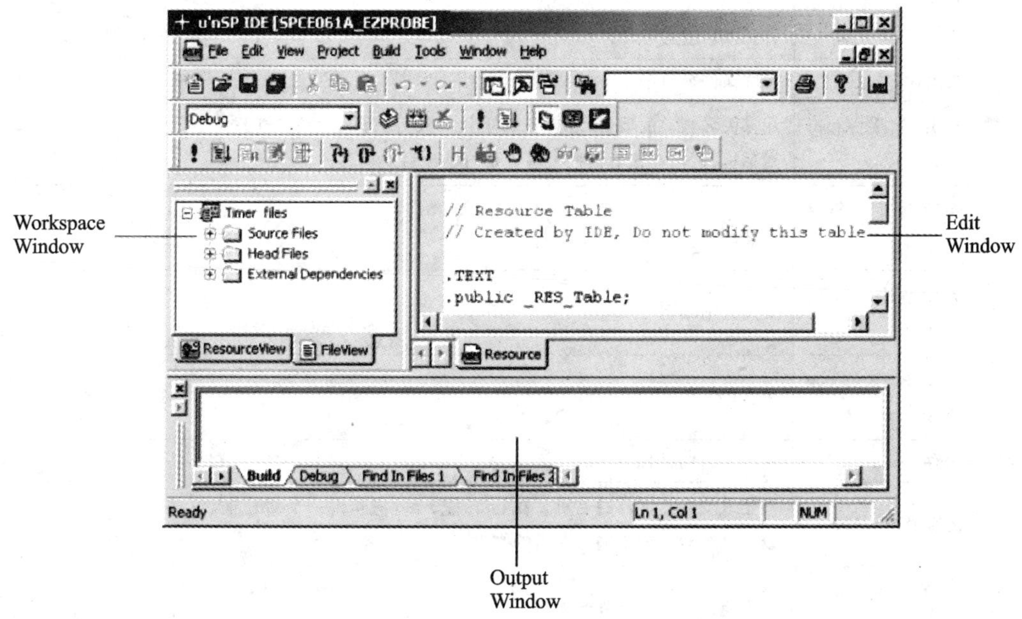

图 3-1 μ'nSP™ IDE 开发界面

3.2 菜 单

集成环境的主菜单在标题栏的下面。菜单栏中的菜单命令提供了开发、调试和保存应用程序所需要的工具。μ'nSP™ IDE 菜单栏共有 7 项，即文件(File)、编辑(Edit)、视图(View)、项目(Project)、编译(Build)、工具(Tools)和帮助(Help)。每个菜单项含有若干个菜单命令，可执行不同的操作，用鼠标单击某个菜单项，即可打开该菜单，然后用鼠标单击菜单中的某一条，就能执行相应的菜单命令。

菜单中的命令分为两种类型：一类是可以直接执行的命令，这类命令的后面没有任何信息(例如保存项目)；另一类是在命令名后面带省略号(例如打开项目)，需要通过打开对话框来执行。当用鼠标单击一条命令后，屏幕上将显示一个对话框，利用对话框可以执行各种有关的操作。在有些命令的后面还带有其他信息，例如：打开项目 Ctrl ＋ O，其中 Ctrl ＋ O 叫做热键。在菜单中，热键列在相应的菜单命令之后，与菜单命令具有相同的作用。使用热键方式，不必打开菜单就能执行相应的菜单命令。例如：按 Ctrl ＋ O，可以立即执行“打开项目”命令。

注意：只有部分菜单命令能通过热键执行。

下面介绍菜单栏各项的内容及功能。

3.2.1 文 件

文件(File)的下拉菜单内容及功能如表 3-1 所列。文件的下拉菜单界面如图 3-2 所示。

表 3-1 文件的下拉菜单内容及功能

内 容	功 能	热 键
新建(New)	新建项目和各种文件	Ctrl ＋ N
打开(Open)	打开项目或各种文件	Ctrl ＋ O
关闭(Close)	关闭文件窗口	
打开项目(Open Project)	用来关闭当前的项目，装入新的项目。执行该命令后，将打开一个对话框，可以在该对话框中输入要打开项目的名称	
保存项目(Save Project)	保存当前项目及其所有文件	
关闭项目(Close Project)	关闭当前项目	
下载程序(Load Program)	将程序下载到仿真板或本机内存中	
保存(Save)	保存当前的文件	Ctrl ＋ S
另存(Save As)	用于改变存盘文件的名称。执行该命令后，将弹出一个对话框，可以在这个对话框中输入存盘的文件名	
全部保存(Save All)	保存目前所有的文件和项目	
打印预览(Print Preview)	显示打印后文档的外观	
打印设置(Print Setup)	在执行该命令后，将显示标准的“打印设置”对话框，在该对话框中设置打印机、页面方向、页面大小、纸张来源以及其他打印选项	
打印(Print)	把窗体及代码在由 Windows 设定的打印机上打印出来	Ctrl ＋ P

续表 3-1

内 容	功 能	热 键
近期文件(Recent Files)	打开最近使用的 10 个文件，主要是方便开发者在最短的时间内找到并打开所需的文件	
近期项目(Recent Projects)	打开最近使用的 10 个项目，主要是方便开发者在最短的时间内找到并打开所需的项目。	
退出(Exit)	退出开发环境	

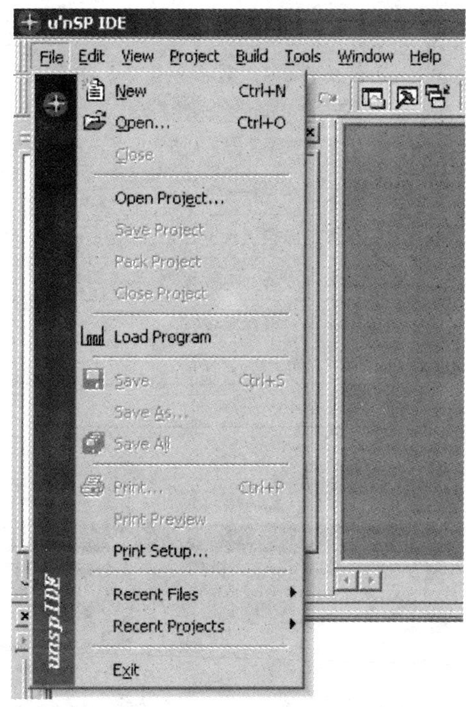

图 3-2 文件下拉菜单界面

3.2.2 编 辑

编辑(Edit)的下拉菜单内容及功能如表 3-2 所列。

表 3-2 编辑的下拉菜单内容及功能

内 容	功 能	热 键
撤销键入(Undo)	取消最近的编辑操作	Ctrl + Z
重复键入(Redo)	恢复撤销键入之前的编辑内容	Ctrl + Y
剪切(Cut)	删除选中的文件内容或文件，可以复制	shift+Delete
复制(Copy)	复制选中的文件内容或文件	Ctrl + C
粘贴(Paste)	粘贴到指定的位置	Ctrl + V
删除(Delete)	删除选中的文件内容或文件	Del

续表 3-2

内　容	功　能	热　键
全选(Select All)	选中所有的文件内容或文件	Ctrl + A
查找(Find)	查找文件内容或文件	Ctrl + F
在指定文件内查找(Find In Files)	在指定文件内查找文件内容或文件	
查找下一个(Find Next)	用来查找并选择在“查找”对话框的“查找内容”框中指定文本下一次出现位置	F3
查找前一个(Find Previous)	用来查找并选择在“查找”对话框的“查找内容”框中指定的文本的上一次出现位置	Shift + F3
替换(Replace)	替换指定的文本，执行该命令后，将显示一个对话框，在对话框的两个栏内分别输入要查找的文本和替换文本，即可逐个地替换或一次全部替换	Ctrl + H
定位(Go To)	定位到某一行或列	Ctrl + G
标记(BookMark)	在指定的位置设置标记	Ctrl + F2
下一个标记(Next BookMark)	光标指到下一个标记处	F2
前一个标记(Previous BookMark)	光标指到前一个标记处	Shift + F2
清除所有标记(Clear All Bookmark)	清除文件内所有标记	Ctrl+Shift + F2
外部编译器(External Editor)	目前基本不用	Ctrl + E

编辑的下拉菜单界面如图 3-3 所示。

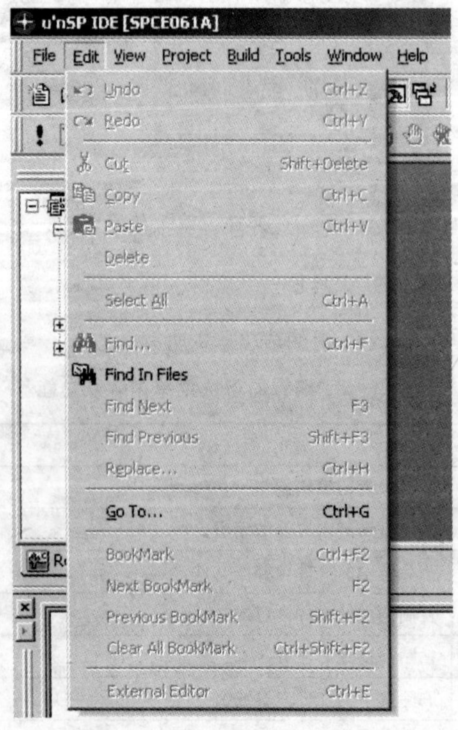

图 3-3　编辑下拉菜单界面

3.2.3 视　图

视图(View)的下拉菜单内容及功能如表 3-3 所列。

表 3-3　视图的下拉菜单内容及功能

内　容	功　能	热　键
全屏(Full Screen)	编辑窗口为全屏显示	
工作区(Workspace)	单击后，弹出 Workspace 窗口	Alt + 0
输出(Output)	单击后，弹出 Output 窗口	Alt + 1
调试窗口(Debug Windows)	调试时使用。其包括： ① 内存 Memory 窗口； ② 寄存器 Register 窗口； ③ 命令 Command 窗口； ④ 断点 BreakPoints 窗口； ⑤ 变量表 Watch 窗口； ⑥ 反汇编窗口 Disassembly 窗口	 Alt + 2 Alt + 3 Alt + 4 Alt + 5 Alt + C Alt + D
常用工具栏 (Toolbars)	包括：新建、打开、保存、全存、打印、剪切、复制、粘贴、查找、撤销等工具	
状态栏(Status Bar)	提示光标所在的行、列数	
Control Bar Captions	改变界面的显示风格	
Gradiend Captions		
Tab Flat Borders		

视图的下拉菜单界面如图 3-4 所示。

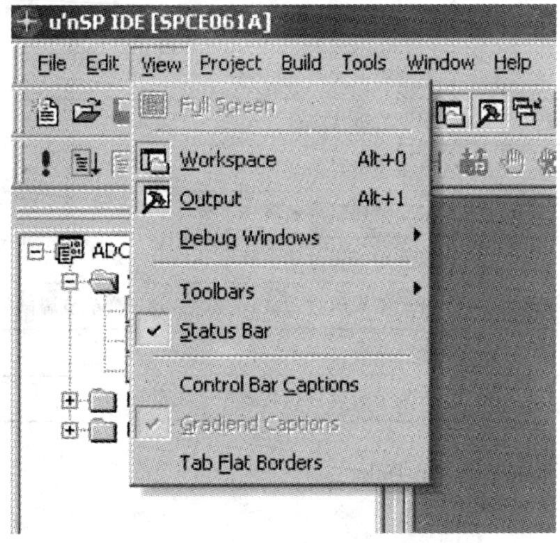

图 3-4　视图下拉菜单界面

3.2.4 项　目

项目(Project)的下拉菜单内容及功能如表 3-4 所列。

表 3-4　项目的下拉菜单内容及功能

内　容	功　能	热　键
添加到项目(Add To Project)	包括：向项目中加源文件和资源文件	
项目选项设置(Setting)	包括：General、Option、Link、Section、Hardware、Device 属性页设置(后有描述)	Alt + F7
选择 Body(Select Body)	选择 Body	

项目的下拉菜单界面如图 3-5 所示。

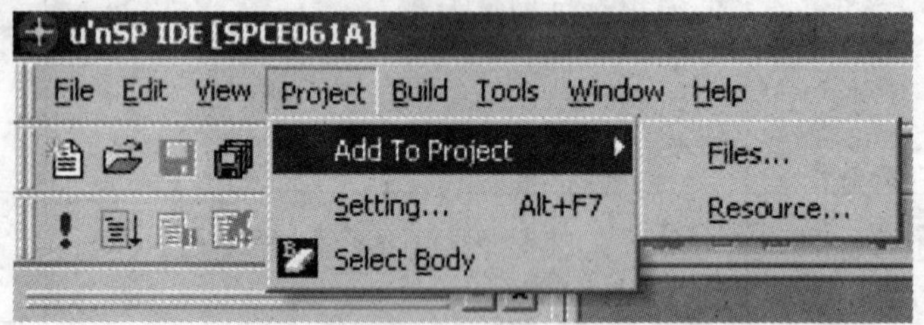

图 3-5　项目下拉菜单界面

3.2.5 编　译

编译(Build)的下拉菜单内容及功能如表 3-5 所列。

表 3-5　编译的下拉菜单内容及功能

内　容	功　能	热　键
编译(Compile)	编译当前文件	Ctrl + F7
编译并链接(Build)	编译后链接文件	F7
停止编辑(Stop Build)	停止编辑目前文件	Ctrl + Break
编辑所有文件(Rebuild All)	编辑该项目中的所有文件	
清除(Clean)	清除刚编辑过的文件	
开始调试(Start Debug)	调试刚编辑过的文件，包括：下载、单步调试等	
执行(Execute)	运行文件	Ctrl + F5
分析(Profile)	详细分析软件执行效率	

编译的下拉菜单界面如图 3-6 所示。

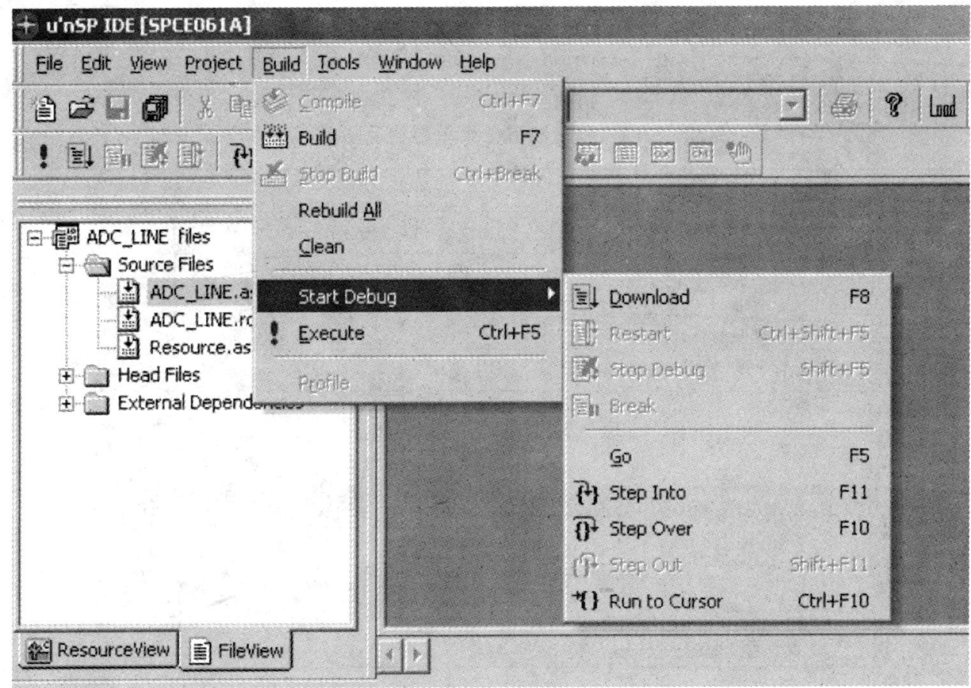

图 3-6 编译下拉菜单界面

3.2.6 工 具

工具(Tools)的下拉菜单内容及功能如表 3-6 所列。

表 3-6 工具的下拉菜单内容及功能

内 容	功 能
制作库文件(Lib Maker)	将所需的 Obj 文件转换成库文件,方便开发时用
内存映射(Memory Map)	查看内存的利用情况及标号等
转存文件(Dump File)	将指定地址范围内的数据转存到文件内
定制开发环境(Customize)	包括外部工具的设置和热键的设置
选项(Option)	包括编辑窗口格式设置和库文件的路径设置

工具的下拉菜单界面如图 3-7 所示。

3.2.7 帮 助

帮助(Help)的下拉菜单内容及功能如表 3-7 所列。

表 3-7 帮助的下拉菜单内容及功能

内 容	功 能
快捷键表	键盘的快捷键列表
帮助主题(Help Topics)	介绍 IDE 环境
关于 IDE(About Sunplus μ'nSP™ IDE)	IDE 的版本号、开发公司、所占空间

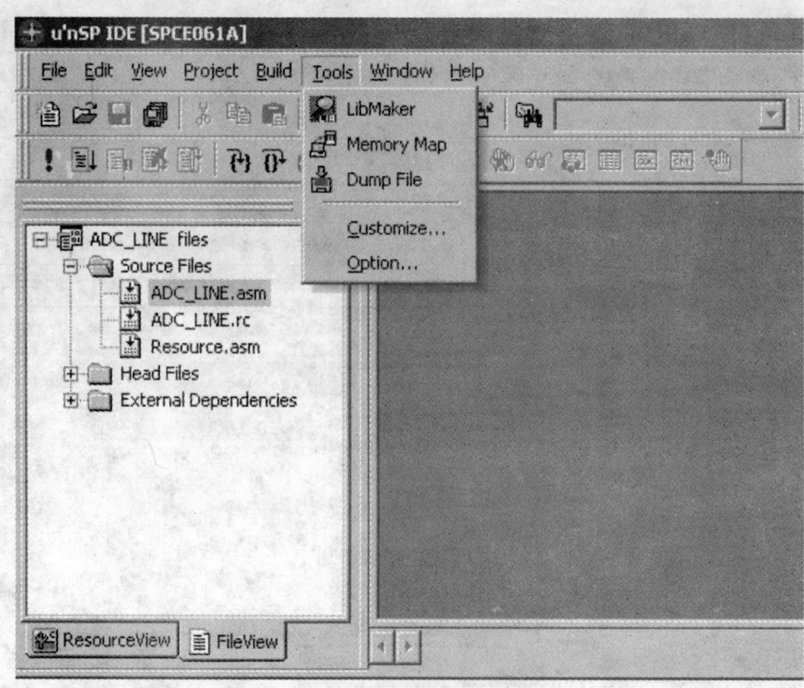

图 3-7 工具下拉菜单界面

帮助的下拉菜单界面如图 3-8 所示。

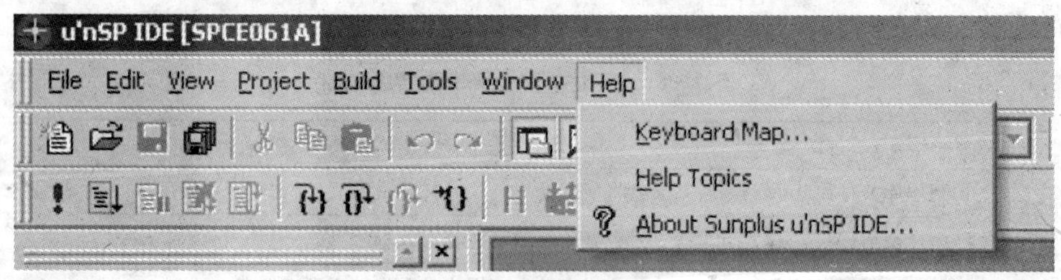

图 3-8 帮助下拉菜单界面

3.2.8 调 试

在调试(Debug)模式下,菜单栏中多出一个调试菜单。

调试的下拉菜单界面如图 3-9 所示。

调试的下拉菜单内容及功能如表 3-8 所列。

表 3-8 调试的下拉菜单内容及功能

内 容	功 能	热 键
下载(Download)	将程序文件编译连接,生成可执行文件	F8
复位(重新开始)(Restart)	在调试模式下,重新运行程序	Ctrl+Shift+F5
停止调试(Stop Debug)	退出调试模式	Shift+F5
中断(Break)	停止程序运行	

续表 3-8

内　容	功　能	热　键
运行(Go)	在调试模式下,运行程序	F5
单步进入(Step Into)	单步运行时,进入子程序	F11
单步跳过(Step Over)	单步运行时,不进入子程序	F10
单步跳出(Step Out)	单步运行在子程序中时,跳出子程序	Shift+F11
运行到光标处(Run to Cursor)	在调试模式下,程序全速运行到光标处停止	Ctrl+ F10

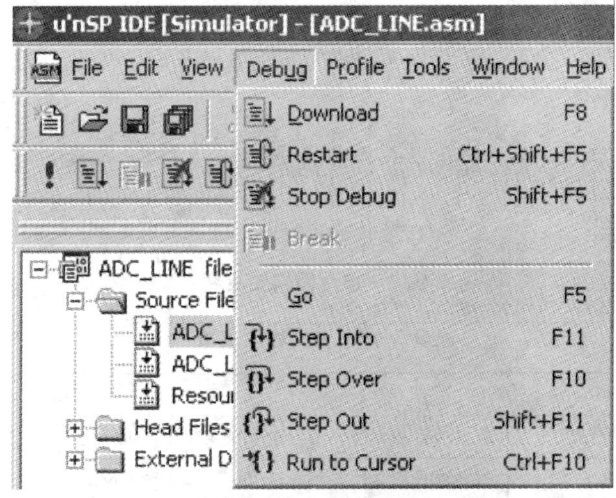

图 3-9　调试的下拉菜单界面

3.3　工具栏

μ'nSP™ IDE 提供了 3 种工具栏,包括标准、编辑和调试。每种工具栏都有固定和浮动两种形式。把鼠标移到固定形式工具栏中没有图标的地方,按住左键并向下拖动鼠标,即可把工具栏变为浮动的;而双击浮动工具栏的标题条,则可变为固定工具栏。

固定形式的标准工具栏位于菜单栏的下面,它以图标的形式提供了部分常用菜单命令的功能。只要用鼠标单击代表某个命令的图标按钮,就能直接执行相应的菜单命令。工具条中有 38 个图标,代表 38 种操作,如图 3-10 所示。大多数图标都有与之等价的菜单命令。图 3-11～图 3-13 是浮动形式的标准、编辑和调试工具栏。表 3-9 列出了各工具栏中各图标的作用。

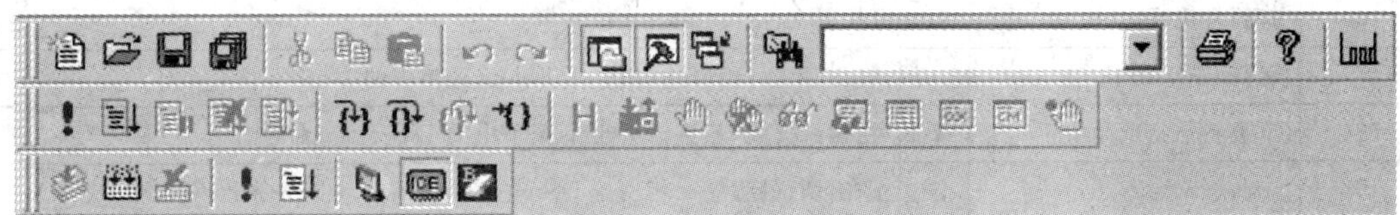

图 3-10　工具栏

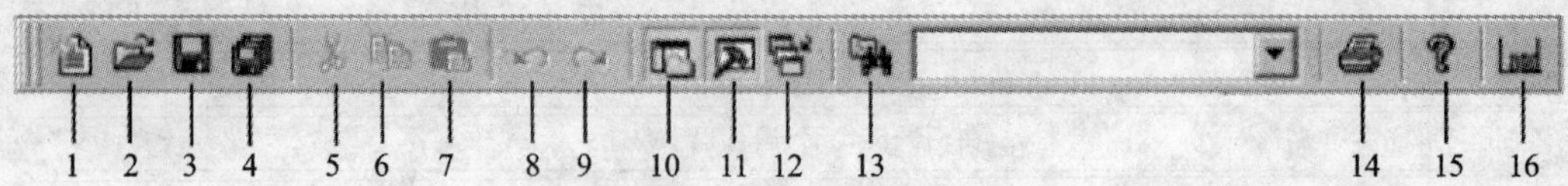

图 3-11 标准工具栏

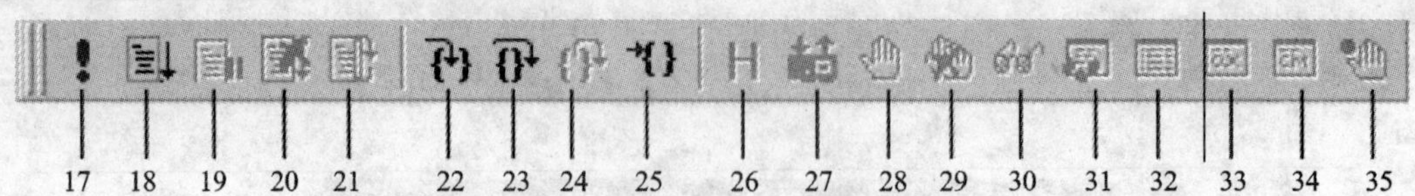

图 3-12 调试工具栏

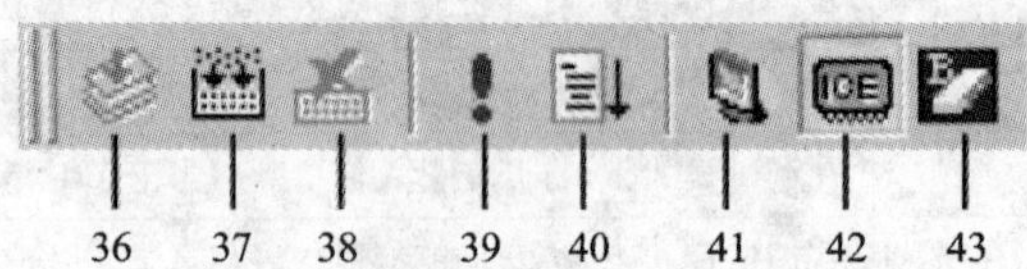

图 3-13 编辑工具栏

表 3-9 工具栏一览表

编号	名称	作用
1	新建	新建项目和文件。相当于 File 菜单中的 New 命令
2	打开	打开项目和文件。相当于 File 菜单中的 Open 命令
3	保存	保存文件。相当于 File 菜单中的 Save 命令
4	全存	保存所有文档。相当于 File 菜单中的 Save All 命令
5	剪切	删除并复制选中的文件内容或文件。相当于 Edit 菜单中的 Cut 命令
6	复制	复制选中的文件内容或文件。相当于 Edit 菜单中的 Copy 命令
7	粘贴	粘贴选中的文件内容或文件。相当于 Edit 菜单中的 Paste 命令
8	撤销键入	取消当前的操作
9	重复键入	对撤销的反操作
10	Workspace 窗口	打开或关闭 Workspace 窗口。相当于 View 菜单中的 Workspace 命令
11	Output 窗口	打开或关闭 Output 窗口。相当于 View 菜单中的 Output 命令
12	窗体布局窗口	打开窗体布局窗口
13	在文件中查找	打开"在文件中查找"对话框。相当于 File 菜单中的 Find in File 命令
14	打印	打印当前文件。相当于 File 菜单中的 Print 命令
15	帮助主题	打开"帮助主题"窗口。相当于 Help 菜单中的 Help Topics 命令
16	打开可执行文件	打开可执行文件(.s37 或.tsk)
17	运行	在调试模式下运行程序。相当于 Debug 菜单中的 Go 命令
18	下载	下载可执行文件。相当于 Debug 菜单中的 Download 命令
19	中断	停止正在运行的程序。相当于 Debug 菜单中的 Break 命令
20	停止调试	退出调试模式。相当于 Debug 菜单中的 Stop Debug 命令

续表 3-9

编　号	名　称	作　用
21	重新开始(复位)	在调试模式下,重新运行程序
22	单步进入	单步运行时,进入子程序。相当于 Debug 菜单中 Step Into 命令
23	单步跳过	单步运行时,不进入子程序。相当于 Debug 菜单中的 Step Over 命令
24	单步跳出	单步运行在子程序中时,跳出子程序。相当于 Debug 菜单中的 Step Out 命令
25	运行到光标处	在调试模式下,程序全速运行到光标处停止。相当于 Debug 菜单中的 Run to Cursor 命令
26	历史缓冲区窗口	在仿真模式下,打开历史缓冲区窗口
27	设置参数	在线仿真模式下,打开参数设置窗口
28	设置断点	在调试模式下,打开设置断点的对话框。相当于 Edit 菜单中的 BreakPoints 命令
29	取消断点	在调试模式下,取消设置的断点
30	变量表窗口	在调试模式下,打开变量表窗口。相当于 View 菜单中的 Watch 命令。
31	反汇编窗口	在调试模式下,打开反汇编窗口。相当于 View 菜单中的 Disassembly 命令
32	内存窗口	在调试模式下,打开内存窗口。相当于 View 菜单中 Memory 命令
33	寄存器窗口	在调试模式下,打开寄存器窗口。相当于 View 菜单中的 Registers 命令。
34	命令窗口	在调试模式下,打开命令窗口。相当于 View 菜单中 Command 命令。
35	断点窗口	在调试模式下,打开断点窗口。相当于 View 菜单中的 BreakPoints 命令。
36	编译	编译文件。相当于 Build 菜单中的 Compile 命令
37	编译并链接	编译并链接。相当于 Build 菜单中的 Build 命令
38	停止编辑	停止编辑文件。相当于 Build 菜单中的 Stop Build 命令
39	运行	在调试模式下,运行程序。相当于 Debug 菜单中的 Go 命令
40	下载	下载可执行文件。相当于 Debug 菜单中的 Download 命令
41	本机调试(使用仿真器)	在本机上调试
42	仿真板上调试(使用在线仿真)	结合仿真板调试

3.4 窗　口

前面介绍了标题栏、菜单栏和工具栏,它们所在的窗口称为主窗口。实际上,除主窗口外,μ'nSP™ IDE 编程环境中还有如下一些窗口:

➢ Workspace 窗口。

➢ 编辑(Edit)窗口。

➢ 输出(Output)窗口:

- 编译输出窗口。
- 调试输出窗口。
- 查找输出窗口。

➤ 调式(Debug)窗口：
- 变量表(Watch)窗口。
- 寄存器(Register)窗口。
- 命令(Command)窗口。
- 内存(Memory)窗口。
- 断点(BreakPoints)窗口。
- 反汇编(Disassembly)窗口。

➤ 其他窗口：
- 历史缓冲区窗口。
- 转存窗口。

3.4.1 Workspace 窗口

在 Workspace 窗口中，含有建立一个应用程序所需要的文件清单。其中包括所有与该项目相关的资源文件(如语音数据等)和被编辑的程序文件。可以用视窗标签来切换显示 File 和 Resource 两个视窗。File 视窗主要用来显示源文件组和头文件组中所包含的所有文件；Resource 视窗主要用来显示资源文件组中所包含的所有资源文件。

打开 Workspace 窗口方法有如下两种：

① 单击菜单栏 View→Workspace 菜单命令；即可打开/关闭 Workspace 窗口。

② 单击标准工具栏中的 Toggle Workspace 按钮，也可打开/关闭 Workspace 窗口。

图 3-14 是 Workspace 窗口界面。

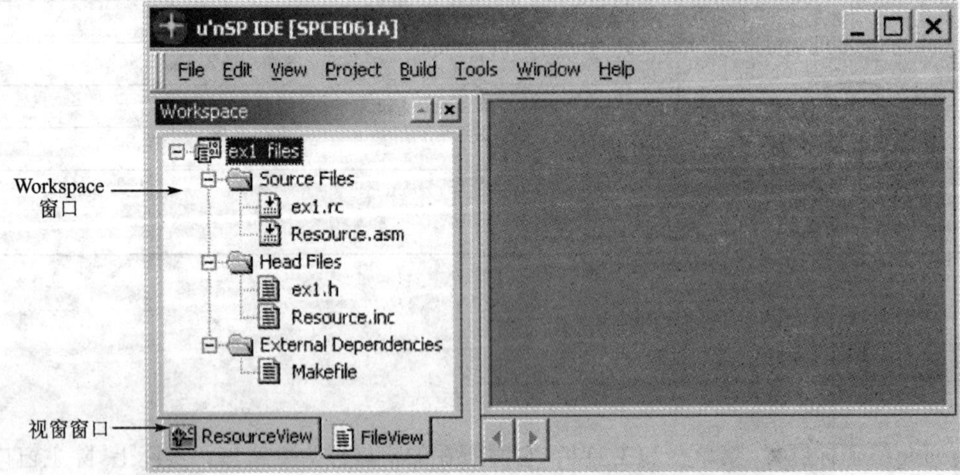

图 3-14 Workspace 窗口界面

通过单击 Workspace 窗口中 Resource 或 File 标签，可以切换 File 视窗和 Resource 视窗。

图 3-15 是 Workspace 窗口下的 File 视窗界面。

图 3-16 是 Workspace 窗口下的 Resource 视窗界面。

图 3-16 是 Workspace 窗口下的 Resource 视窗界面，其中的资源文件 RES_A32、RES_

A38、RES_A27 为 A2000 格式的语音数据文件。

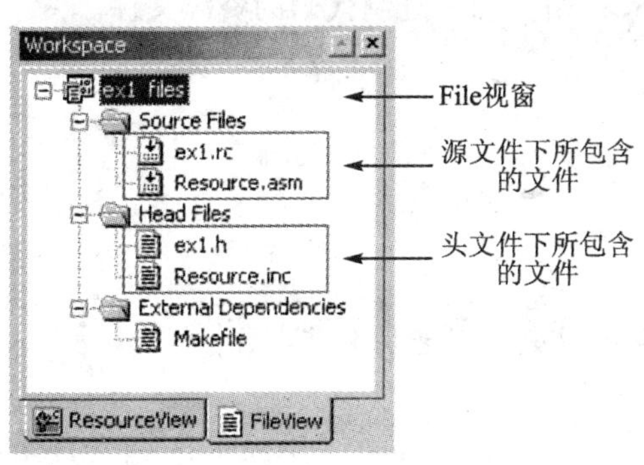

图 3-15　Workspace 窗口下的 File 视窗界面

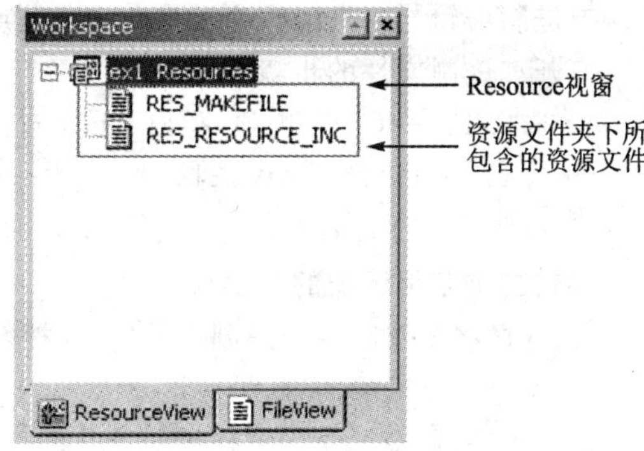

图 3-16　Workspace 窗口下的 Resource 视窗界面

3.4.2　编辑窗口

编辑(Edit)窗口主要是用来键入程序文件和其他编辑文件的显示。

新建任何一文件,即可打开编辑窗口。例如:选择 File→New→Creat C File 选项,打开该 C 文件的编辑窗口。

编辑窗口包括文本编辑器和二进制编辑器。

1. 文本编辑器

文本编辑器用来编辑程序。当在项目中打开一个文件时,文件所有的内容都将显示在文本编辑器中。

图 3-17 是文本编辑器的界面。

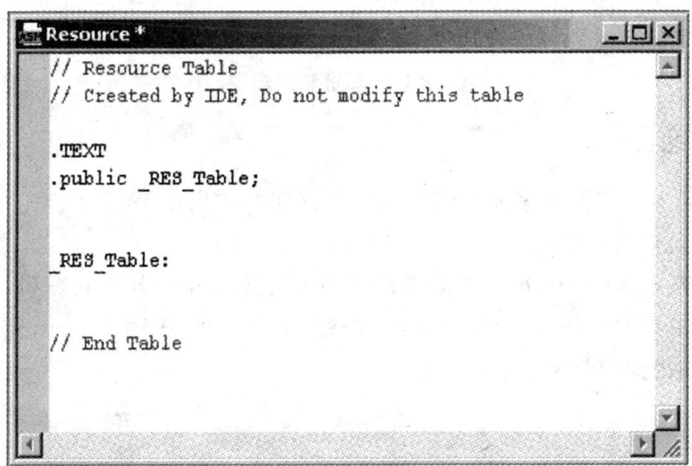

图 3-17　文本编辑器的界面

打开文本文件的方法有以下两种:

① 选择 File→Open 选项,弹出 Open 对话框,选择一个文件。

② 选择 File→Recent Files 选项,选择一个文件。

2. 二进制编辑器

二进制编辑器用来编辑项目中十六进制或ASCII格式的二进制代码的资源文件。

打开二进制文件的步骤如下：

① 选择File→Open选项，弹出Open对话框。

② 在Open as文本框中选择Binary。

③ 选择一个文件打开。

编辑二进制编辑器的步骤如下：

① 选择将要修改的二进制文件内容，按数字键可以更改二进制文件内容。

② 保存修改后的内容。

③ 在二进制编辑器中，有效键为[↓/↑]、[←/→]、[page up]、[page down]、[Home/End]、[Contrl + Home]、[Contrl + End]。

图3-18是二进制编辑器界面。

图3-18 二进制编辑器

3.4.3 输出窗口

输出(Output)窗口主要用来显示编辑、调试、查找的输出结果。

打开输出窗口的方法如下：

① 执行菜单栏中View→Output菜单命令即可打开/关闭Output窗口。

② 单击标准工具栏中的Toggle Output按钮，也可打开/关闭Output窗口。

图3-19是输出窗口界面。

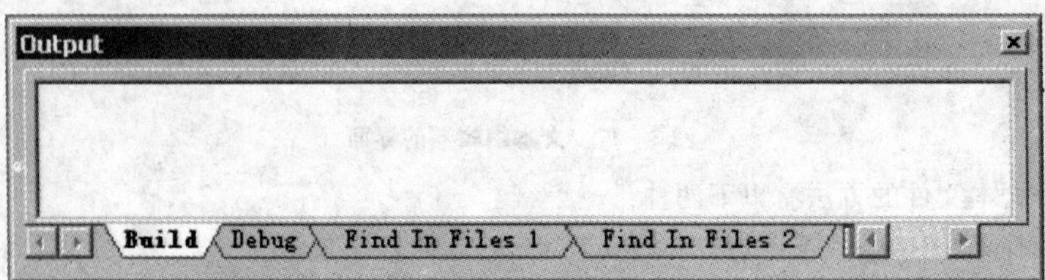

图3-19 输出窗口界面

输出窗口还可细分为编译输出窗口、调试输出窗口、查找输出窗口 3 种。这 3 种输出窗口可通过输出窗口底部的标签切换。

1. 编译输出窗口

编译(Build) 输出窗口显示编译、链接的信息。在编译过程中,错误和警告信息也会被列出。当输出窗口无错误信息时,说明该程序已完全成功地编译。

例如:编译 IDE 下 Example 中的 Ex3。

编译后的输出窗口编辑信息界面如图 3-20 所示。

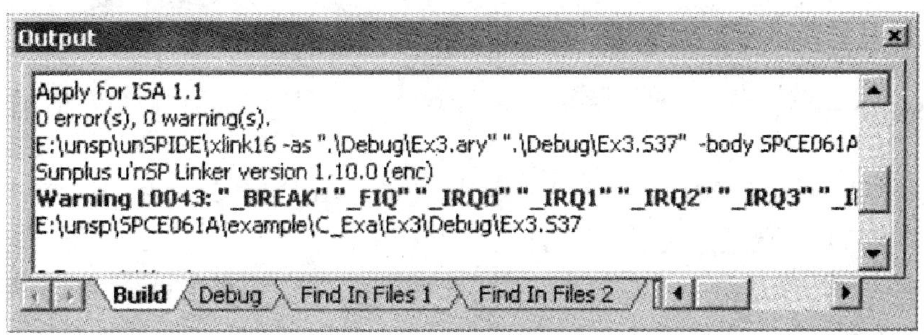

图 3-20 输出窗口编辑信息界面

2. 调试输出窗口

调试(Debug)输出窗口显示调试信息,通常为调试结束及调试过程采用无优化代码的方法。

例如:编辑 IDE 下 Example 中的 Ex3。

编辑后的输出窗口调试信息界面如图 3-21 所示。

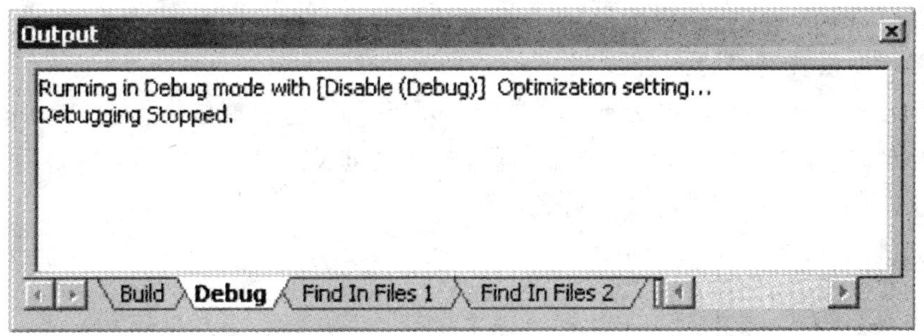

图 3-21 输出窗口调试信息界面

3. 查找输出窗口

查找输出窗口显示在文件中查找文本的结果。例如:在 IDE 下 Example 中的 Ex3 查找单词 code。

查找后的输出窗口查找信息界面如图 3-22 所示。

图 3-22　输出窗口查找信息界面

3.4.4　调试窗口

程序文件经过编译无错后，单击工具栏中的 Download 按钮，即可进入调试模式。所有的调试(Debug)窗口均在调试模式下方可打开。

调试窗口主要用来显示有关的调试信息。在调试模式下，调试菜单显示在主菜单下。

调试窗口包括：

- 变量表(Watch)窗口。
- 寄存器(Register)窗口。
- 内存(Memory)窗口。
- 命令(Command)窗口。
- 断点(BreakPoints)窗口。
- 反汇编(Disassembly)窗口。

1. 变量表窗口

变量表窗口用于输入并编辑变量，显示变量内容。

打开/关闭变量表窗口的方法如下：

① 执行菜单栏中 View→Watch 菜单命令，即可打开变量表窗口。

② 单击调试工具栏中的 Watch 按钮，即可打开变量表窗口。

③ 通过热键 Alt+C 即可打开变量表窗口。

变量表窗口界面如图 3-23 所示。

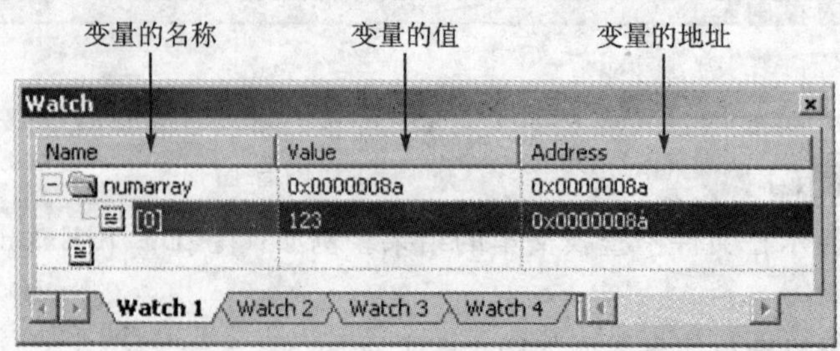

图 3-23　变量表窗口界面

使用方法：双击变量名称处，可弹出一文本框，在文本框中写入变量名称，则相应的变量值和变量所在地址就可以显示出来。当要删除一变量时，选中该变量的所在文本行，按 Del 键即可删除变量；或者右击选中删除命令，也可以删除变量。

注意：只有选中整行的内容，方可删除变量。

2. 寄存器窗口

寄存器窗口显示当前常用寄存器和特殊寄存器的内容。

打开/关闭寄存器窗口的方法如下：

① 执行菜单栏中 View→Register 菜单命令，即可打开寄存器窗口。

② 单击调试工具栏中的 Register 按钮，即可打开寄存器窗口。

③ 通过热键 Alt+3 即可打开寄存器窗口。

CPU 寄存器分通用型和专用型，其中，通用型包括 R1～R4；专用型包括 SP、BP、SR、PC。

寄存器窗口界面如图 3-24 所示。

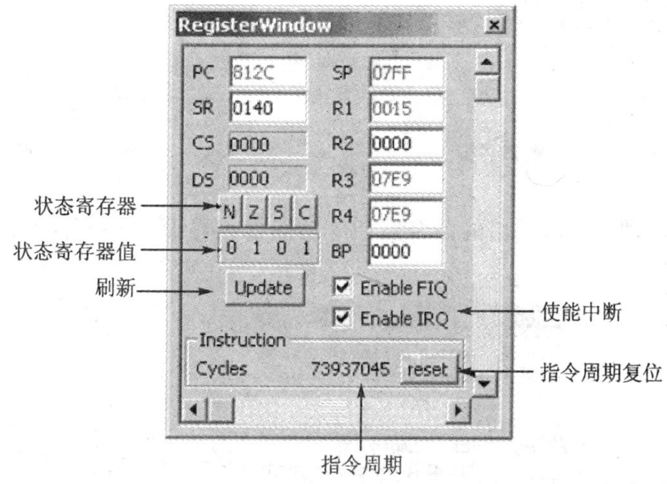

图 3-24　寄存器窗口界面

使用方法：单击寄存器的文本框，即可编辑该寄存器。

注意：可以更改寄存器值。CS 的值最好不要轻易更改，否则会使调试程序出错。

3. 内存窗口

内存窗口显示内存内容。

打开/关闭内存窗口的方法如下：

① 执行菜单栏中 View→Memory 菜单命令，即可打开内存窗口。

② 单击调试工具栏中的 Memory 按钮，即可打开内存窗口。

③ 通过热键 Alt+2 即可打开内存窗口。

内存窗口界面如图 3-25 所示。

使用方法：在地址的文本框中可以直接写入要查找的地址值，回车后，内存窗口会自动到查找的地址处。

4. 命令窗口

执行 View 菜单下的 Command 命令，打开命令窗口，在该窗口列表框下的文本输入框中键入帮助字符“H”并确认后，会在列表中列出 IDE 的所有命令及相应功能描述。图 3－26 所示为打开命令窗口界面。

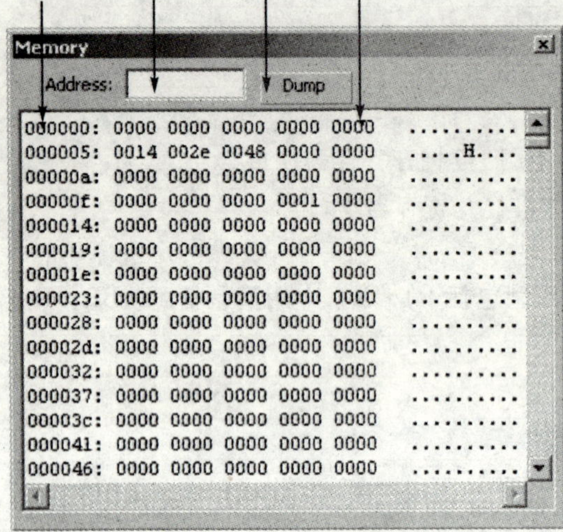

图 3－25　内存窗口界面

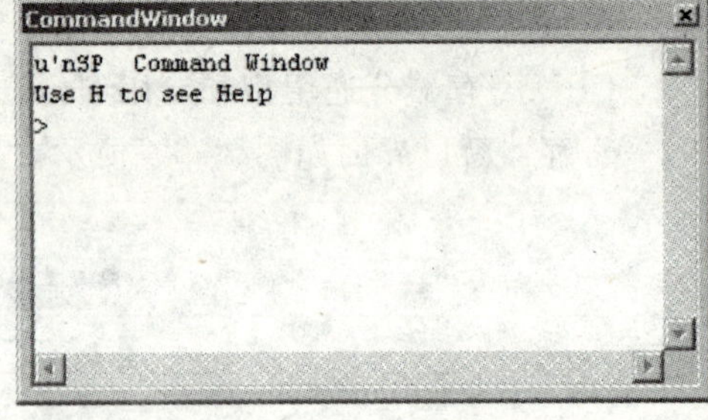

图 3－26　命令窗口界面

在文本框中键入“H”后，列出的命令及相应功能描述界面如图 3－27 所示。

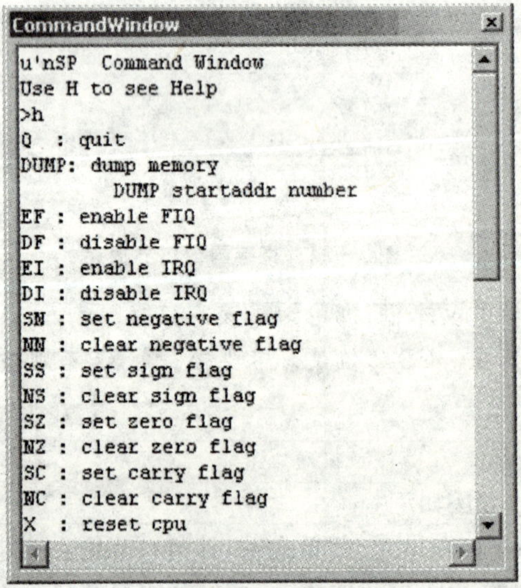

图 3－27　文本框中键入“H”后的界面

IDE 的命令及其功能描述如表 3－10 所列。

表 3-10　IDE 的命令及其功能描述

命　令	功能描述	语法格式及语例
Q	退出 μ'nSP^{TM}IDE	
Dump	转储内存中的字数据	Dump ＜起始地址＞ ＜转储字数＞. Dump 100 100 //转储 0x100 ～ 0x1FF 中的字数据
EF	允许产生 FIQ 中断	
DF	禁止产生 FIQ 中断	
EI	允许产生 IRQ 中断	
DI	禁止产生 IRQ 中断	
SN	设置负标志	
NN	清除负标志	
SS	设置符号标志	
NS	清除符号标志	
SZ	设置零标志	
NZ	清除零标志	
SC	设置进位标志	
NC	清除进位标志	
X	复位(程序指针指向复位向量中的地址)	
RX	设定寄存器的值	RX ＜寄存器号＞ ＜设定值＞. RX 3 abcd　　//将 R3 的值设为 0xabcd
O	设定内存单元中的值	O ＜内存地址＞ ＜设定值＞ O 7016 abcd　　//将 0x7016 单元的值设为 0xabcd
F	设定内存区中的值	F ＜内存起始地址＞ ＜内存结束地址＞ ＜设定值＞ F 100 1ff 1234　　//将 0x100 ～ 0x1FF 单元填入 0x1234
BC	清除断点	BC ＜断点地址＞ ＜断点标志＞ ＜断点数据＞ BC 8000 8082 1234　　//清除当向 0x28000 单元中写入数据 0x1234 时的条件断点
BP	设置断点	BP ＜断点地址＞ ＜断点标志＞ ＜断点数据＞ BP 8000 8082 1234　　//设置当向 0x28000 单元中写入数据 //0x1234 时的条件断点
G	连续运行程序	
S	单步运行程序	
L	将二进制文件装入内存	L ＜文件名＞ ＜起始地址＞ ＜结束地址＞ ＜内存的起始地址＞ L test. bin 100 1ff 8000　　//将 test. bin 文件中第 0x100～0x1FF //单元的数据装入内存 0x8000 单元
RF	将内存中的数据内容转储到文件中	RF ＜起始地址＞ ＜内存单元个数＞ ＜文件名＞ RF 100 100 test. bin　　//将 0x100 ～ 0x1FF 单元的内容转储至 //test. bin 文件中
H	显示命令帮助信息	显示 μ'n SP^{TM}IDE 的所有命令及其内容描述

命令的检索：单击列表框中的某一命令，在PC机键盘上每敲入该命令的头一个字符时，会发现列表框中当前命令的指向会在所有首字符与敲入字符的命令之间移动。据此功能可在列表框里列出的诸多命令中迅速检索到所需的命令。

命令的操作：按照列表框中列出的命令格式在文本输入框中正确键入某命令字符并确认后，该命令便会被执行。

5. 断点窗口

断点窗口显示断点的内容。

打开/关闭断点窗口的方法如下：

① 执行菜单栏中View→BreakPoints菜单命令，即可打开断点窗口。

② 单击调试工具栏中的BreakPoints按钮，即可打开断点窗口。

③ 通过热键Alt+5，即可打开断点窗口。

断点窗口界面如图3-28所示。

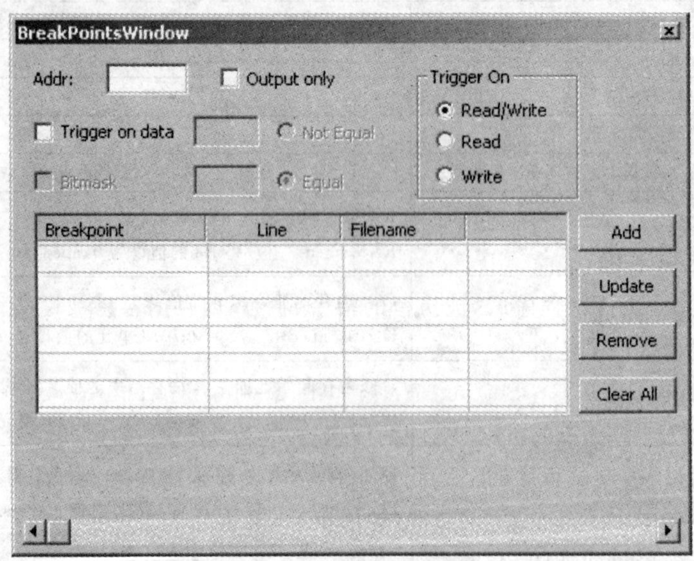

图3-28 断点窗口界面

- Addr：欲设置断点的地址。
- Output only：在连接仿真板运行时，当程序执行到断点位置后，向指定引脚输出一个脉冲信号。
- Trigger on data：这是一个数据过滤器。选择Trigger on data和Equal(Not Equal)，当程序执行到断点位置后，自动检查断点地址的数据和Trigger on data文本框内所指定的数据是否相等。如果相等(不等)的条件满足，则程序在断点地址被中断。
- Bitmask：用于屏蔽断点地址单元内数据的某些位。
- Trigger On Read/Write：当数据进行存取时，触发中断。

6. 反汇编窗口

反汇编窗口显示反汇编内容。

打开/关闭反汇编窗口的方法如下：

① 执行菜单栏中 View→Disassembly 菜单命令，即可打开反汇编窗口。

② 单击调试工具栏中的 Disassembly 按钮，即可打开反汇编窗口。

③ 通过热键 Alt+D 即可打开反汇编窗口。

反汇编窗口界面如图 3-29 所示。

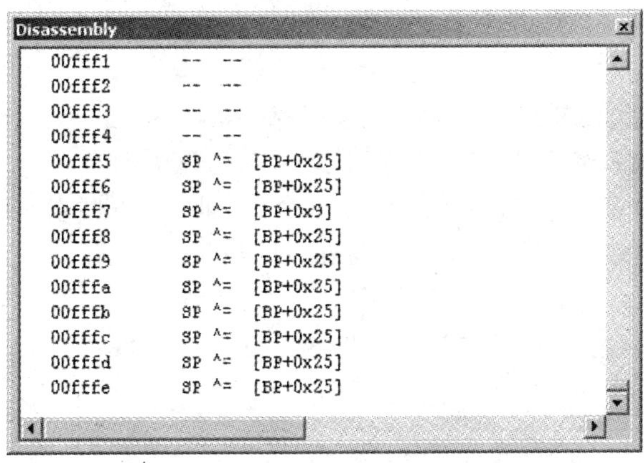

图 3-29　反汇编窗口界面

3.4.5　其他窗口

1. 历史缓冲区窗口

在仿真模式下，执行完程序后，被执行的指令、状态、内存内容将被存储到历史缓冲区中。

激活历史缓冲区的方法如下：

执行菜单栏中 Project→ Setting 命令，弹出 Setting 对话框，在 General 标签下，单击 reset，即可激活 PC Trace Enable 。文件编译执行后，在调试环境下，单击[H]按钮，即可打开历史缓冲区窗口，被调试程序的汇编码显示在历史缓冲区窗口内。如果注意观察，就会发现这时在项目文件夹中多了一个 .his 文件，即历史文件。

历史缓冲区窗口界面如图 3-30 所示。

ADC_LINE.his

address	data	R/W	op	inst	
0x008036	9311	R	1	008036	R1 = [0x702b]
0x008038	C309	R	1	008038	TEST R1 , 0x8000
0x00803A	5E45	R	1	00803a	JZ_E 0x8036
0x008036	9311	R	1	008036	R1 = [0x702b]
0x008038	C309	R	1	008038	TEST R1 , 0x8000
0x00803A	5E45	R	1	00803a	JZ_E 0x8036
0x008036	9311	R	1	008036	R1 = [0x702b]
0x008038	C309	R	1	008038	TEST R1 , 0x8000
0x00803A	5E45	R	1	00803a	JZ_E 0x8036
0x008036	9311	R	1	008036	R1 = [0x702b]
0x008038	C309	R	1	008038	TEST R1 , 0x8000
0x00803A	5E45	R	1	00803a	JZ_E 0x8036
0x008036	9311	R	1	008036	R1 = [0x702b]

图 3-30　历史缓冲区界面

2. 转存窗口

在调试模式下，选择 Tools→Dump Memory 选项，即进入转存窗口。

该窗口用于存储指定地址范围的内容到指定的文件中。另外，它也可以将高字节和低字节分别指定的地址范围存储到两个文件中。

转存窗口界面如图 3-31 所示。

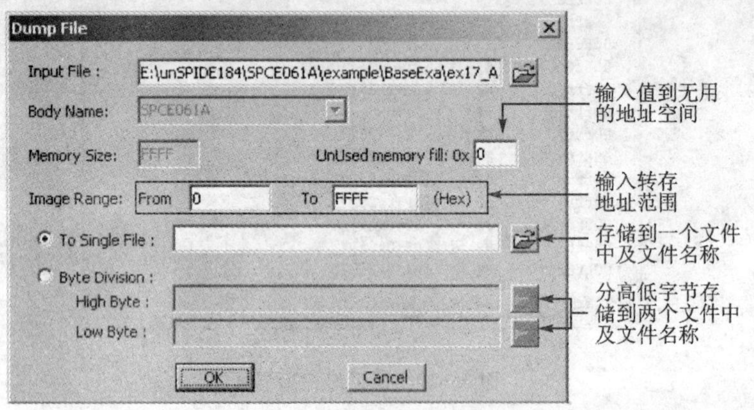

图 3-31　转存窗口界面

在 C、C++、VB 等语言中，广泛使用 Project 一词，在译成中文时，有的译成“项目”，有的译成“工程”，在这里译成“项目”。

3.5　项　目

开发一个应用程序需要很多文件，这些文件需要规范管理，所以一整组的相关文件就构成了一个项目。项目是可以独立执行的程序单元。一个应用程序可以是一个单独的项目。在项目中，可以含有不同的元组和文件。准确一点，项目是指为用户调试程序建立起来的一个开发环境，提供用户程序及资源文档的编辑和管理，并提供各项环境要素的设置途径，最后将通过用户程序及库的编制（包括编译、汇编以及链接等）提供一个良好的调试环境。下面详细介绍项目的各项操作及使用。

3.5.1　建立项目

1. 新建项目的方法步骤

① 单击 File 下拉菜单 New，弹出 New 对话框，如图 3-32 所示。

② 在该窗口中选中 Project 标签并在 File 的文本框中键入项目的名称。在 Location 下的文本框中输入项目的存取路径或利用该文本框右端的浏览按钮指定项目的存储位置。

③ 单击 New 对话框中的 OK 按钮，则项目建立完成。

2. 新建项目的需求

在开发一个应用程序前，首先要建立项目。例如：

项目名称：Example。

项目位置：E:\μ'nSP™\μ'nSP™ IDE\Example。

新建项目后的 Workspace 窗口如图 3－33 所示。其结果：生成了新项目 Example。

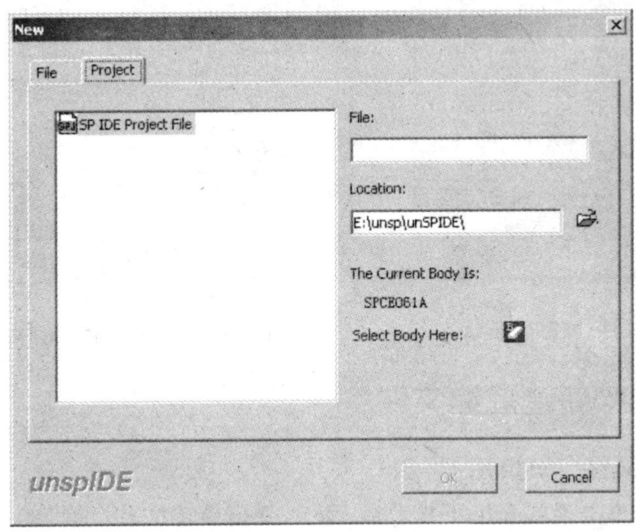

图 3－32　新建项目/文件对话框

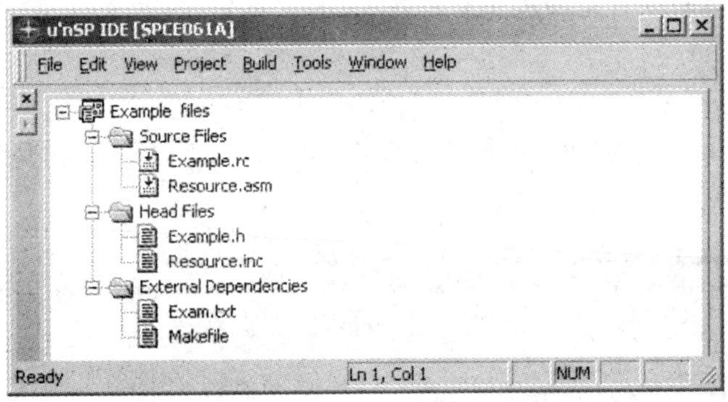

图 3－33　新建项目后的 Workspace 窗口

3.5.2　在项目中新建 C 文件

1. 新建 C 文件(.C)的方法

在新建项目下，单击菜单 File 下拉菜单 New，弹出 New 对话框，如图 3－34 所示。单击 SPIDE C File，在 File 下的文本框内键入文件名称，单击 OK 按钮。

2. 新建 C 文件的需求

用 C 语言编写程序时需要建立 C 文件类型。例如：

文件名称：Ex。

文件位置：E:\μ'nSP™\μ'nSP™ IDE\Example\Ex.c。

新建C文件后的 Workspace 窗口如图3－35所示。其结果：Source Files 下多出一个 Ex.c 文件。

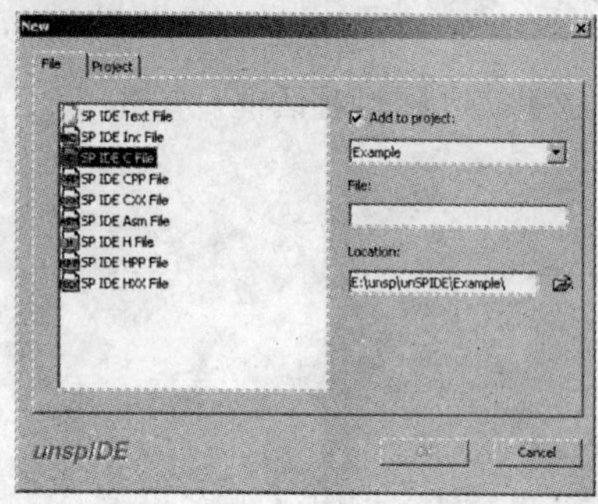

图3－34　新建文件/项目对话

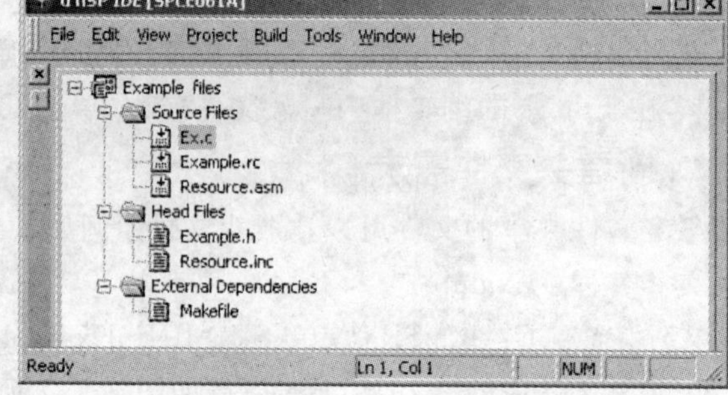

图3－35　新建C文件后的 Workspace 窗口

3.5.3　在项目中新建汇编文件

1. 新建汇编文件(.asm)的方法

在新建项目下，单击菜单 File 下拉菜单 New，弹出新建文件/项目的对话框，单击 SPIDE ASM File，在 File 下的编辑框内写入文件名称，单击 OK 按钮。

2. 新建汇编文件需求

用汇编语言编写程序时需要建立汇编文件类型。例如：

文件名称：Exam。

文件位置：E:\μ'nSP™\μ'nSP™IDE\Example\Exam.asm。

新建汇编文件后的 Workspace 窗口如图3－36所示。其结果：Source Files 下多出一个 Exam.asm 文件。

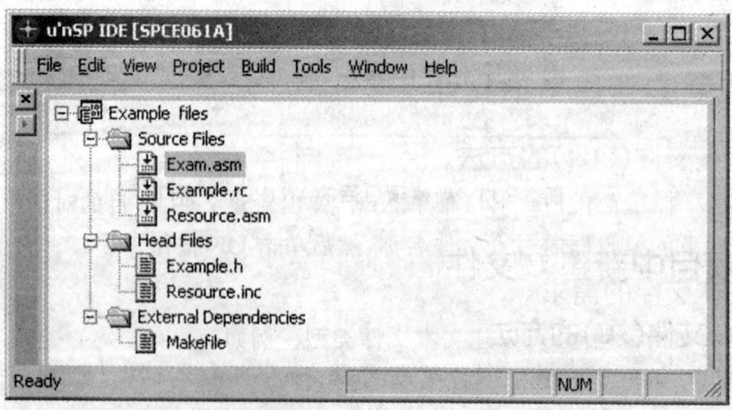

图3－36　新建汇编文件后的 Workspace 窗口

3.5.4 在项目中新建头文件

1. 新建头文件(.H)的方法

在新建项目下，单击菜单 File 下拉菜单 New，弹出新建文件/项目的对话框。单击 SPIDE H File，在 File 下的编辑框内写入文件名称，单击 OK 按钮。

2. 新建头文件需求

多个文件共享的文件可以建成头文件。例如：

文件名称：Examp。

文件位置：E:\μ'nSP™\μ'nSP™ IDE\Example\Examp.h。

新建头文件后的 Workspace 窗口如图 3－37 所示。其结果：Head Files 下多出一个 Examp.h 文件。

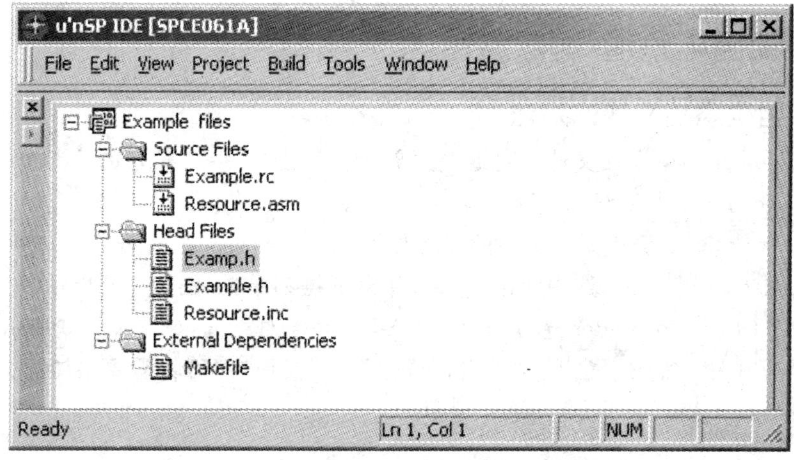

图 3－37 新建头文件后的 Workspace 窗口

3.5.5 在项目中新建文本文件

1. 新建文本文件(.txt)的方法

在新建项目下，单击菜单 File 下拉菜单 New，弹出新建文件/项目的对话框。单击 SPIDE Text File，在 File 下的编辑框内写入文件名称，然后单击 OK 按钮。

2. 新建文本文件的需求

对程序文件做文档说明时，可以建文本文件类型。例如：

文件名称：E。

文件位置：E:\μ'nSP™\μ'nSP™ IDE\Example\E.txt。

新建文本文件后的 Workspace 窗口如图 3－38 所示。其结果：External Dependencies 下多出一个 E.txt 文件。

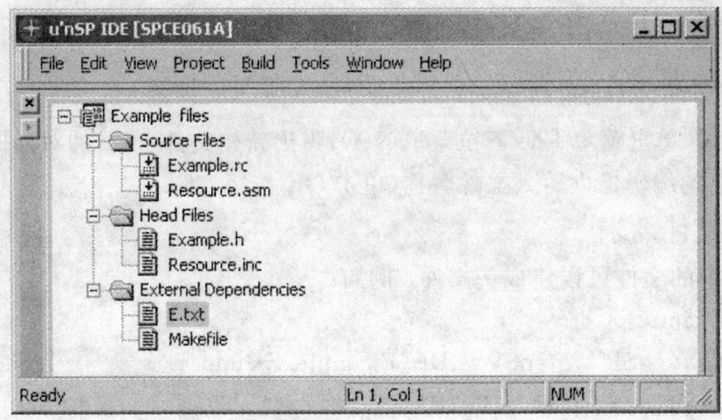

图 3-38　新建文本文件后的 Workspace 窗口

3.5.6　在项目中添加/删除文件

1. 在项目中添加文件的方法

① 通过 Project 菜单添加文件。可通过菜单途径单击 Project 菜单的 Add to Project 选项中的 Files 或 Resource 子项，激活 Add Files 对话框。

② 通过 Workspace 窗口添加文件的步骤如下：

- 在 Workspace 窗口内，选中元组，右击，弹出下拉菜单，如图 3-39 所示。
- 单击 Add Files to Folder 选项，可激活 Add Files 对话框，如图 3-40 所示。
- 在文本框中键入需要添加的文件名，单击"打开"按钮，即可将需要添加的文件加到所选的元组中。

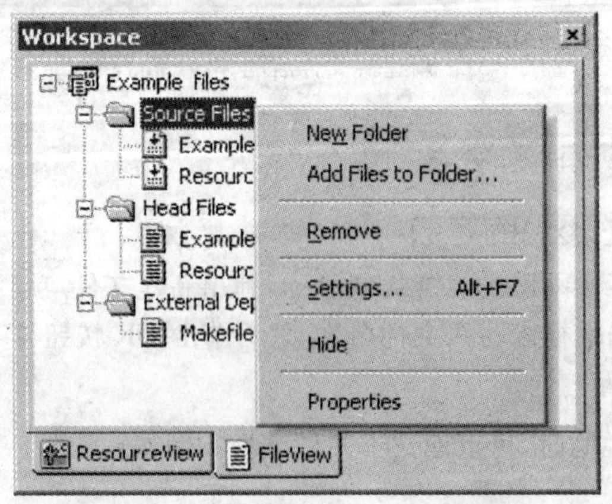

图 3-39　添加文件下拉菜单界面

2. 删除文件步骤

① 在 File 视窗或 Resource 视窗里选中元组中的某个文件。

② 如图 3-39 所示，右击，在弹出的下拉菜单选中 Remove 选项，则该文件会从元组中被删除。

图 3-40 添加文件对话框界面

3.5.7 在项目中使用资源

当对项目中的资源元组添加资源文件时，该资源文件的存储路径及名称会自动被记入项目中的.rc文件中，并以 RES_* 的缺省文件名格式被赋予一个新的文件名(此处"*"是指资源文件在其存储路径上的文件名)，同时，添入的资源文件还会被安排一个文件标识符 ID。

3.5.8 项目选项的设置

项目选项的设置是针对不同目标而对开发环境的各个要素进行的设置。其设置界面如图 3-41所示。

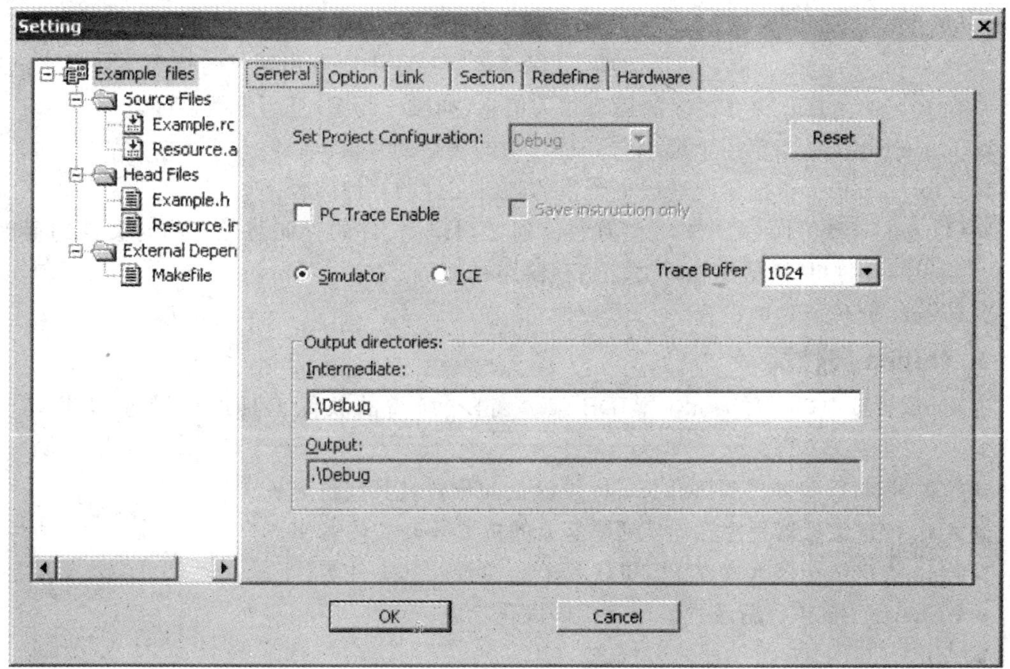

图 3-41 项目选项设置界面

根据界面中的这些标签,便可进入相应的属性页中进行项目的各项设置。

1. General 属性页

在 General 页中,可以完成 μ'nSP™ IDE 的一些基本设置,如图 3-42 所示。

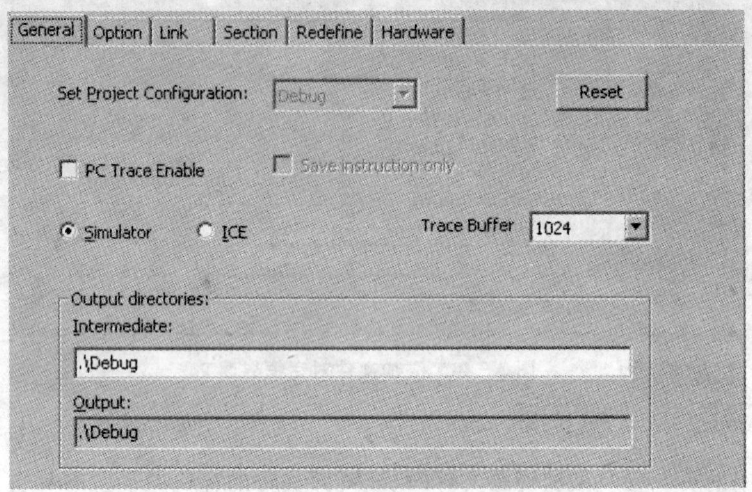

图 3-42 General 属性页

- Set Project Configuration:选择所创建工程的目标。有两种选择,即 Debug 版本和 Release 版本。
- Simulator/ICE:选择 μ'nSP™ IDE 运行模式。如果选择 ICE,则用户必须通过打印端口把仿真板与计算机相连接;如果选择 Simulator,则可利用 μ'nSP™ IDE 提供的软件仿真功能调试程序,调程过程中所有数据被存入缓存。
- PC Trace Enable:激活 PC Trace 功能。
- Save instruction only:激活此项,可保存运行过程中所有用到过的指令。如果未选中,则 μ'nSP™ IDE 保存更多的运行相关信息(如操作码等)至历史缓存区。
- Trace Buffer:指定用于记录仿真过程中的缓存的容量。
- Intermediate:指定编译过程中产生的临时文件的存储路径。
- Output:指定目标文件的存储路径。通常,目标文件的存储路径与临时文件的存储路径相同,用户只需指定临时文件的存储路径即可。
- Reset:复位所做的设置。

2. Option 属性页

在 Option 页中,可对 μ'nSP™ IDE 编译、链接所需的软件工具进行设置,如图 3-43 所示。

- CC:指定 C 编译器程序在 PC 机硬盘上的位置及其文件名。
- AS:指定汇编器程序在 PC 机硬盘上的位置及其文件名。
- LD:指定链接器程序在 PC 机硬盘上的位置及其文件名。
- CFLAG:指定 C 编译器运行及代码优化标志。
- ASFLAG:指定汇编器运行标志。
- LDFLAG:指定链接器运行标志。

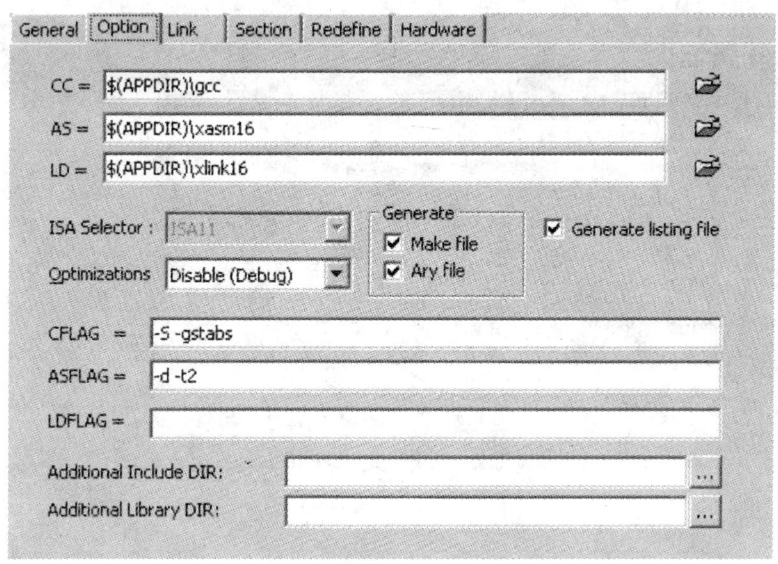

图 3－43　Option 属性页

- Optimizations：选择用户所需的代码优化类型，CFLAG 的优化标志随之改变。
- ISA Selector：显示指令集版本。
- Make file：选中该项可自动更新 makefile 文件。
- Ary file：选中该项可自动更新.ary 文件。
- Generate listing file：选中该项可自动更新.lst 文件。
- Additional Include DIR：指定包含文件的路径。
- Additional Library DIR：指定库文件的路径。

在 Debug 和 Release 模式中，CFLAG、ASFLAG、LDFLAG 可被指定不同的参数。系统根据用户选择的不同模式，自动更改参数。

3. Link 属性页

在 Link 页中，可对链接器进行设置，如图 3－44 所示。

- Output file name：指定二进制输出文件名。
- TSK/S37：选择两种二进制格式的目标文件类型——TSK 和 S37。在选择目标文件类型之前，应在 Option 属性页内同时选择 Make file、Ary file、Generate listing file。
- Generate Interrupt Vector Table：选中该项，在链接过程里包含中断向量表。
- Include Start－Up Code ：选中该项，在链接过程里包含缺省的启动程序。
- Align all resources with ：根据输入的数据把所有资源对齐。
- Generate Initial Table：选中该项，在链接过程里产生一个初始化表。
- External Symbol Files：需要链接工程中另外的符号表文件(＊sym)。
- Library modules：指定和显示当前工程中所包含的库模块。

4. Section 属性页

在 Section 页中，显示当前工程中所有目标模块、库模块、合并段与非合并段，而且可以设置当前工程的非合并段的地址、定位基址，如图 3－45 所示。

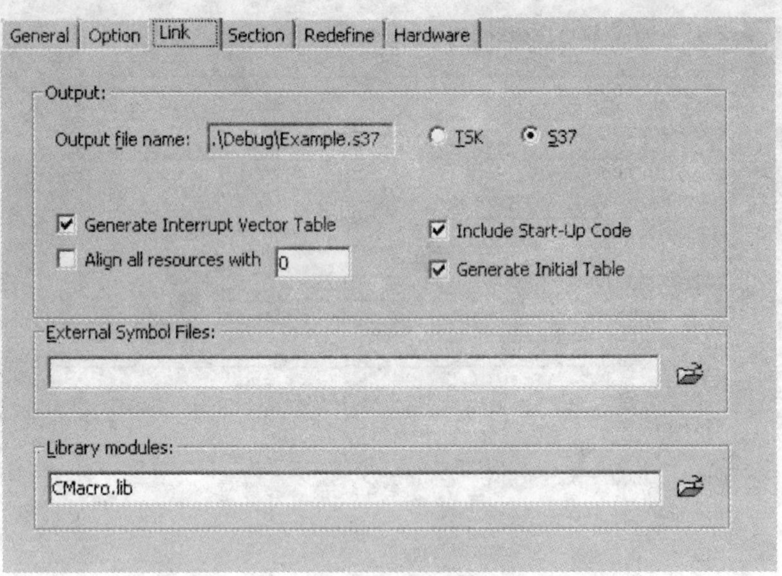

图 3-44　Link 属性页

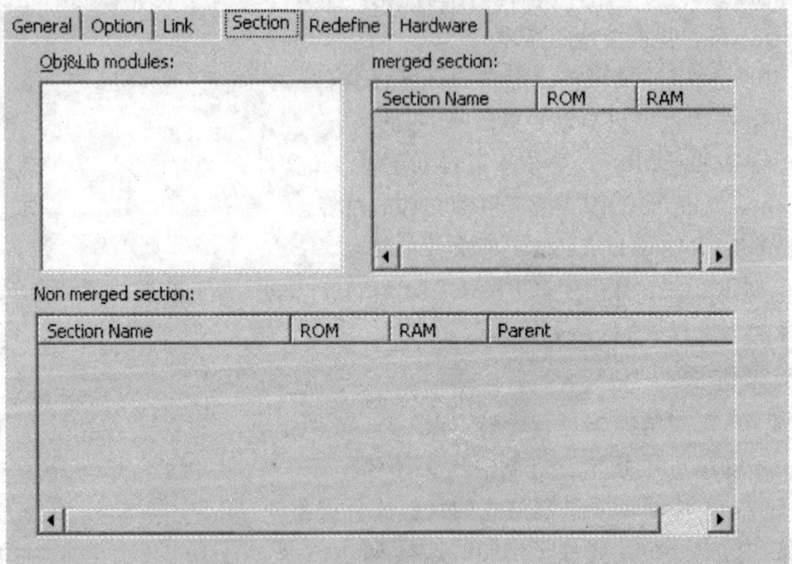

图 3-45　Section 属性页

➢ Obj & Lib modules：显示当前工程中的所有 Obj 和 Lib 文件。

➢ merged section：显示当前工程中的所有合并段。

➢ Non merged section：显示当前工程中的所有非合并段。可以通过双击列表框内的 ROM 栏来改写这些段的地址或定位基址。在重链接工程后，这些指定段均会被定位在由定位基址引导的合适的地址上。

5. Redefine 属性页

在 Redefine 页中，可对库文件进行重定义，如图 3-46 所示。

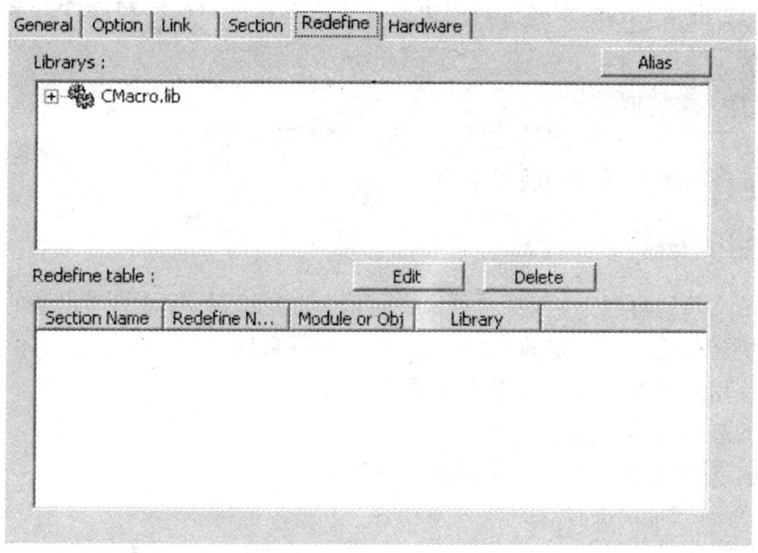

图 3 - 46　Redefine 属性页

- Alias：在 Librarys 列表框内选择某个段，再选择 Alias，以改变当前段的名称。
- Edit：被改变名称的各段的数据被列在 Redefine table 列表框内。用户选择某一行，再选择 Edit，或选择双击这一行，再次改变段的名称。
- Delete：删除 Redefine table 列表框内的内容。

6. Hardware 属性页

在 Hardware 页中，可以设置 μ'nSP 系列芯片的一些硬件信息，如图 3 - 47 所示。

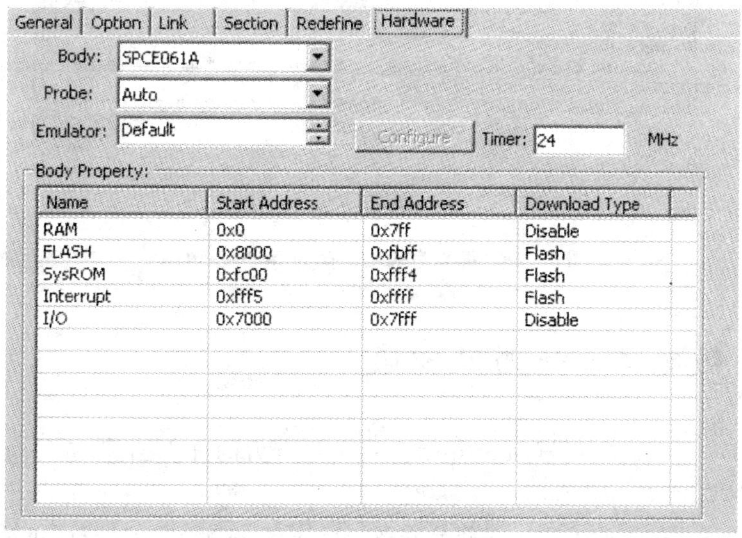

图 3 - 47　Hardware 属性页

- Body：选择 Body 的类型。
- Probe：选择 Probe 型号。链接器和仿真器根据芯片的设置来进行链接和仿真。

- Emulator：根据 Probe 型号选择周边设备的仿真程序。这些程序实际为指定在 cpt 文件中的动态链接库。
- Timer：设定系统时钟。
- Configure：针对 Probe 型号的周边设备的仿真工具设置。
- Body Property：显示内存映射结构。

3.5.9 项目的编译

当项目中的文件编写结束后，要对项目中的程序进行编译，并将编译出来的二进制代码与库中的各个模块连接成一个完整的、地址统一的可执行目标文件和符号表文件，供用户调试使用。在这里要使用编译器、汇编器、链接器等工具。

项目编译的基本操作包括：

- Compile：对编辑窗口中当前文件进行编译。
- Build ：编辑当前的文件。
- Rebuild All ：重新编辑当前项目目标，处理当前项目中的所有文件。
- Stop Build ：终止当前项目目标编辑。

1. Compile/Build/Rebuild All/Stop Build 的方法

单击 Build 菜单，弹出下拉菜单，包括 Compile/Build/Rebuild All/Stop Build，或者在 Build 工具栏中可以找到这几个工具。

2. Compile/Build/Rebuild All/Stop Build 后的结果

编辑过程中的一些操作信息将显示在输出窗口的 Build 视窗中，如图 3-48 所示。

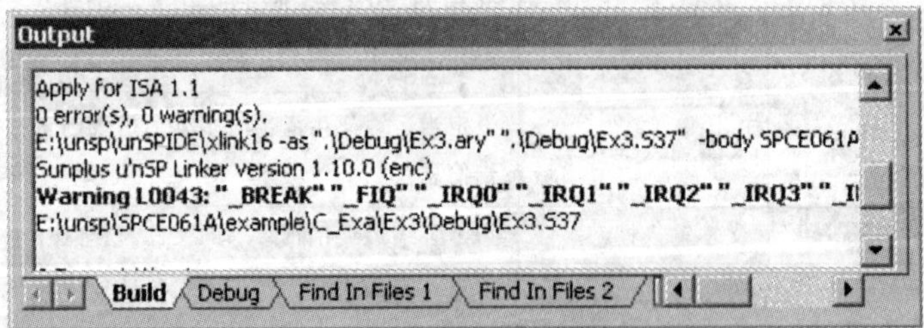

图 3-48 编辑后输出窗口的 Build 视窗图

3.6 代码剖视器使用及功能

μ'nSP™ IDE 的代码剖视器(Profiler)是一种强有力的分析工具，通过应用此工具可剖析、优化程序代码。此工具具有以下一些功能：

- 提供代码优化的准确信息。对部分程序进行诸多重要因素的剖析，包括某段程序花费了多少个指令周期的执行时间，以及程序中的标号流等一些有助于提高程序效率的信息。
- 检测并分析程序运行中使用算法的有效性之高低。
- 检查用户程序的代码段是否面临处在系统测试程序区的危险。

3.6.1 激活 Profile 的方法

在非调试情况下，单击 Build 菜单的 Profile 选项，激活 Profile Configure 对话框，如图 3-49 所示。

在调试情况下，直接单击菜单栏中的 Profile 菜单命令，即可激活 Profile Configure 对话框，如图 3-49 所示。

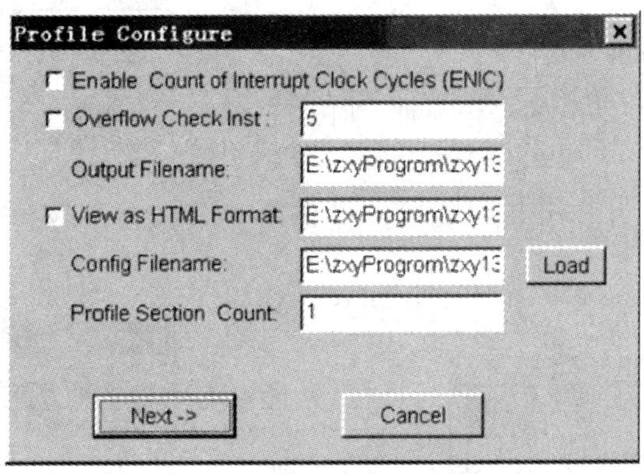

图 3-49 Profile 对话框

在 Profile Configure 对话框 1 中设置的选项及其内容如表 3-11 所列。

表 3-11 Profile Configure 对话框 1 中设置选项及其内容

设置项	设置形式	设置内容描述
Enable Count of Interrupt Clock Cycles (ENIC)	复选框	ENIC 选项是为在 IRQ 中断服务子程序中仍可连续剖视代码所设。若要求剖视的代码段处于 IRQ 子程序中，则须选中此项
Overflow Check Inst	文本输入框	设定当运算产生溢出时多少个指令内未检查溢出标志便产生警告信息
Output Filename	文本输入框	指定容纳最终剖视结果的文件名称
View as HTML Format	复选框及文本框	选择是否需要以网页格式来查看剖视代码结果，若需要，则应在文本框中指定网页格式的剖视结果文件名称
Config Filename	文本输入框	指定存储配置参数的文件名称，用于每次调程开始时重新装入
Profile Section Count	文本输入框	指定需要剖视程序段的段数

3.6.2 使用 Profile

使用 Profile 的步骤如下：

① 根据对话框选项的介绍，设置对话框 1 的选项，然后单击 Next 按钮进入下一步。例如：Profile section count 选项设为 1。

② 将出现对话框 2，如图 3-50 所示。设置 Profile 程序的停止地址，例如 8df2，然后单击 Next 按钮进入下一步。

③ 设置 Profile 第一部分的起始地址，如图 3-51 所示，例如 8deb，然后单击 Next 按钮进

入下一步。

图 3-50　Profile 对话框 2

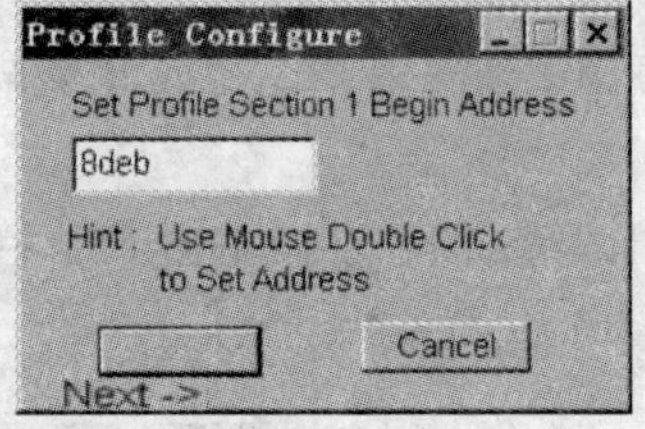

图 3-51　Profile 对话框 3

④ 设置 Profile 第一部分的停止地址，如图 3-52 所示，例如 8ded，然后单击 Next 按钮进入下一步。

⑤ 如图 3-53 所示为 Profile 对话框 5，单击 Profile 按钮，开始 Profile 并弹出剖视结果窗口，如图 3-54 所示。

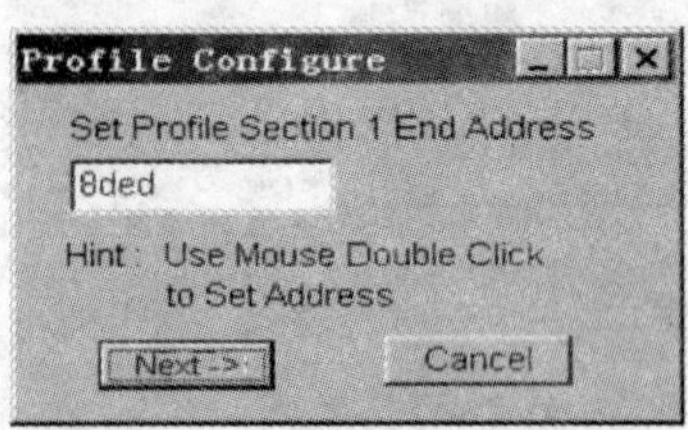

图 3-52　Profile 对话框 4 界面

图 3-53　Profile 对话框 5

```
Title: C:\Program Files\Sunplus\unSP IDE Common\Example\SPCE061A\example\VoiceExa\ex1_A2000_Auto\Debug\ex1_A200
Overview:
Program Size:25455 Words

Total cycles: 665529 Total instruction: 157398

IRQ Statistic
FIQ:     Enabled Total Counts:190 Delayed to Trig Time: Max:0 Avg:0 Min:0
IRQ0     Disabled
IRQ1     Disabled
IRQ2     Disabled
IRQ3     Disabled
IRQ4     Disabled
IRQ5     Disabled
IRQ6     Disabled
IRQ7     Disabled
BRK:     Disabled

Instruction count statistics:
RI06        : counts:59848    cycles:119696    OP_rate:0.3802  cycle_rate:0.1799
RA06        : counts:0        cycles:0         OP_rate:0.0000  cycle_rate:0.0000
RIBP        : counts:4        cycles:24        OP_rate:0.0000  cycle_rate:0.0000
RA16        : counts:6004     cycles:42028     OP_rate:0.0381  cycle_rate:0.0631
RI16        : counts:7983     cycles:34422     OP_rate:0.0507  cycle_rate:0.0517
RW16        : counts:5760     cycles:40320     OP_rate:0.0366  cycle_rate:0.0606
RIR0NOP     : counts:766      cycles:4752      OP_rate:0.0049  cycle_rate:0.0071
RIR0INC     : counts:1161     cycles:6966      OP_rate:0.0074  cycle_rate:0.0105
RIRS        : counts:5886     cycles:57600     OP_rate:0.0374  cycle_rate:0.0865
```

图 3-54　显示剖视结果信息的窗口

⑥ 停止剖视器操作并关闭剖视结果信息的窗口。

方法一：在 MS-DOS 窗口下按 PC 机键盘的任意键，便可关闭该窗口且结束剖视器的操作。

方法二：单击窗口右上角关闭按钮，直接关闭剖视结果信息的窗口。

3.7 举 例

1. 程序 3-1 简单 C 语言程序

【范例】 计算 1+2+…+100。

```
//**************************************************************//
EX1
//**************************************************************//
int main(){
int i,Sum = 0;
for  (i = 0;i< = 100;i ++ )
Sum  =  Sum  +  i;                  //Sum 为累加结果
while(1){                           //程序死循环
//使用变量 Watch 窗口观察 Sum 的值
}
}
//*************************************************************//
EX1 END
//*************************************************************//
```

【方法步骤】

① 新建项目，项目名称为 EX1。

② 在该项目下新建 C 文件，文件名称为 EX1。

③ 在 C 文件中键入范例源代码(见图 3-55)。

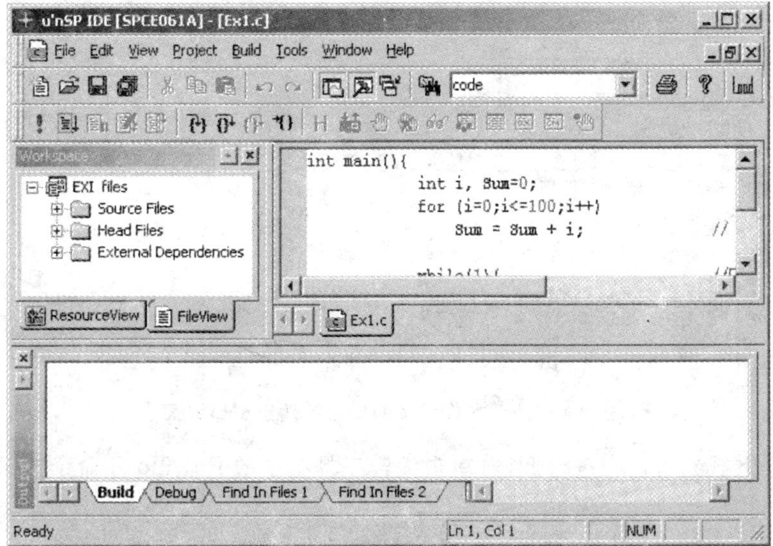

图 3-55 C 文件范例程序界面

④ 保存项目。

⑤ 编译(执行 Build→Compile 菜单命令)该程序,如图 3-56 所示。检查是否有语法错误,如果无错,则继续;否则,改错。

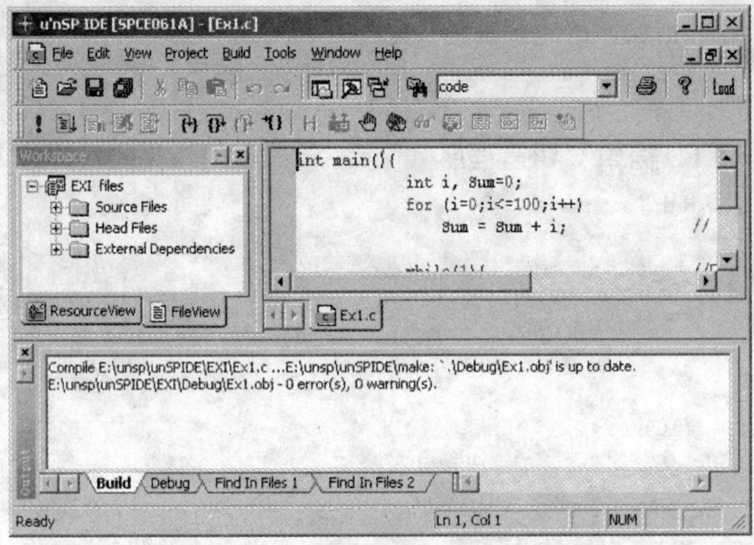

图 3-56 C 文件程序编译后的输出窗口界面

⑥ 编译并链接(执行 Build→Build 菜单命令)该程序,如图 3-57 所示。如果无错,则继续;否则,改错。

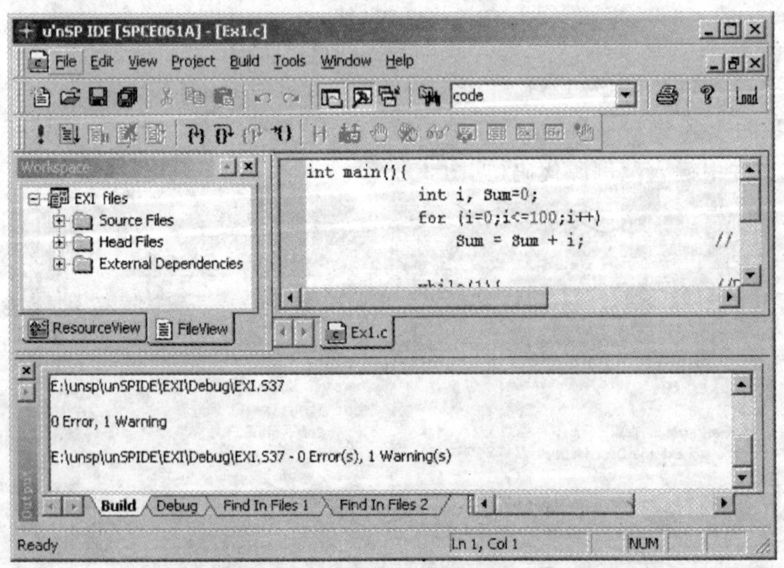

图 3-57 C 文件程序编辑后的输出窗口界面

⑦ 将程序下载到本机中进行调试(单击编辑工具栏中的 Download 命令按钮,进入调试状态),如图 3-58 所示。

⑧ 在调试状态下,打开寄存器、变量等调试窗口,单步执行,仔细观察寄存器和变量的变

化,图 3－59 为程序执行到死循环后变量和寄存器的结果。

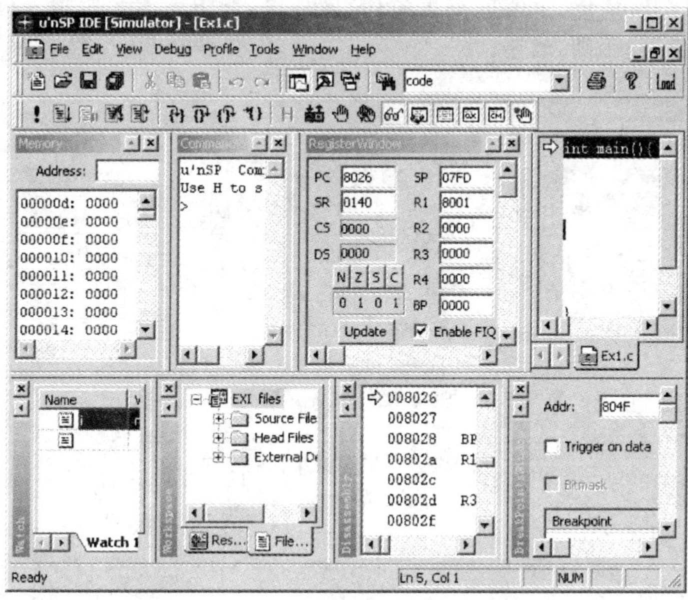

图 3－58　C 文件程序 Download 后的调试界面

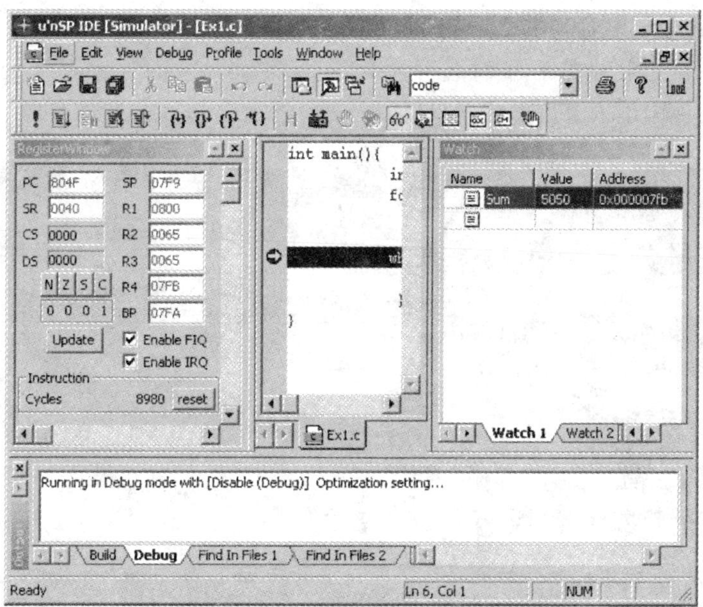

图 3－59　在调试状态下打开寄存器、变量等调试窗口图

2. 程序 3－2　简单汇编语言程序

【范例】 计算 1＋2＋…＋100。

```
//****************************************************//
EX2
//****************************************************//
.RAM                            //定义 RAM 段
.VAR R_Sum;                     //定义变量 R_Sum,保存累加结果
.CODE                           //定义 CODE 段
.PUBLIC _main;                  //对 MAIN 的声明
_main:
R1 = 0x0001;                    //r1 = [1...100]
R2 = 0x0000;                    //
L_SumLoop:
R2 + = R1;                      //累加值放到 R2 中
R1 + = 1;                       //下一个被加数
CMP R1,100;                     //被加数是否为 100?
JNA L_SumLoop;                  //如果 r1 <= 100,则返回到 L_SumLoop
[R_Sum] = R2;                   //将最终累加结果保存到 R_Sum 中
L_ProgramEndLoop:               //程序死循环
JMP L_ProgramEndLoop;
//****************************************************//
EX2 END
//****************************************************//
```

【方法步骤】

① 新建项目,项目名称为 EX2。

② 该项目下新建汇编文件,文件名称为 EX2。

③ 在汇编文件中键入范例源代码(见图 3-60)。

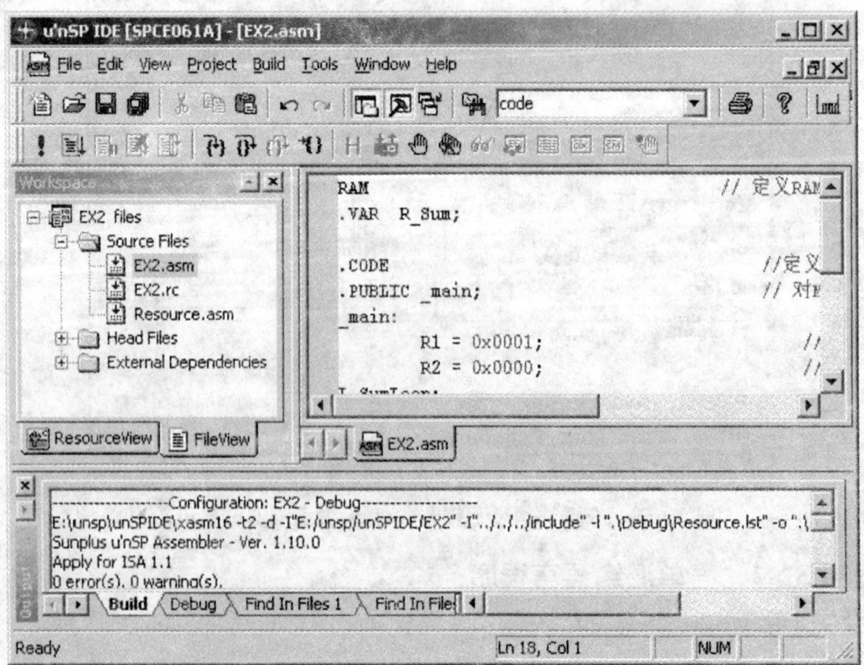

图 3-60 汇编文件范例程序界面

④ 保存项目。

⑤ 编译调试该程序(其中编译调试步骤与程序 3-1 相同,不再赘述)。

3. 程序 3-3　简单 C 与 ASM 综合文件

【范例】 设置 A 口为输入,B 口为输出。

```
//********************************************************//
EX3
//********************************************************//
```

主程序为 C 文件,程序如下:

```
#include "hardware.h"
int main(){
int Key;
//Dir,Data,Attrib
SP_Init_IOA(0x0000,0x0000,0x0000);   //设置 A 口为带下拉电阻的输入口
SP_Init_IOB(0xffff,0x0000,0xffff);   //设置 B 口为带数据缓存器的低电平输出口
while(1){
}
}
```

汇编程序如下:

```
.INCLUDE HARDWARE.INC                //包含 HARDWARE.INC
.PUBLIC _SP_Init_IOB;                //声明子函数_SP_Init_IOB
.PUBLIC _SP_Init_IOA;                //声明子函数_SP_Init_IOA
.CODE
_SP_Init_IOA: .PROC                  //子程序的开始
PUSH BP,BP TO [SP];                  //将 BP 压栈
BP = SP + 1;
PUSH R1,R1 TO [SP];                  //将 R1 压栈
R1 = [BP+3];                         //取 A 口的方向向量
[P_IOA_Dir] = R1;
R1 = [BP+4];                         //取 A 口的数据向量
[P_IOA_Data] = R1;
R1 = [BP+5];                         //取 A 口的属性向量
[P_IOA_Attrib] = R1;
POP R1,R1 FROM [SP];                 //出栈
POP BP,BP FROM [SP];                 //出栈
RETF;
.ENDP                                //子程序结束
//////////////////////////////////////////////////////////////////////
//SP_Inti_IOB
//////////////////////////////////////////////////////////////////////
```

```
_SP_Init_IOB: .PROC             //子程序的开始
PUSH BP,BP TO [SP];             //将 BP 压栈
BP = SP + 1;
PUSH R1,R1 TO [SP];             //将 R1 压栈
R1 = [BP+3];                    //取 B 口的方向向量
[P_IOB_Dir] = R1;
R1 = [BP+4];                    //取 B 口的数据向量
[P_IOB_Data] = R1;
R1 = [BP+5];                    //取 B 口的属性向量
[P_IOB_Attrib] = R1;
POP R1,R1 FROM [SP];            //出栈
POP BP,BP FROM [SP];            //出栈
RETF;
.ENDP                           //子程序结束
```

【方法步骤】

① 新建项目,项目名称为 EX3。

② 在该项目下新建汇编文件,文件名称为 EX3asm。

③ 在汇编文件中键入范例汇编源代码(见图 3-61)。

④ 在该项目下新建 C 文件,文件名称为 EX3.C。

⑤ 在 C 文件中键入范例 C 源代码(见图 3-62)。

⑥ 保存项目。

⑦ 编译调试该程序。

注意: 因为程序包含头文件,所以应指明头文件路径。

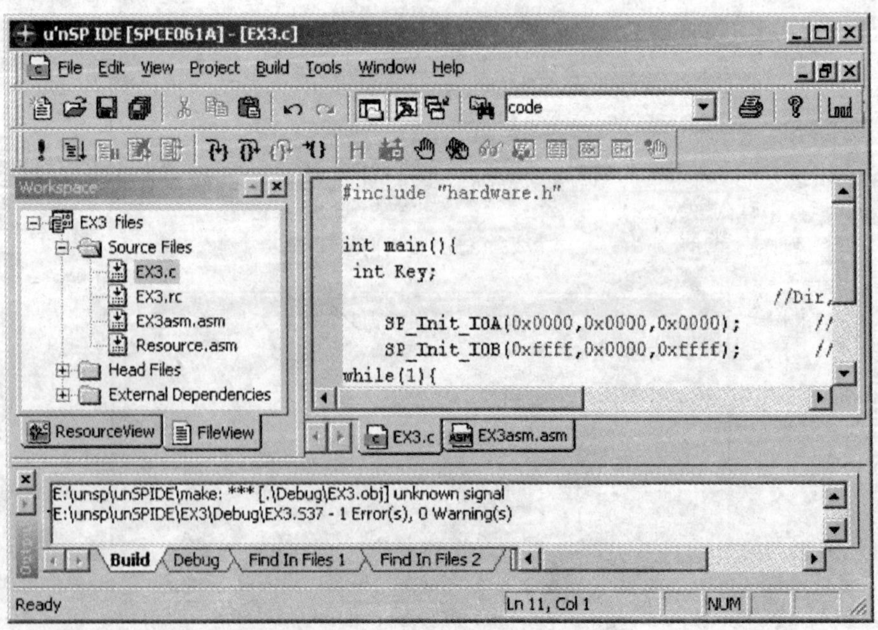

图 3-61 EX3 C 文件源代码界面

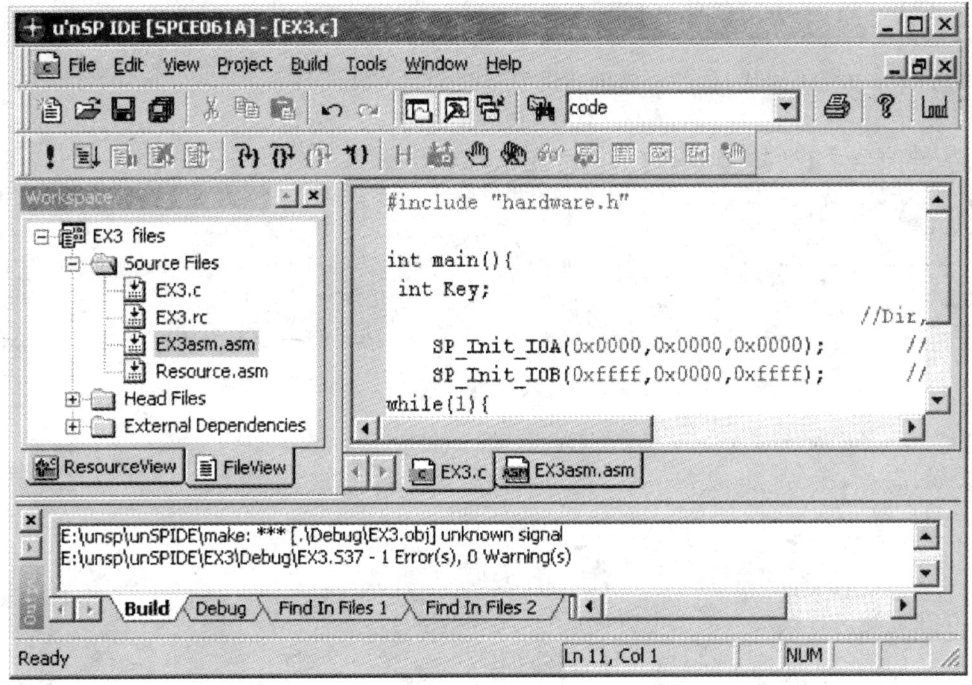

图 3-62 EX3 汇编文件源代码界面

【方法步骤】

① 选择菜单栏中 Tools→Option 选项弹出 Option 对话框。该对话框中有 5 个标签页。

② 单击 Directories 标签，弹出如图 3-63 所示界面。

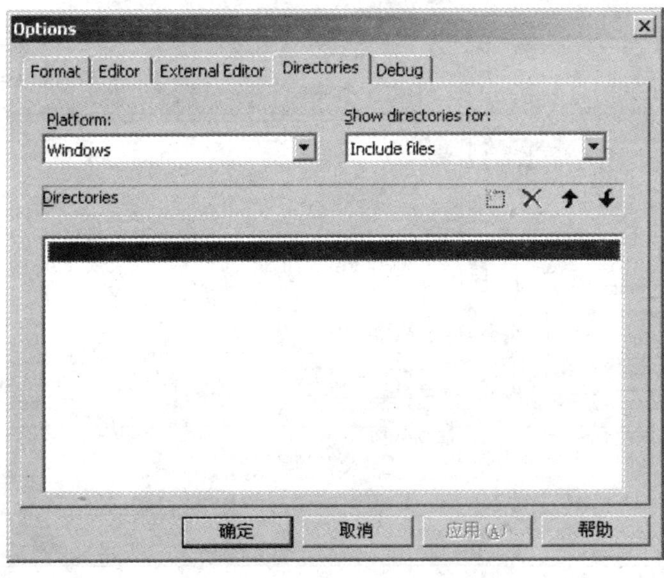

图 3-63 Option 对话框

③ 在 Show Directories for 文本框中，选择 Include Files 并单击 Creat a new item 按钮，在窗口中会出现 Browse 按钮。

④ 单击 Browse 按钮，选择包含的头文件（include 文件夹），如 hardware.inc，指明头文件路径结束。

4. 程序 3-4　资源文件(.rc)C 与 ASM 文件

【范例】 自动放音实验。

```
//********************************************************//
EX4
//********************************************************//
```

主程序为 C 文件，程序如下：

```
#include "a2000.h" //包括 A2000.h
#define SPEECH_1 0                  //SPEECH_1 = 0 表示最大语音索引号
#define DAC1 1                      //第一通道
#define DAC2 2                      //第二通道
#define Ramp_UpDn_Off 0             //禁止音量增/减调节
#define Ramp_Up_On 1                //仅允许音量增调节
#define Ramp_Dn_On 2                //仅允许音量减调节
#define Ramp_UpDn_On 3              //允许音量增/减调节
main()
{
SACM_A2000_Initial(1);              //设置为自动放音方式
SACM_A2000_Play(SPEECH_1,DAC1 + DAC2,Ramp_UpDn_On);
//播放资源的 SACM_A2000 格式语音和乐曲
while(1)
{
SACM_A2000_ServiceLoop();           //从 SRAM 中获取语音数据，对其进行解码
//等待中断服务程序将其送出 DAC 通道
}
}
```

中断服务程序为 ASM 文件，程序如下：

```
.TEXT
.INCLUDE hardware.inc               //包含头文件
.INCLUDE a2000.inc
.INCLUDE Resource.inc
.PUBLIC _FIQ;                       //声明_FIQ 中断
_FIQ:
PUSH R1,R4 TO [SP];
```

```
R1 = C_FIQ_TMA;
TEST R1,[P_INT_Ctrl]
JNZ L_FIQ_TimerA;                    //定时器 A 的中断入口
L_FIQ_PWM:                           //中断 PWM FIQ 入口
R1 = C_FIQ_PWM;
[P_INT_Clear] = R1;
POP R1,R4 FROM [SP];
L_FIQ_TimerA:                        //中断子程序 FIQ_TimerA
[P_INT_Clear] = R1;                  //清中断
CALL F_FIQ_Service_SACM_A2000;       //SACM - A2000 定时器 A FIQ 解码
POP R1,R4 FROM [SP];                 //出栈
RETI;
L_FIQ_TimerB:                        //中断子程序 FIQ_TimerB
[P_INT_Clear] = R1;                  //清中断
POP R1,R4 FROM [SP];                 //出栈
RETI
```

【方法步骤】

① 新建项目,项目名称为 EX4。

② 在该项目下新建汇编文件,文件名称为 SYSTEM. ASM。

③ 在汇编文件中键入范例汇编源代码(见图 3 - 64)。

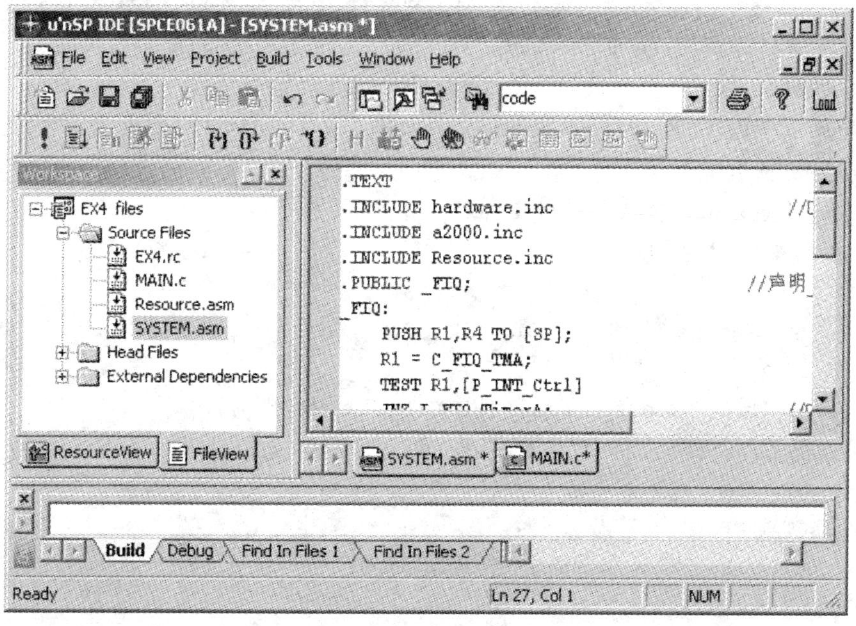

图 3 - 64　EX4 汇编文件源代码界面

④ 在该项目下新建 C 文件,文件名称为 MAIN. C。

⑤ 在 C 文件中键入范例 C 源代码(见图 3 - 65)。

⑥ 在源文件组中添加 HARDWARE. ASM 文件。

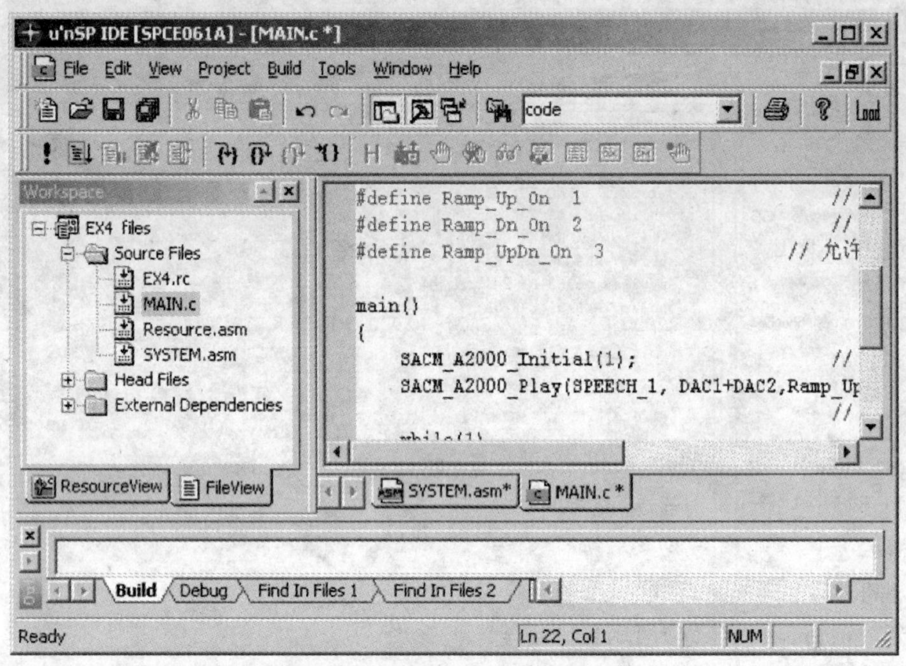

图 3-65　EX4 C 文件源代码界面

⑦ 在头文件组中添加 A2000. INC、HARDWARE. INC 和 RESOURCE. INC 头文件。

⑧ 在资源文件视窗中，添加资源文件。

⑨ 保存项目。

⑩ 编译调试该程序。

⑪ 下载到仿真板中。

EX4 Resource. asm 编译成功后的文件界面如图 3-66 所示。

注意：当编译时，会出现如下错误：

```
Error L0080: The external symbol "T_SACM_A2000_SpeechTable" has not a public definition.
```

这时在系统自动生成的 Resource. asm 文件中添加如下内容即可：

```
.PUBLIC T_SACM_A2000_SpeechTable;
T_SACM_A2000_SpeechTable:
.DW _RES_WW_24K_SA;                    //资源起始地址
.DW _RES_D1_24K_SA;
```

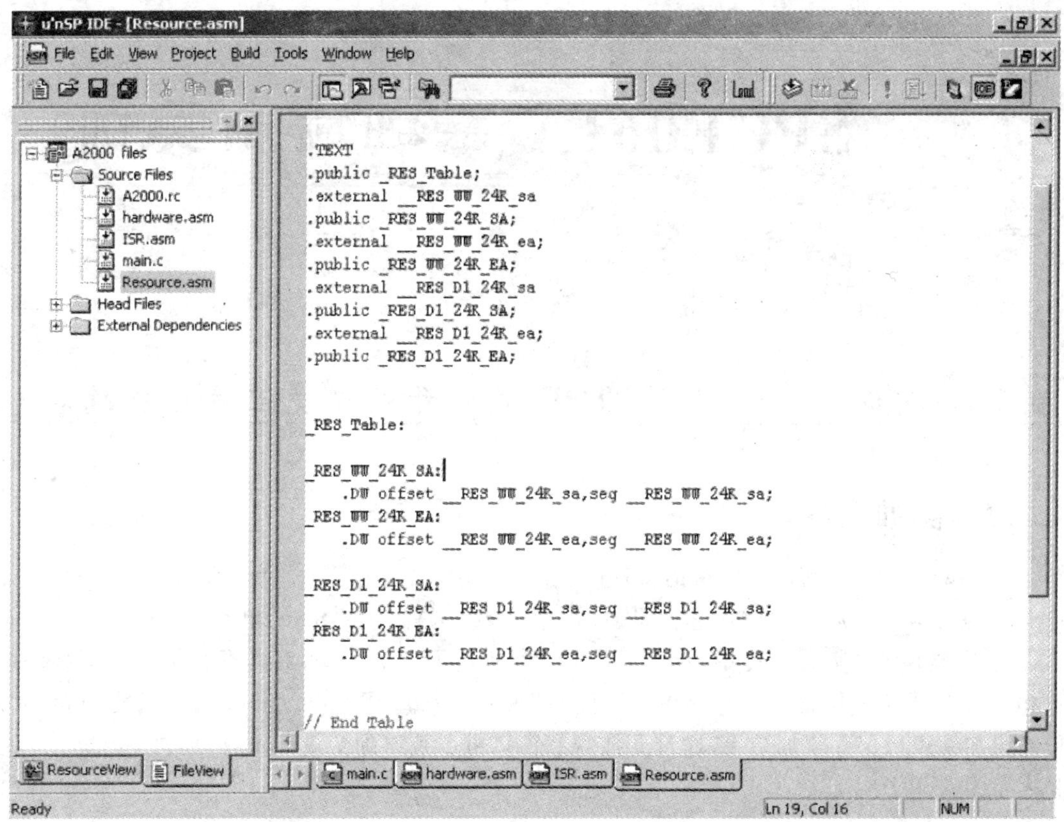

图 3-66　EX4 Resource.asm 编译成功后的文件界面

第

章

SPCE061A 基础应用实训

4.1 实训一 μ'nSP™ IDE 集成开发环境汇编语言编写

4.1.1 实训内容

① 编程要求：编写一个汇编语言程序。

② 实现功能：从 1 到 100 进行累加，并把计算结果保存在[Sum]单元中。

③ 实验现象：实验过程中，单步运行时，可通过 IDE 的调试工具寄存器观察（Register Watch）窗口观察通用寄存器的变化，通过变量观察（Toggle Watch）窗口观察变量 Sum 的变化。累加结束后保存累加结果，通过变量观察窗口可以观察到变量 Sum 的值为 5050（十六进制表示为 0x13BA）。

4.1.2 知识要点

SPCE061A 的汇编指令按其功能主要有数据传送指令、算术指令、逻辑指令、转移指令和控制指令。在程序运行中主要用到 r1～r4 共 4 个通用寄存器和 BP(r5)、SP、PC、SR 共 4 个特殊功能寄存器。其中 r1～r4 一般作为目标寄存器或源寄存器，参与数据传输或算术逻辑运算。

4.1.3 软件流程

初始化寄存器 r2 作为累加器，初始值为 0；寄存器 r1 为加数，初始值为 1。初始化操作完成后，即进入累加循环。在累加循环中，累加器的数值加上加数，并保存在累加器中，加数自加 1。当加数加到 100 时，退出累加循环，把 r2 累加的结果送到[Sum]单元中。其程序流程图如图 4－1 所示。

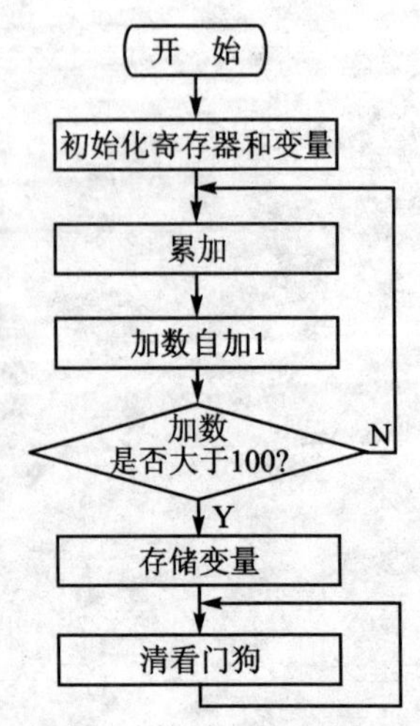

图 4－1 程序流程图

4.1.4 训练提示

【实训目的】

① 熟悉 SPCE061A 单片机常用的汇编指令。

② 学会使用 SPCE061A 单片机汇编指令及伪指令构造汇编程序。

③ 掌握 μ'nSP™ IDE 集成开发环境的一般使用方法。

【实训设备】

① 装有 Windows 系统和 μ'nSP™ IDE 集成开发环境的 PC 机 1 台，SPCE061A 实验仪 1 套。

② 本实训用到的实验仪硬件模块为 CPU 区电路模块、供电电路模块、下载模式选择电路模块。

【实训步骤】

鉴于本实训为本书的第一个实训，所以在此介绍一些有关 μ'nSP™ IDE 操作的步骤。在以后的实训中，将不再重述。

① 安装 IDE。双击安装软件图标（见图 4－2），开始安装 IDE 集成开发环境，按照默认选项安装好 IDE。

图 4－2 安装软件图标

几点说明：

- IDE2.0.0 安装软件可在凌阳大学计划提供的光盘或凌阳大学计划网站（www. μ'nSP™. com）找到。
- 安装好 IDE 后，在 C 盘的 Program Files 文件夹中会出现一个 Sunplus 文件夹。打开 Sunplus 文件夹，可看到如图 4－3 所示的文件夹。

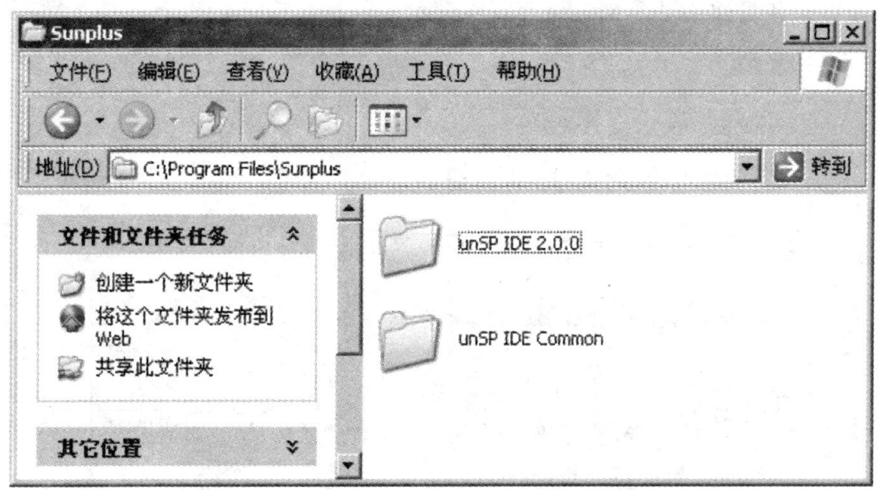

图 4－3 安装好 IDE 后出现在 Sunplus 中的文件夹

- 打开 unSP IDE Common 文件夹，可看到 3 个文件夹，如图 4－4 所示。本书涉及的常用头文件、库文件等资源都包含在 Example 文件夹中的 SPCE061A 文件夹中，如图 4－5 所示。
- 在图 4－6 所示的 include 文件夹中包含常用的头文件，例如 hardware. h、a2000. inc 等；在 library 文件夹中包含常用的库函数文件，例如语音库 sacmv26e. lib。

② 打开 IDE 环境。打开后的界面如图 4－7 所示。

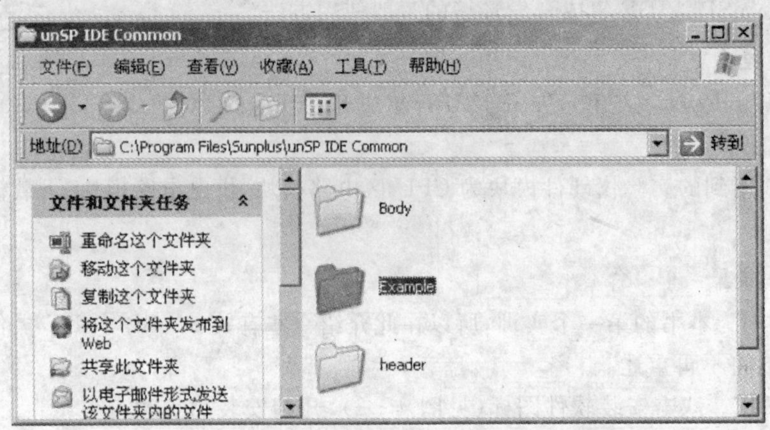

图 4-4　打开 unSP IDE Common 文件夹

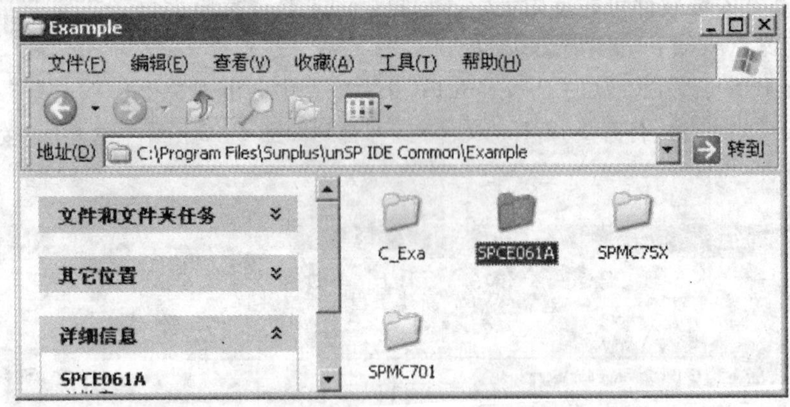

图 4-5　打开 unSP IDE Common 文件夹中的 Example 文件夹

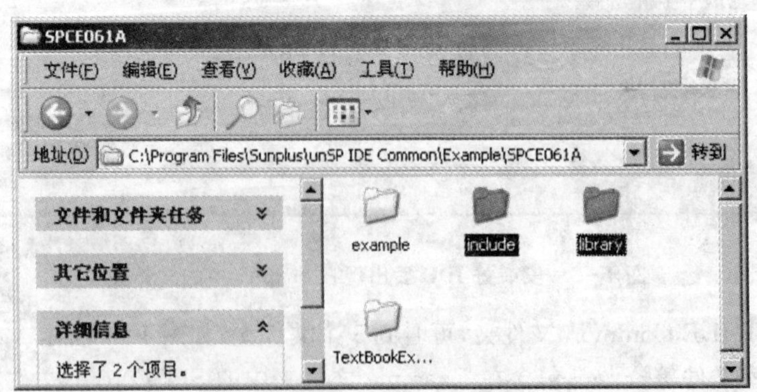

图 4-6　SPCE061A 包含的文件夹

③ 建立一个新的工程。按前面步骤打开 IDE 环境后，即可建立一个新的工程，工程名为 ex01_asm_ADD1-100。建立方法如下：在 File 下拉菜单中单击 New 选项，如图 4-8 所示。

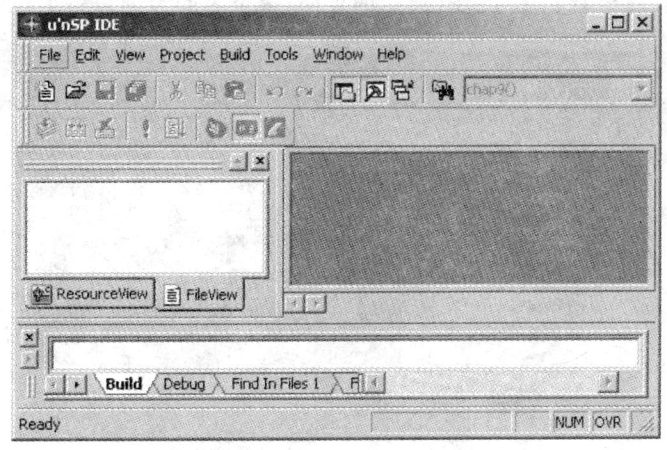

图 4-7　打开 IDE 后的界面

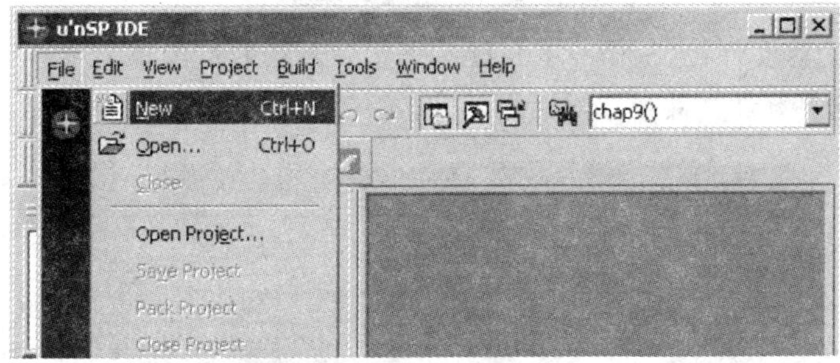

图 4-8　新建工程或者文件

单击 New 选项后会出现如图 4-9 所示对话框。在对话框的 location 编辑框中选择工程存储路径，例如这里选择“I：\self”路径（读者可以自己选择自己想存储的路径选择），然后在 File 编辑框内填入工程名称 ex01_asm_ADD1-100。

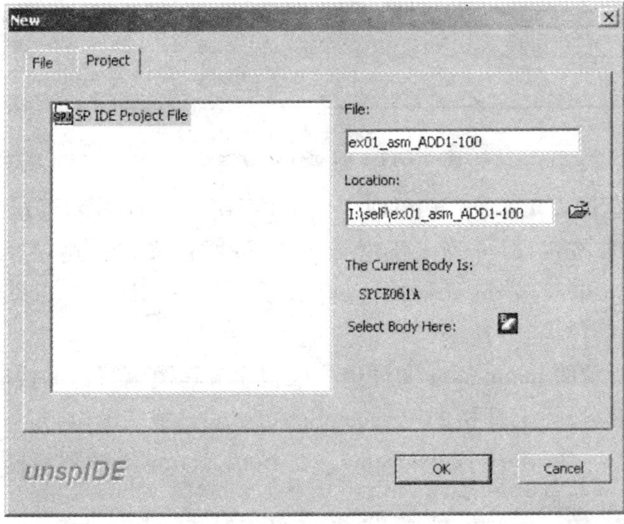

图 4-9　新建工程对话框

单击OK按钮，就会看到图4-10所示的界面，这个界面为创建新工程后的界面。

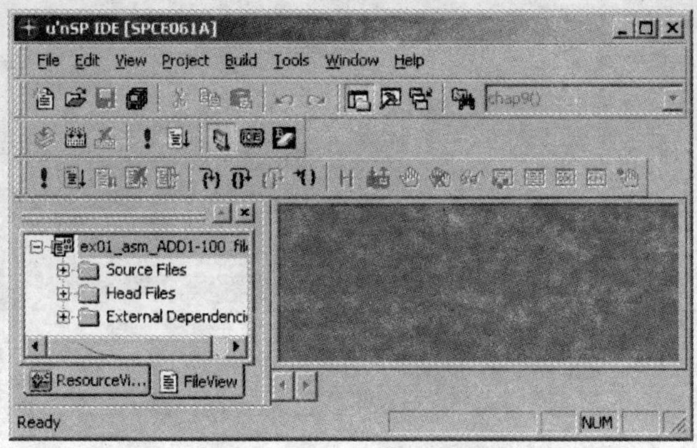

图4-10 新工程界面

④ 在该工程的源文件夹(Source Files)下建立一个新的汇编语言文件(后缀为：.asm)。按照步骤③的方法打开新文件建立对话框，如图4-11所示。

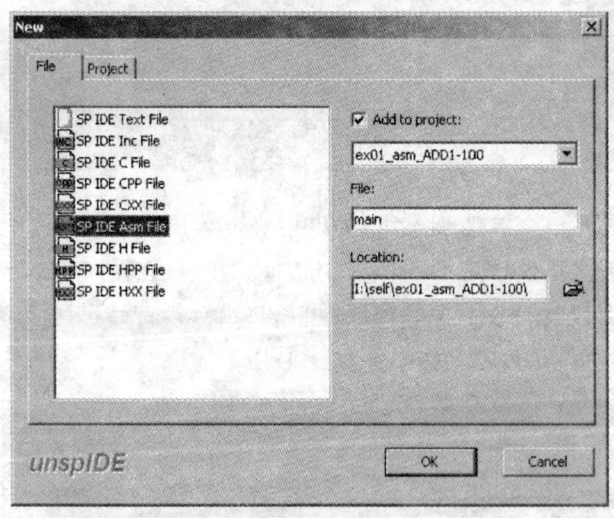

图4-11 新文件建立对话框

文件类型选择为SP IDE Asm File，即汇编文件；在File框内填写新建文件名，这里命名为main，然后单击OK按钮，即可完成新建main.asm文件操作。建立好main.asm文件后，用户可以在FileView中双击main.asm，以打开该文件，打开后可以看到如图4-12所示界面。

⑤ 在图4-12所示的main.asm文件中按照程序流程图编写汇编代码。

⑥ 编写完代码后，选择工具栏的Project Select Body，或者直接单击图标，打开Select Body对话框；按如图4-13选择Body Name。在Body Name下拉列表框中选择SPCE060A_061A(全部实训都这样选择)。

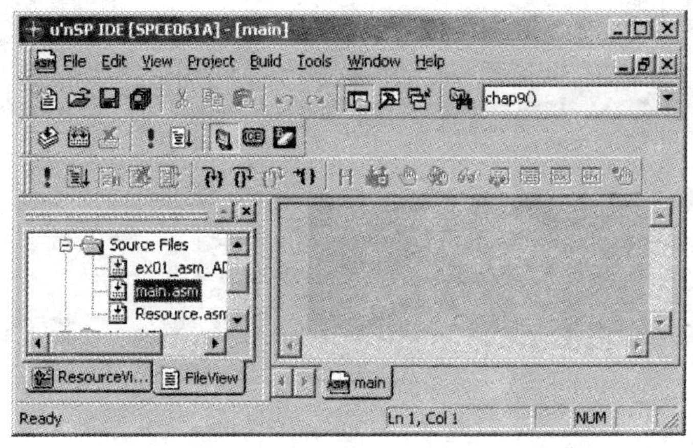

图 4-12　新文件界面

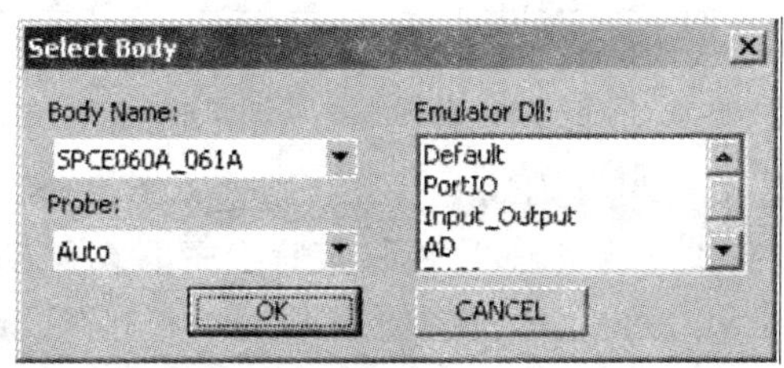

图 4-13　在线仿真 Body 选择

在 IDE 环境中，按图 4-14 所示选择 Rebuild All 选项，按图 4-15 中椭圆框所示选择在线调试图标ICE。

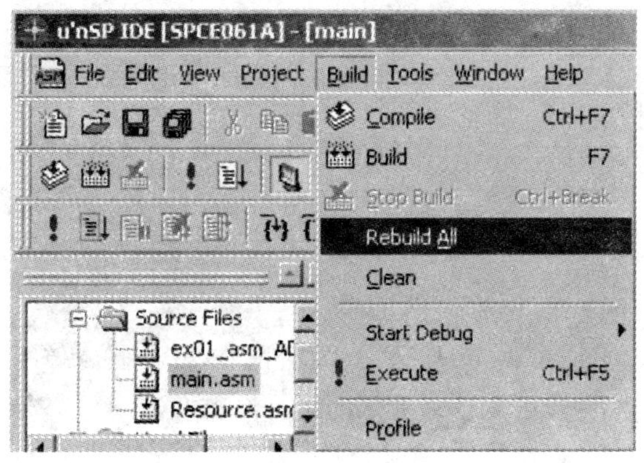

图 4-14　选择 Rebuild All

⑦ 如果使用实验仪自带的下载线(Ez-Probe)(见图 4-16)，则将实验仪②区的 Ez-Probe 接口连接下载线，使实验仪中的 SPCE061A 处于在线下载状态，以便将实验程序下载到芯片当中；将③区中用跳线把上面两个引针(EMU 和 EZ)短接，以选择使用 Ez-Probe；连接好下载线并设置好跳线后，连接①区电源线，以给实验仪供电。(本书中所有实验将以使用下载线进行实验说明。)

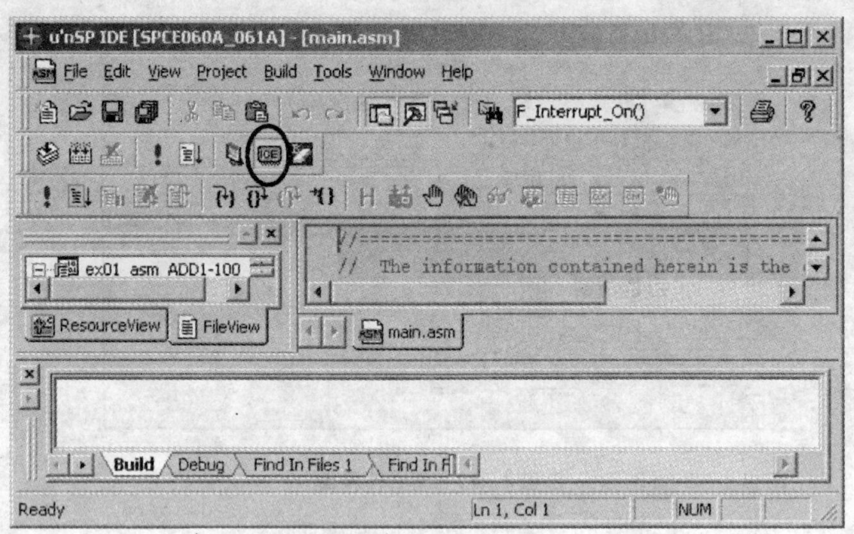

图 4-15　选择在线调试图标

如果使用 Probe(见图 4-16),则将④区的 Probe 接口连接 Probe,使实验仪中的 SPCE061A 处于在线调试、在线下载状态,以便将实验程序下载到芯片当中;将③区中用跳线把下面两个引针(EMU 和 PRO)短接,以选择使用 Probe;连接好 Probe 线并设置好跳线后,连接①区电源线,以给实验仪供电。

图 4-16　实验仪设置及连接

⑧ 单击下载图标(或者按 F8 键),这时候 PC 运行指针指向 main 函数的第一条语句,如图 4-17 所示。

⑨ 单击图标(或者按 Alt+C 键),打开变量观察窗口。单击图标(或者按 Alt+3键),打开寄存器观察窗口;单击图标(或者按 Alt+D 键),打开 Toggle Disassembly 窗口;单击图标(或者按 Alt+2 键),打开 Memory 观察窗口。所有这些窗口打开后

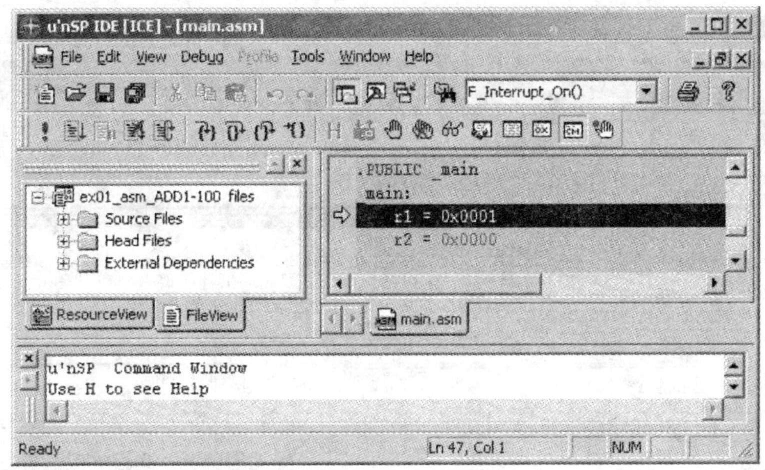

图 4-17 程序下载后的 IDE 集成开发环境

的界面如图 4-18 所示。

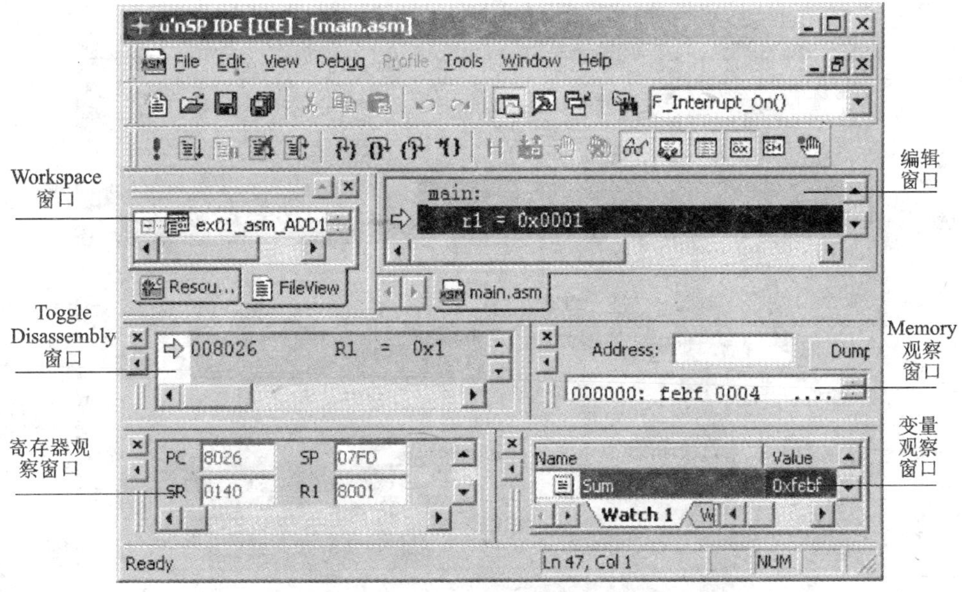

图 4-18 打开各个观察窗口

⑩ 在变量观察窗口的 name 项输入变量 Sum，单击单步运行图标（或者按 F11 键），如图 4-19 所示。通过 Toggle Disassembly 窗口观察程序的运行情况，通过变量观察窗口的 Value 项观察 Sum 的值，通过寄存器观察窗口观察寄存器的变化情况。另外，Memory 观察窗口的 Address 项显示的是分配给变量的地址空间。

⑪ 累加结束时，检查通过变量观察窗口的 Value 项，观察到 Sum 的值是否为 5050（十六进制表示为 0x13BA），如图 4-20 所示。

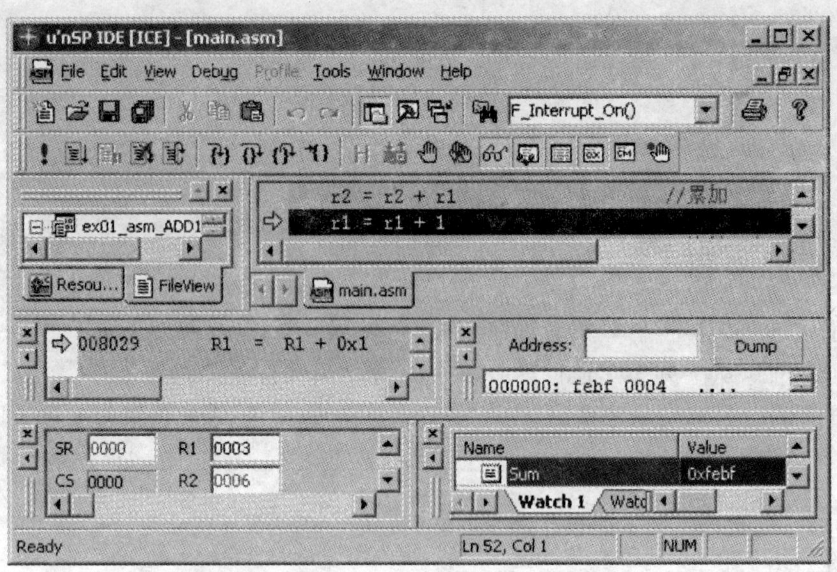

图 4-19 单步运行

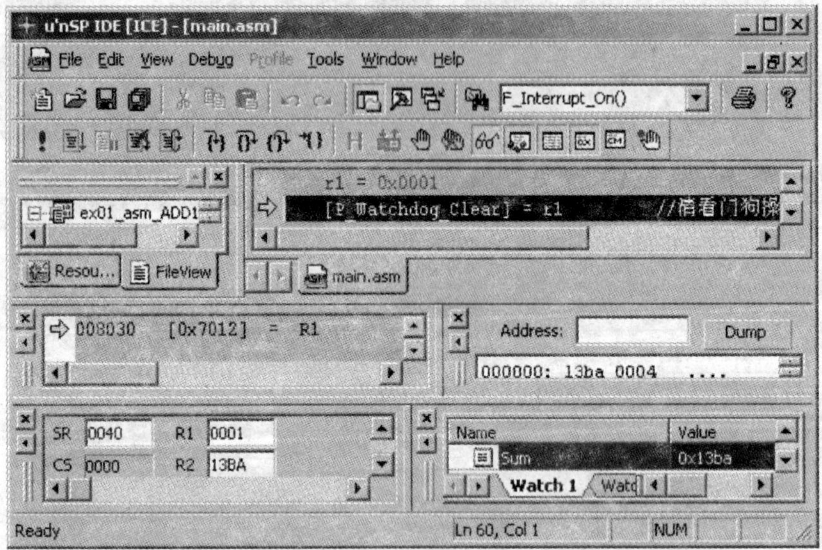

注：① 如果全速运行，则单击 图标或者按 F5 键。

② 在运行过程中，如果没有看清楚，需要重新运行，则单击 图标或者按 Ctrl＋Shift＋F5 键。

③ 如果需要在程序中添加断点，则先选中想添加断点的语句，然后单击 图标或者按 F9 键；如果去掉断点，则单击 图标或者按 Shift ＋F9 键。

图 4-20 程序累加结束后界面

4.1.5 拓展训练

在 μ'nSP™ IDE 下用汇编语言编写一个使用冒泡法排序的程序，排列顺序为从小到大的顺序。

```
.iram
array: .dw 5,89,40,12,55,32,18,46,77,21
```

4.2 实训二 μ'nSP™ IDE 集成开发环境 C 语言编写

4.2.1 实训内容

① 编程要求：编写一个 C 语言程序。

② 实现功能：从 1 到 100 进行累加，并把计算结果保存在变量 Sum 中。

③ 实验现象：打开变量观察窗口，观察变量 Sum 的变化，累加结束时变量 Sum 为 5 050（十六进制表示为 0x13BA）。

4.2.2 知识要点

μ'nSP™的指令系统算术逻辑操作符与 ANSI－C 相同，如表 4－1 所列。

表 4－1 μ'nSP™指令的算术逻辑操作符

算术逻辑操作符	作 用
+、-、*、/、%	加、减、乘、除、求余运算
&&、||	逻辑"与"、"或"
&、|、^、<<、>>	按位"与"、"或"、"异或"、左移、右移
>,>=,<,<=,= =,! =	大于、大于或等于、小于、小于或等于、等于、不等于
=	赋值运算符
? :	条件运算符
,	逗号运算符
*、&	指针运算符
.	分量运算符
sizeof	求字节数运算符
[ ]	下标运算符

μ'nSP™支持 ANSI－C 中使用的基本数据类型，如表 4－2 所列。

表 4－2 μ'nSP™对 ANSI－C 中基本数据类型的支持

数据类型	数据长度(位数)	值 域
char	16	−32 768～32 767
shor	16	−32 768～32 767
int	16	−32 768～32 767
long int	32	−2 147 483 648～2 147 483 647
unsigned char	16	0～65 535
unsigned short	16	0～65 535

续表 4-2

数据类型	数据长度(位数)	值　域
unsigned int	16	0～65535
unsigned long int	32	0～4294967295
float	32	以IEEE格式表示的32位浮点数
double	64	以IEEE格式表示的64位浮点数

4.2.3 软件流程

主程序流程图如图4-21所示。先定义一个累加值变量Sum和一个加数变量i,初始化Sum=0,i=1,进入累加循环。在累加循环中,Sum和i相加,并把相加结果保存在Sum中,i自加1,判断i是否大于100。如果小于或等于100,则继续累加;如果大于100,则退出累加循环,进入主程序循环,执行清看门狗操作,防止单片机复位。

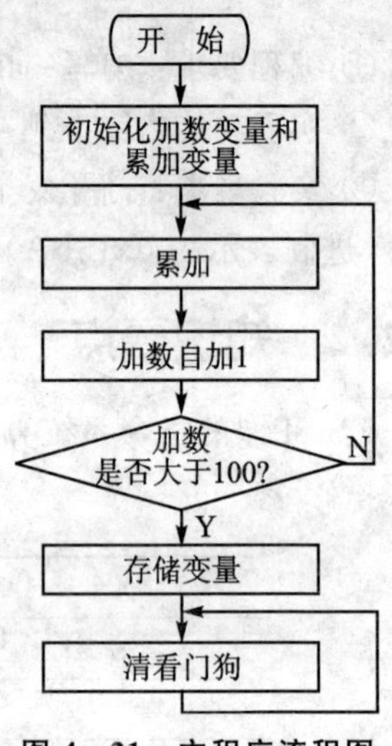

图4-21　主程序流程图

4.2.4 训练提示

【实训目的】

① 熟悉μ'nSP™ IDE集成开发环境的使用方法。

② 掌握用SPCE061A单片机C语言编写应用程序的方法。

【实训设备】

① 装有Windows系统和μ'nSP™ IDE集成开发环境的PC机1台,SPCE061A实验仪1套。

② 本实验用到的实验仪硬件模块为CPU区电路模块、供电电路模块、下载模式选择电路模块。

【实训步骤】

① 采用与4.1节同样的方法,将μ'nSP™ IDE环境打开后,建立一个新工程ex02_c_ADD1-100。

② 在该工程的源文件夹(Source Files)下建立一个新的C语言文件,命名为main。建立方法如图4-22所示。

注意:椭圆框内与4.1节建立汇编语言文件的不同。

③ 在main.c文件里编写C语言代码。

④ 选择Rebuild All选项。

⑤ 选择在线调试模式(ICE)。下载、单步运行。

⑥ 打开变量观察窗口,观察变量Sum的变化,并观察累加结束时Sum是否为5050(十六进制表示为0x13BA)。

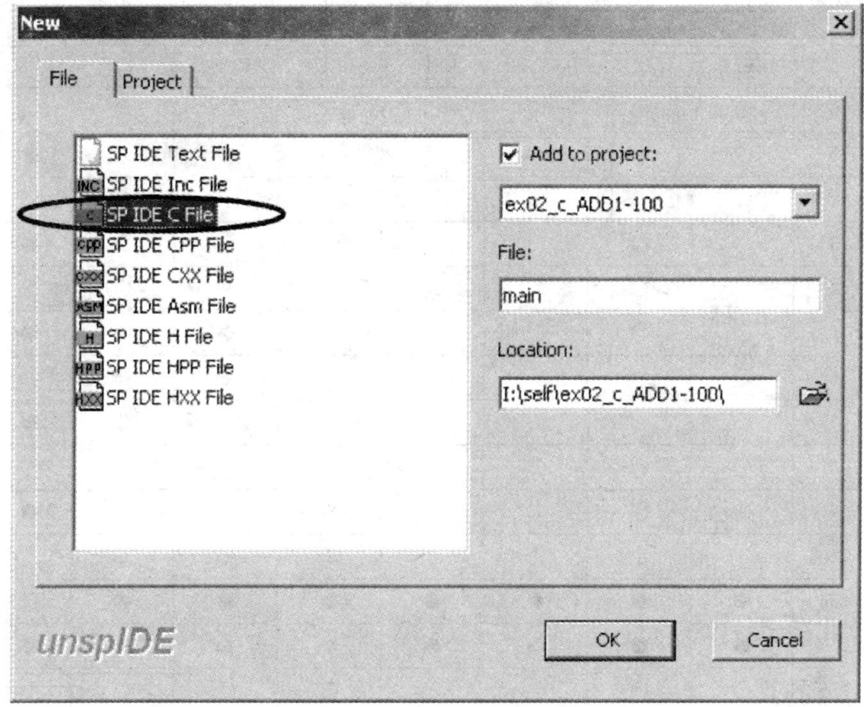

图 4-22　建立新的 C 语言文件

4.2.5　拓展训练

在 μ'nSP™ IDE 下用 C 语言编写一个使用冒泡法排序的程序，排列顺序为从小到大的顺序。

```
Int Array[] = {5,89,40,12,55,32,18,46,77,21}
```

4.3　实训三　用汇编语言实现 I/O 输出

4.3.1　实训内容

① 编程要求：编写一个汇编语言程序。

② 实现功能：通过 I/O 口输出的数据控制 8 个 LED 的点亮与熄灭。

③ 实验现象：8 个 LED 动态点亮和熄灭，并且循环显示，点亮与熄灭状态顺序如表 4-5 所示。其中，“●”表示 LED 是点亮状态，“○”表示 LED 是熄灭状态。表中 LED1～LED8 为实验仪上 LED 电路模块中的 8 个 LED。

表 4-5　8个LED状态

序　号	LED8	LED7	LED6	LED5	LED4	LED3	LED2	LED1
0	○	○	○	○	○	○	○	○
1	○	○	○	○	○	○	○	●
2	○	○	○	○	○	○	●	○
3	○	○	○	○	○	○	●	●
4	○	○	○	○	○	●	○	○
5	○	○	○	○	○	●	○	●
6	○	○	○	○	○	●	●	○
7	○	○	○	○	○	●	●	●
8	○	○	○	○	●	○	○	○
9	○	○	○	○	●	○	○	●
⋮	⋮	⋮	⋮	⋮	⋮	⋮	⋮	⋮
254	●	●	●	●	●	●	●	○
255	●	●	●	●	●	●	●	●
256	○	○	○	○	○	○	○	○
257	○	○	○	○	○	○	○	●
⋮	⋮	⋮	⋮	⋮	⋮	⋮	⋮	⋮

4.3.2 知识要点

1. I/O 口的设置

SPCE061A 有 32 个可编程 I/O 端口，分为两组：IOA0～IOA15 口和 IOB0～IOB15 口，其中每一个端口都可以被单独设置为输入或者输出口。SPCE061A 的 I/O 口的输入/输出方式是通过方向控制向量 Dir、属性向量 Attrib 和数据向量 Data 3 个向量组合控制的。I/O 口的组合控制设置如表 4-3 所列。

按照上面的组合控制设置，当 IOA 的低 8 位设置为同相低电平输出口时，Dir、Attrib 和 Data 3 个向量的设置如表 4-4 所列。

表 4-3　I/O 端口的组合控制设置

Dir	Attrib	Data	功能	功能描述
0	0	0	下拉	带下拉电阻的输入方式
0	0	1	上拉	带上拉电阻的输入方式
0	1	0	悬浮	悬浮式输入方式
0	1	1	悬浮	悬浮式输入方式
1	0	X	反向输出	Data 数据位反相输出方式
1	1	X	反向输出	Data 数据位反相输出方式

注：端口位默认为带下拉电阻的输入引脚。

表 4-4　IOA 的低 8 位设置为同相低电平输入口

向量	b15	b14	b13	b12	b11	b10	b9	b8	b7	b6	b5	b4	b3	b2	b1	b0
Dir	0	0	0	0	0	0	0	0	1	1	1	1	1	1	1	1
Attrib	0	0	0	0	0	0	0	0	1	1	1	1	1	1	1	1
Data	0	0	0	0	0	0	0	0	0	0	0	0	0	0	0	0

在 SPCE061A 的 I/O 口被设置为输出口时，当 Data 寄存器中的某一位写入“1”时，该位所对应的端口输出高电平；写入“0”时，输出低电平。

2. 实验仪 LED 的点亮与熄灭

图 4-23 所示为实验仪 LED 的电路原理图。这里以点亮 LED1 为例进行说明，其他 LED 原理和它相同。当 a 端为高电平，G5 为低电平时，三极管导通，LED1 也导通，则 LED1 点亮；a 端为低电平，G5 为低电平时，三极管截止，LED1 也截止，LED1 熄灭；a 端为高电平，G5 为低高平时，三极管截止，LED1 也截止，LED1 熄灭。

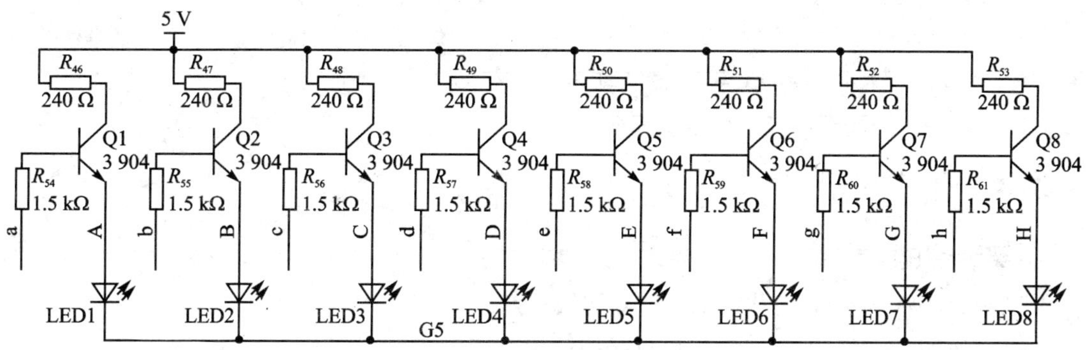

图 4-23　发光二极管电路原理图

事实上，在实验仪的接口上并不能看到 G5 这个接口，如图 4-24 所示，在实验仪上有一个三极管阵列的芯片，在实验仪的接口上看到的是 DIG5 这个接口，G5 是通过 DIG5 反相得到的，因此，要点亮 LED1，必须首先设置 G5 为低电平，同时 a 为高电平，即在 DIG5 为高电平，a 为高电平时就可以点亮 LED1。

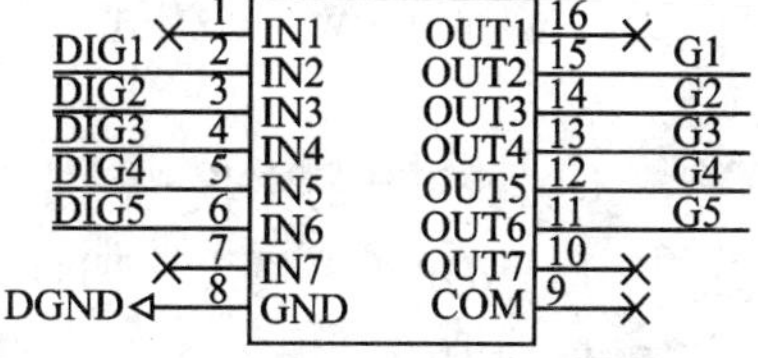

图 4-24　ULN2003A 芯片

同样以点亮 LED1 为例，介绍怎么用 I/O 口输出控制 LED 的点亮与熄灭。假设 IOA0 连接 a，IOB6 连接 DIG5，如图 4-25 所示(注意图中的粗线表示连接左右两个端口)，根据上面的

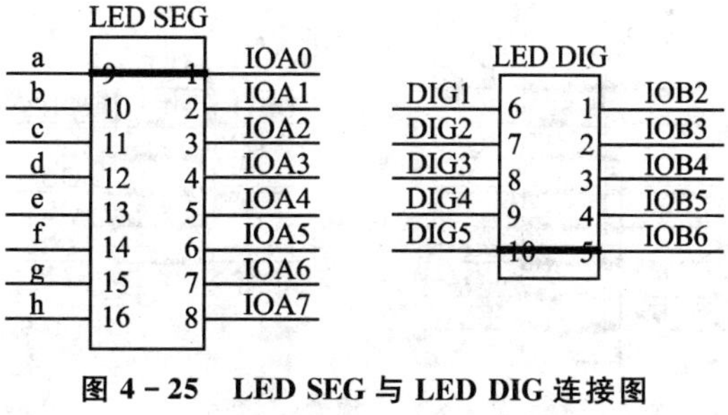

图 4-25　LED SEG 与 LED DIG 连接图

分析，当要点亮 LED1 时，需要从 IOB6 口输出高电平，同时从 IOA0 口输出高电平，即给 IOB 口的数据向量单元送数据 0x40，给 IOA 口的数据向量单元送数据 0x01。

4.3.3 软件流程

根据实训要求 8 个 LED 的显示状态，初始化 A 口为同相输出口，并输出电平；初始化 IOB6 为输出口并输出高电平，以选择 8 个 LED 的负极为低电平；程序的主循环中，输出到 IOA 口低 8 位的数据每次输出显示后要加 1；输出显示的数据可用变量保存，也可在程序运行当中通过读取 P_IOA_Buffer(0x7001)寄存器得到上次输出数值。主程序流程图如图 4-26 所示。

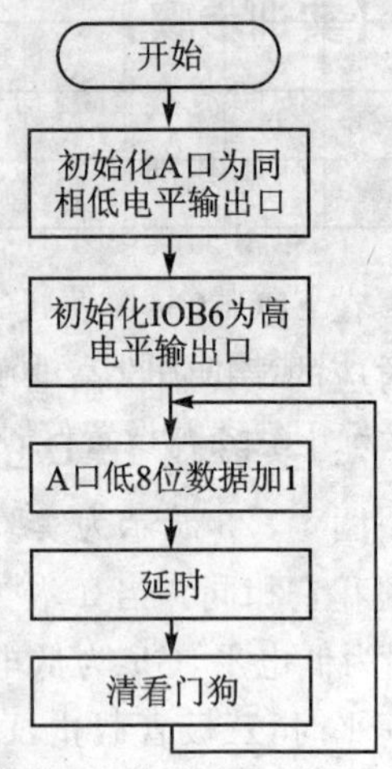

图 4-26　主程序流程图

注意：

① 为了避免因为延时时间长导致看门狗复位，延时子程序里需要清看门狗操作。

② 选择合适的延时时间，本实验中选择大约 0.2 s 的延时。因为当延时时间太短时，8 个发光二极管的状态变化太快，不便观察；而当延时时间太长时，发光二极管停留在一个状态很长时间，也不便于观察 8 个发光二极管的状态变化。

4.3.4 训练提示

【实训目的】

① 掌握 SPCE061A 单片机汇编语言的编程方法。

② 掌握 IOA 端口作为普通输出口时的使用方法。

【实训设备】

① 装有 Windows 系统和 μ'nSP™ IDE 集成开发环境的 PC 机 1 台，SPCE061A 实验仪1套。

② 本实训用到的实验仪硬件模块为 CPU 区电路模块、供电电路模块、下载模式选择电路模块、I/O 口引出接口模块、LED 指示灯电路模块。

【硬件连接】

如图 4-27 硬件连接图所示，IOA 的低 8 位 IOA0～IOA7 分别依次接 8 个 LED 的导通端 a～h，即用跳线把 LED_SEG 的左右两排引针短接；IOB6 连接 DIG5，即用跳线短接 LED_DIG 的 IOB6 和 DIG5。

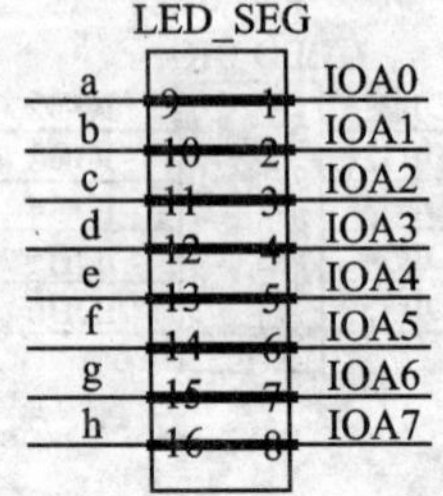

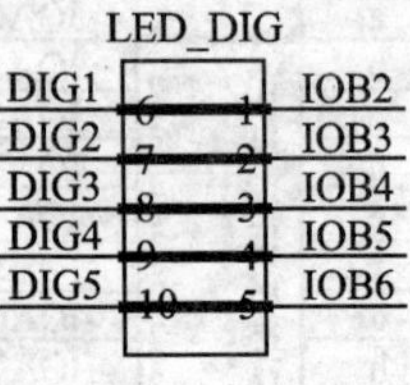

图 4-27　硬件连接图

本书中所有的标号都是以 v2.0.2 版本的实验仪为准。

图中的粗线表示左右两个端口连接，后面的实训中也采用这种连接方法。

【实训步骤】

① 按照流程图编写一个汇编语言程序。

② 利用和前面实验相同的方法选择 Rebuild All 选项。

③ 如图 4－28 所示，实验仪②区的 Ez－Probe 接口连接下载线，使实验仪中的 SPCE061A 处于在线下载状态，以便将实验程序下载到芯片当中；③区中用跳线把上面两个引针(EMU 和 EZ)短接，以选择使用 Ez－Probe；④区的引针全部用跳线短接；⑤区用跳线把最下面两个引针短接。连接好下载线并设置好跳线后，连接①区电源线以给实验仪供电。

图 4－28 实验仪硬件连接和其他设置

注意：拔掉 LCD 的接口 $\overline{CS}$和 IOB2 连接的跳线。

④ 在 IDE 环境中选择在线调试图标 ，注意 Body 选择和 4.1 节相同。

⑤ 下载、运行，观察图 4－28 ⑥区 LED1～LED8 的变化，检查与实训要求是否统一。

4.3.5 拓展训练

利用汇编语言编写程序，实现任选 8 个 IOB 口输出控制 8 个 LED 的点亮与熄灭。

4.4 实训四 用 C 语言实现 A 口输出

4.4.1 实训内容

① 编程要求：编写一个 C 语言程序。

② 实现功能：通过IOA口输出的数据控制8个LED的点亮与熄灭。

③ 实验现象：8个LED动态点亮和熄灭并且循环显示，点亮与熄灭状态顺序如表4-6所列。其中，“●”表示LED是点亮状态，“○”表示LED是熄灭状态。表中的LED1～LED8为实验仪上的8个LED。

表4-6 8个发光二极管状态

序 号	LED8	LED7	LED6	LED5	LED4	LED3	LED2	LED1
0	○	○	○	○	○	○	○	○
1	○	○	○	○	○	○	○	●
2	○	○	○	○	○	○	●	○
3	○	○	○	○	○	○	●	●
4	○	○	○	○	○	●	○	○
5	○	○	○	○	○	●	○	●
6	○	○	○	○	○	●	●	○
7	○	○	○	○	○	●	●	●
8	○	○	○	○	●	○	○	○
9	○	○	○	○	●	○	○	●
⋮	⋮	⋮	⋮	⋮	⋮	⋮	⋮	⋮
254	●	●	●	●	●	●	●	○
255	●	●	●	●	●	●	●	●
256	○	○	○	○	○	○	○	○
257	○	○	○	○	○	○	○	●
⋮	⋮	⋮	⋮	⋮	⋮	⋮	⋮	⋮

4.4.2 知识要点

SPCE061A的I/O口工作原理及发光二极管点亮与熄灭原理参见4.3节。

SPCE061A单片机C语言编程设置端口的操作是通过指针来实现的。例如要设置IOA口为同相低电平输出口时，可以通过下面几句实现。

```
#define P_IOA_Data   (volatile unsigned int *)0x7000
#define P_IOA_Dir   (volatile unsigned int *)0x7002
#define P_IOA_Attrib   (volatile unsigned int *)0x7003
*P_IOA_Dir = 0xffff;
*P_IOA_Attrib = 0xffff;
*P_IOA_Data = 0x0000;
```

其中，前面3条语句是定义指向0x7000(IOA数据向量单元)、0x7002(IOA方向控制向量单元)和0x7003(IOA属性向量单元)这3个向量单元的指针；后面3条语句用来给前面的3个向量单元送数据。例如，#define P_IOA_Data(volatile unsigned int *)0x7000 和 *P_IOA_Data = 0x0000 两条语句表示P_IOA_Data指向0x7000这个地址单元，然后通过指针操作的方式把0x0000这个数据送到0x7000地址单元。

4.4.3 软件流程

根据实训要求的二极管状态，初始化 A 口为同相输出口，并输出电平；初始化 IOB6 为输出口并输出高电平，以选择 8 个 LED 的负极为低电平；程序中 IOA 口低 8 位的数据每次显示时要加 1。为便于观察，程序中延时时间选择大约 0.2 s。主程序流程图如图 4-29所示。

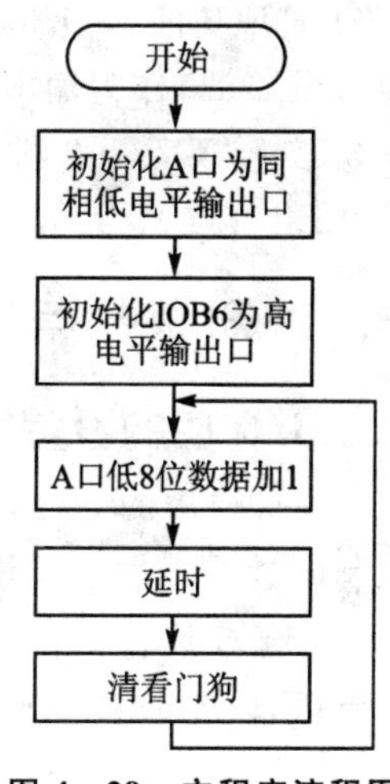

图 4-29 主程序流程图

4.4.4 训练提示

【实训目的】

① 掌握 SPCE061A 单片机 C 语言的编程方法。

② 掌握 IOA 口作为普通输出口时的使用方法。

【实训设备】

① 装有 Windows 系统和 μ'nSP™ IDE 集成开发环境的 PC 机 1 台，SPCE061A 实验仪1 套。

② 本实训用到的实验仪硬件模块为 CPU 区电路模块、供电电路模块、下载模式选择电路模块、I/O 口引出接口模块、LED 指示灯电路模块。

【硬件连接】

硬件连接图同图 4-27。同样，IOA 的低 8 位 IOA0～IOA7 分别依次接 8 个 LED 的导通端 a～h，即用跳线把 LED_SEG 的左右两排引针短接；IOB6 连接 DIG5，即用跳线短接 LED_DIG 的 IOB6 和 DIG5。

【实训步骤】

① 新建一个工程 ex04_c_IOA_OUT。

② 按照前面实训同样的方法编写 C 语言程序。

③ 选择 Rebuild All 选项。

④ 按照和 4.3 节相同的方法进行硬件连接、跳线设置和开关选择。

⑤ 在 IDE 集成开发环境下选择在线调试图标，下载、运行。

⑥ 观察各个 LED 亮灭状态和寄存器状态，分析是否和实训要求相同。

4.4.5 拓展训练

利用 C 语言编写程序，实现任选 8 个 IOB 口输出控制 8 个 LED 的点亮与熄灭。

4.5 实训五 用汇编语言实现 A 口作输入口、B 口作输出口

4.5.1 实训内容

① 编程要求：编写汇编语言程序。

② 实现功能：IOA8 作为输出口，IOA 低 8 位端口作为按键输入口来取得键值；IOB 高 8 位和 IOB6 端口作为输出口，控制 8 个 LED，实现键控 LED 灯（发光二极管）的显示。

③ 实验现象：不同的 LED 点亮表示有不同的键按下。当第一个按键按下时，第一个 LED(LED1)点亮，第 i(1≤i≤8)个按键按下时，第 i(1≤i≤8)个 LED(LEDi)亮。

4.5.2 知识要点

1. I/O 口的设置

SPCE061A 的 I/O 口可以被单独定义为输入或者输出口，它们的输入/输出方式是由方向控制向量 Dir、属性向量 Attrib、数据向量 Data 的组合设置确定的，组合控制设置表如表 4-3 所列。例如 IOA 口低 8 位被设置为带下拉电阻的输入口、IOB 口低 8 位被设置为同相低电平输出口，设置如表 4-7 所列。

表 4-7 I/O 口的设置

地址单元	向量	b15	b14	b13	b12	b11	b10	b9	b8	b7	b6	b5	b4	b3	b2	b1	b0
〔P_IOA_Dir〕	Dir	0	0	0	0	0	0	0	0	0	0	0	0	0	0	0	0
〔P_IOA_Attrib〕	Attrib	0	0	0	0	0	0	0	0	0	0	0	0	0	0	0	0
〔P_IOA_Data〕	Data	0	0	0	0	0	0	0	0	0	0	0	0	0	0	0	0
〔P_IOB_Dir〕	Dir	0	0	0	0	0	0	0	0	1	1	1	1	1	1	1	1
〔P_IOB_Attrib〕	Attrib	0	0	0	0	0	0	0	0	1	1	1	1	1	1	1	1
〔P_IOB_Data〕	Data	0	0	0	0	0	0	0	0	0	0	0	0	0	0	0	0

SPCE061A 输出的高/低电平及 LED 的点亮与熄灭原理在 4.3 节中有详细说明，不再赘述。

2. 高/低电平发生按键电路模块工作原理

实验仪 1×8 键盘电路的原理图如图 4-30 所示。ROW 端为高电平时，当 K1 按下时，在 COL1 上就可以检测到高电平；同样，如果 K2～K8 的任何一个键按下时，在 COL2～COL8 对应的口也可以检测到高电平。

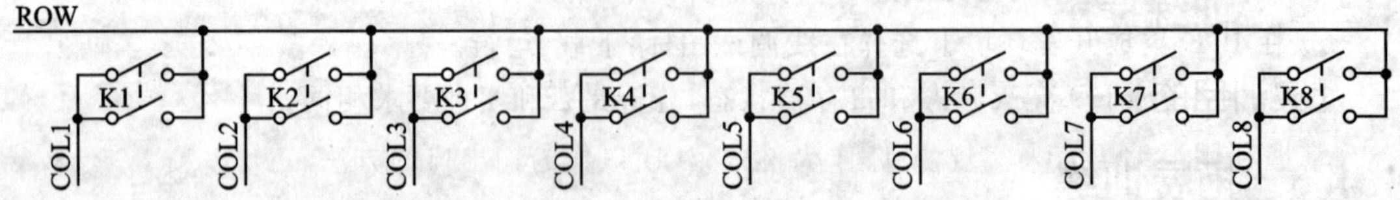

图 4-30 高/低电平发生按键电路模块原理图

由于 8 个键盘的工作原理相同，这里以 K1 的工作原理为例，介绍从 I/O 口取得键值的原理。如图 4-31，假设 ROW 连接 IOA8，COL1 连接 IOA0，当通过 IOA8 输出高电平，即 ROW 为高电平时，按下 K1 以后，在 COL1 就可以检测到高电平，即 IOA0 设置为带下拉输入口时，K1 按下后，IOA0 也会检测到高电平，这时候可以从 IOA 口读到 K1 的键值为 1。

一般来说，从 I/O 口取键值时还需要进行去键抖处理，因为在取键值的时候，可能会产生一些误操作。例如干扰或者不小心碰了一下某个键，也有可能在 I/O 口取得的键值为“1”，则会误认为该键按下。键盘去键抖处理一般是利用延时的方法来处理的，即取一次键值，延时一段时间（一般在 20 ms 之后）后再取一次键值，比较两次取得的键值是否相同，如果相同，则可判为键按下；否则判为误操作。

根据 4.3 节的实验原理，在 LED1 的负极 G5 为低电平的前提下，把从 IOA0 口的数据直接送到和 LED_SEG 的 a 端连接的 I/O 口。当 IOA0 取到的数据为“1”时，LED1 导通、点亮；当 IOA0 取到的数据为“0”时，LED1 截止、熄灭。

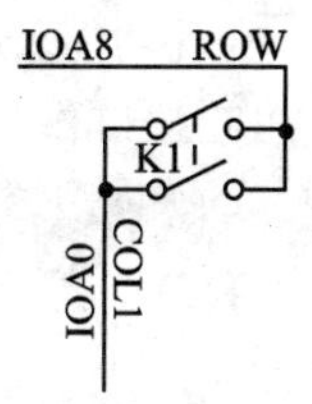

图 4-31 I/O 口和 K1 的连接图

4.5.3 软件流程

1. 主程序流程图

初始化 I/O 口：初始化 IOA 低 8 位为带下拉电阻输入口；IOA8、IOB 口高 8 位为同相输出口，并输出低电平；初始化 IOB6 为输出口并输出高电平，即设置 8 个 LED 的公共端为低电平。进入主程序循环，调用键盘程序，取键值。判断键值是否为 0，如果不为 0，把键值送到 IOB 口，控制点亮相应的 LED（发光二极管），清看门狗；如果为零，直接清看门狗。主程序流程图如图 4-32。

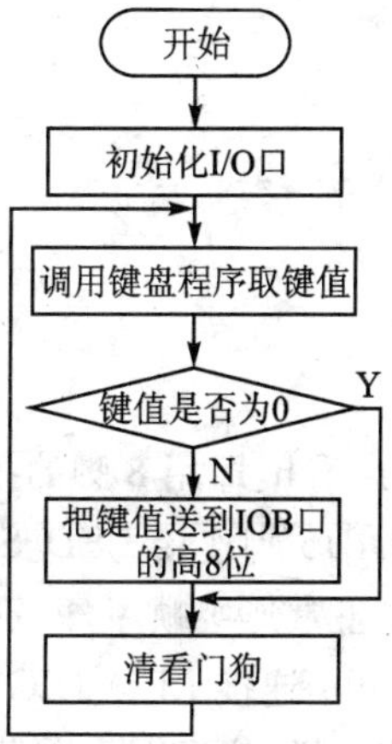

注意由于 IOA 口取得的键值在低 8 位，IOB 口在高 8 位送出显示，所以在把 IOA 口送到 IOB 口时，先把 IOA 口数据左移 8 位；而数据送出 IOB 口进行显示时，需要将 IOB6 端口始终输出高电平，即数据输出前要将 IOB6 对应的输出数据位置 1 或其他等效的操作。

图 4-32 主程序流程图

2. 键盘程序流程图

键盘程序是利用延时的方法进行消抖处理的：先读取 IOA 口键值，保存在寄存器，判断读回值是否为零，为零，则表示没有键按下，返回零；非零，则延时大约 30 ms 后再次读取 IOA 口键值。比较两次读取的键值是否相同，如果相同，则返回键值，否则返回零。键盘程序流程图如图 4-33 所示。

4.5.4 训练提示

【实训目的】

掌握利用汇编语言来实现 A 口作为输入口、B 口作为输出口的方法。

【实训设备】

① 装有 Windows 系统和 μ'nSP™ IDE 集成开发环境的 PC 机 1 台，SPCE061A 实验仪1 套。

② 本实训用到的实验仪硬件模块为 CPU 区电路模块、供电电路模块、下载模式选择电路模块、I/O 口引出接口模块、LED 指示灯电路模块、1×8 键盘电路模块。

【硬件连接】

硬件连接图如图 4-34 所示。IOA7～IOA0 连接 8 个按键的 COL1～COL8，IOA8 连接键盘的 ROW，即用跳线把 KEYPAD 的左右两排引针用跳线短接；IOB15～8 连接 8 个 LED

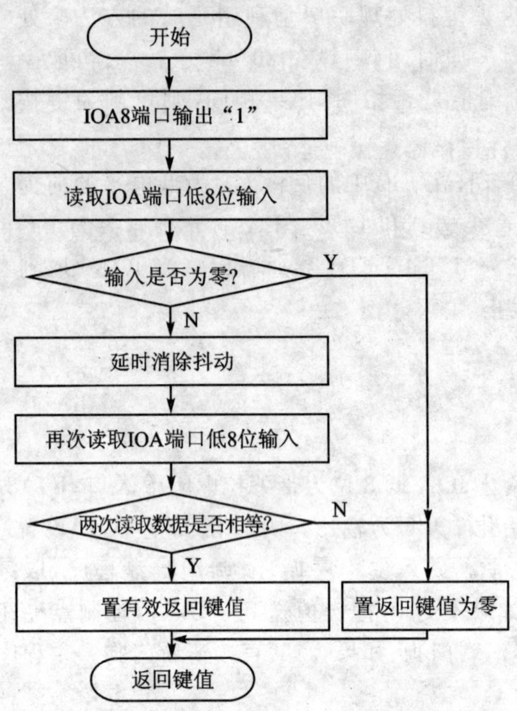

图 4-33　键盘程序流程图

的 a～h，即用 8 脚的排线分别连接 IOBHIG 与 LED_SEG，注意这里的连接顺序是IOBHIG的 IOB15 脚连接 LED_SEG 的 a，IOBHIG 的 IOB8 脚连接 LED_SEG 的 h，在本书里，只有这种非正常连接顺序（即不是 1 接 1，8 接 8）会特别说明，如果没有特别说明，为正常连接顺序；IOB6 连接 LED_DIG 的 DIG5，即用跳线把 LED_DIG 最下面的两个引针用跳线短接。和 4.3 节一样，注意图中方框内的粗线代表左右两个引针用跳线短接。

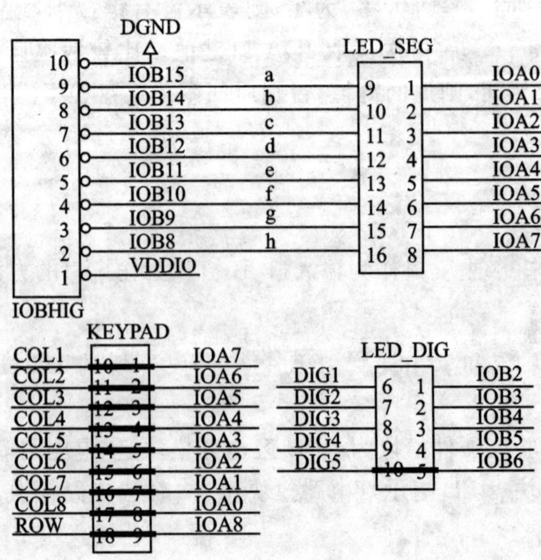

图 4-34　硬件连接图

【实训步骤】

① 新建一个工程 ex05_asm_IOA_IN_IOB_OUT,编写汇编程序。

② 选择 Rebuild All 选项。

③ 按照图 4-34 硬件连接图连接硬件,注意拨掉 LCD 的接口 $\overline{CS}$ 和 IOB2 连接的跳线。

④ 在 IDE 集成开发环境中选择在线调试图标,下载,运行。

⑤ 按任意一个按键,观察 LED(发光二极管),验证是不是和实训要求的现象统一。

4.5.5 拓展训练

使用汇编语言实现 A 口作为输出口、B 口作为输入口:选择 A 口的任 9 位连接 8 个 LED 的 a～h 和 DIG5,B 口的任 8 位连接 1×8 键盘的 8 个键盘,和本节要求类似,即当按不同键时要求不同的 LED 点亮。

4.6 实训六 用 C 语言实现 A 口作输入口、B 口作输出口

4.6.1 实训内容

① 编程要求:编写 C 语言程序。

② 实现功能:IOA8 作为输出口,IOA 低 8 位端口作为按键输入口来取得键值;IOB 高 8 位和 IOB6 端口作为输出口,控制 8 个 LED,实现键控 LED 灯(发光二极管)的显示。

③ 实验现象:不同的发光二极管点亮表示有不同的键按下。当第一个按键按下时,第一个发光二极管点亮,第 i(1≤i≤8)个按键按下时,第(1≤i≤8)个发光二极管点亮。

4.6.2 知识要点

SPCE061A I/O 口的工作原理、发光二极管点亮与熄灭原理、高/低电平发生按键的工作原理、利用 C 语言对 SPCE061A 进行操作的原理详见 4.3 节～4.5 节。

4.6.3 软件流程

1. 主程序流程图

和 4.5 节实训相同,初始化 IOA 低 8 位为带下拉电阻输入口,IOA8、IOB 口高 8 位为同相输出口并输出低电平,初始化 IOB6 为输出口并输出高电平,即设置 8 个 LED 的公共端为低电平;进入主程序循环,调用键盘程序,取键值。判断键值是否为 0,如果不为 0,把键值送到 IOB 口,控制点亮相应的发光二极管,清看门狗;如果为零,直接清看门狗。主程序流程图如图 4-35 所示。注意由于 IOA 口取得的键值在低 8 位,IOB 口在高 8 位送出显示,所以在把 IOA 口送到 IOB 口时,先把 IOA 口数据左移 8 位;而数据送出 IOB 口进行显示时,需要将 IOB6 端口始终输出高电平,即数据输出前要将 IOB6 对应的输出数据位置 1 或其他等效的操作。

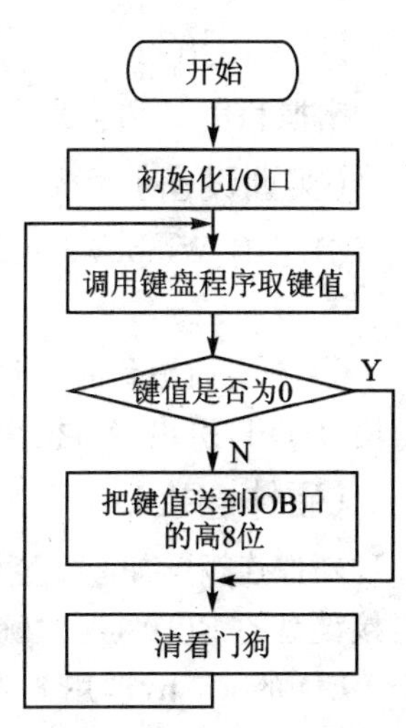

图 4-35 主程序流程图

2. 键盘程序流程图

键盘处理方法和4.5节实训相同，利用延时的方法进行消抖处理的：先读取IOA口低八位键值，保存在寄存器，判断读回值是否为零，为零，则表示没有键按下，返回零；非零，则延时大约30 ms后再次读取IOA口低8位键值。比较两次读取的键值是否相同，如果相同，则返回键值，否则返回零。键盘程序流程图如图4-36所示。

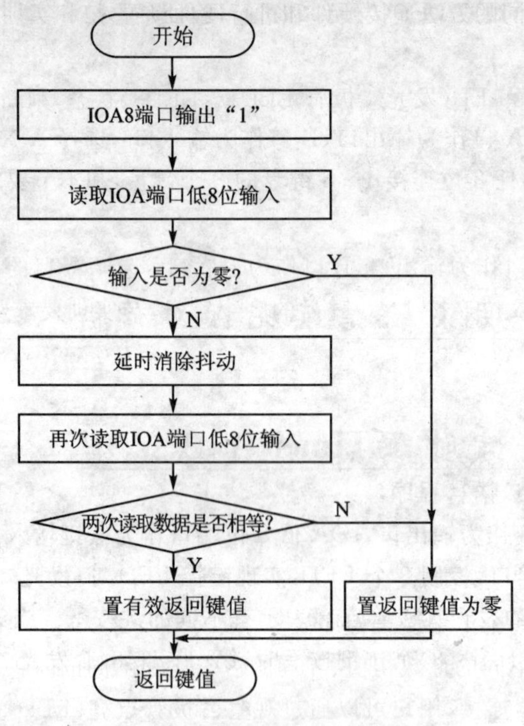

图4-36 键盘程序流程图

4.6.4 训练提示

【实训目的】

掌握利用C语言来实现A口作为输入口、B口作为输出口的方法。

【实训设备】

① 装有Windows系统和μ'nSP™ IDE集成开发环境的PC机1台，SPCE061A实验仪1套。

② 本实训用到的实验仪硬件模块为CPU区电路模块、供电电路模块、下载模式选择电路模块、I/O口引出接口模块、LED指示灯电路模块，1×8键盘电路。

【硬件连接】

硬件连接图如4.5节图4-34所示。IOA7～IOA0连接8个按键的COL1～COL8，IOA8连接键盘的ROW，即用跳线把KEYPAD的左右两排引针用跳线短接；IOB15～IOB8连接8个LED的a～h，即用8脚的排线分别连接IOBHIG与LED_SEG，注意这里的连接顺序是IOBHIG的IOB15脚连接LED_SEG的a，IOBHIG的IOB8脚连接LED_SEG的h；IOB6连接LED_DIG的DIG5,即用跳线把LED_DIG最下面的两个引针用跳线短接。和4.3节一样,注意图中方框内的粗线代表左右两个引针用跳线短接。

【实训步骤】

① 编写C语言程序。

② 选择 Rebuild All 选项。

③ 按照和4.5节相同的方法连接硬件和进行硬件设置。

④ 下载、运行。

⑤ 按任意按键,观察LED(发光二极管LED1~LED8)状态,判断是不是符合实训要求的实验现象。

4.6.5 拓展训练

使用C语言实现A口作为输出口、B口作为输入口:选择A口的任9位连接8个LED的a~h和DIG5,B口的任8位连接1×8键盘的8个键盘,与实训要求类似,当按不同键时要求不同的LED被点亮。

4.7 实训七 定时器 Timer A/B

4.7.1 实训内容

① 编程要求:编写一个汇编语言程序。

② 实现功能:设置不同的计数初值、不同的占空比和不同的时钟源,IOB8同时和一个发光二极管(LED)和示波器连接,用户可以通过观察二极管点亮(LED)的持续时间和熄灭持续的时间,通过示波器观察信号波形的占空比变化和频率。

③ 实验现象:计数初值不同、占空比不同、时钟源不同,发光二极管(LED)的亮灭状态变化就不同。

4.7.2 知识要点

TimerA 和 TimerB 定时器启动后,在预置数单元 P_TimerA_Data 或 P_TimerB_Data 内置入一个计数初值N后,在所选的时钟源频率下开始向计数增加的方向计数N+1,N+2,FFFEH,当计数到FFFFH后,再来一个计数时钟则溢出,这时的计数时间为(10000H-N)*1/(TimerA 或者 TimerB 的时钟源频率)。例如,当启动TimerA定时器后,TimerA时钟源频率选择为1024 Hz,计数初值设置为F7FFH,则它的计数时间为(10000H-F7FFH)*1/1024=2 s。

产生溢出时,一方面,如果已经打开TimerA或者TimerB中断,会产生中断请求信号,被CPU响应后执行相应的中断服务程序。与此同时,计数初值N会被自动重新置入定时器/计数器内,并重复上述加计数的过程。

另一方面,该溢出信号会作为脉宽调制输出计数器的时钟源输入,使其输出一个具有四位可调的脉宽调制占空比输出信号APWMO或BPWMO,其中IOB8、IOB9分别为APWM、

BPWM 的输出端。

Timer 的溢出频率取决于时钟源的选择和计数初值的选择，而 PWM 的输出频率受 Timer 的溢出频率的控制：Timer 溢出 1 次，4 位计数器计 1 次数，当计数器计满 16 次时输出 1 个周期的 PWM 信号，所以 PWM 信号的频率为 Timer 溢出频率的 1/16；例如 Timer 溢出的频率为 16 Hz，则 PWM 的频率为 1 Hz。所以事实上可以归结为 PWM 信号的频率取决于时钟源的选择和计数初值的选择。

PWM 信号的脉宽是通过 P_TimerA_Ctrl(700BH)或者 P_TimerB_Ctrl(700DH)单元来设置的。通过写入 P_TimerA_Ctrl(700BH)的第 6～9 位可选择设置 APWMO 输出波形的脉宽占空比；同理，写入 P_TimerB_Ctrl(700DH)单元的第 6～9 位，便可选择设置 BPWMO 输出波形的脉宽占空比。相同频率而占空比不同的信号输出控制二极管的亮灭，表现为点亮的时间和熄灭的时间各不相同，表现在波形上为高、低电平持续的时间不同，如图 4－37 所示。

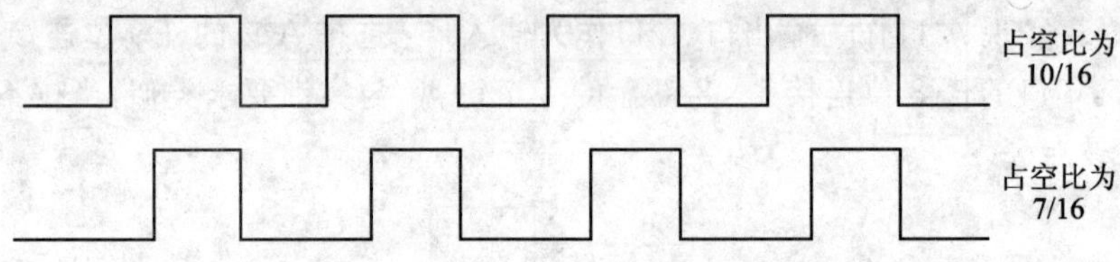

图 4－37　两个不同占空比的波形

4.7.3　软件流程

主程序流程图如图 4－38 所示，初始化 IOB8 为同相输出口并输出低电平，IOB6 为输出口并输出高电平，以选择 LED1 的负极为低电平；设置计数器初值和时钟源频率，然后程序进入主循环，在循环中进行清看门狗操作。IOB8 端口会输出预置频率和占空比的高/低电平脉冲，并以此点亮、熄灭连接在 IOB8 上的发光二极管。

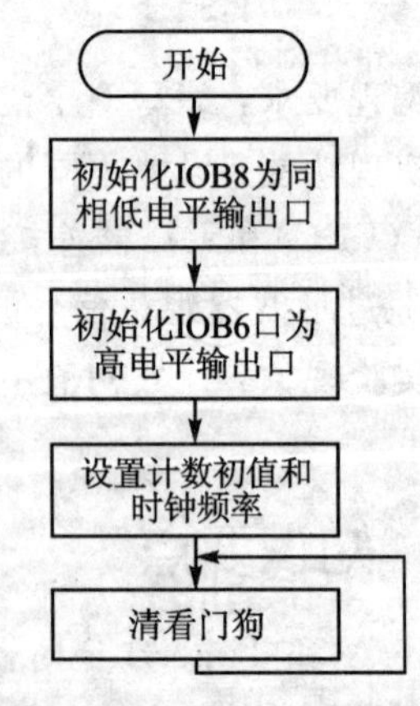

图 4－38　主程序流程图

4.7.4　训练提示

【实训目的】

① 通过实训熟悉定时器 Timer A/B 的工作原理。

② 掌握预置数单元 P_TimerA/B_Data 和定时控制单元 P_TimerA/B_Ctrl 的设置方法。

③ 掌握定时器 Timer A/B 的编程方法。

【实训设备】

① 装有 Windows 系统和 μ'nSP™ IDE 集成开发环境的 PC 机 1 台，SPCE061A 实验仪 1 套，示波器 1 台。

② 本实训用到的实验仪硬件模块为 CPU 区电路模块、供电电路模块、下载模式选择电路模块、I/O 口引出接口模块、LED 指示灯电路模块。

【硬件连接】

IOB6 连接 LED 的控制引脚 LED_DIG 的 DIG5，即用跳线将 LED_DIG 的最下面两个引针短接。IOB8 同时连接 LED_SEG 的 a 引脚(发光二极管 LED1 的控制引脚)和示波器的一个探头 CH1，即用排线将 IOBHIG 的左边第二个引针和 LED_SEG 的右边第一个引针连接起来，并用示波器的 CH1 探头去检测 IOBHIG 的左边第二个引针。硬件连接图如图 4－39 所示。

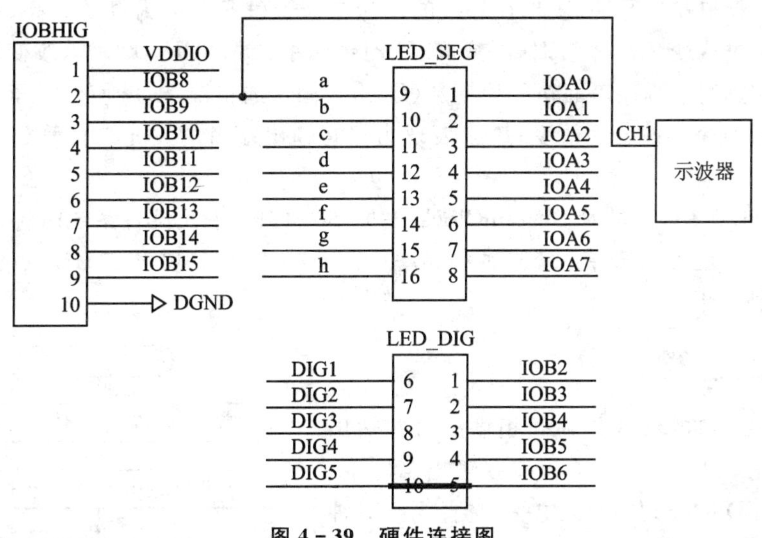

图 4－39 硬件连接图

【实训步骤】

① 根据程序流程图编写汇编语言程序。

② 选择 Rebuild All 选项。

③ 按照硬件连接图连接电路，注意拔掉 LCD 的接口 $\overline{CS}$ 和 IOB2 连接的跳线。

④ 下载程序，运行。

⑤ 观察发光二极管(LED1)的亮灭变化和示波器的波形，分析是否和实训要求实验现象统一。

4.7.5 拓展训练

使用汇编语言实现 TimerB 定时器实验：当输入时钟源频率分别为 $f_{osc}/2$、$f_{osc}/256$、32768 Hz、8192 Hz、4096 Hz 时观察输出频率，设置不同的计数初值，使每次的 IOB9 输出的波形周期长度都为 2 s；通过设置 P_TimerB_Ctrl(700DH)单元的第 6～9 位设置它的占空比，并通过 IOB9 观察输出波形。

4.8 实训八 系统时钟

4.8.1 实训内容

① 编程要求：编写一个汇编语言程序。

② 实现功能：选择不同 f_{osc} 信号频率或 CPUCLK 频率。

③ 实验现象：选择不同 f_{osc} 信号频率或 CPUCLK 频率时发光二极管(LED)亮灭闪烁的快慢不同。

4.8.2 知识要点

本节实训中主循环里会调用延时子程序延时，延时后翻转端口输出状态，这样就可以在输出端口输出高/低电平的脉冲，表现在外接的发光二极管(LED)上为循环点亮、熄灭发光二极管(LED)，而通过改变 f_{osc}(系统时钟)或 CPU 时钟频率(CPUClk)，则可以改变每条指令执行的时间长度；在延时子程序里面执行周期数(Cycles)固定的情况下，就使延时子程序的延时时长随 CPU 时钟频率的改变而改变；最终表现为接在输出端口的发光二极管(LED)亮灭速度也随之改变。

在 SPCE061A 中，通过 P_SystemClock(写)($7013H)单元设置系统时钟和 CPU 时钟。该单元的第 5～7 位可以选择系统时钟的频率(f_{osc}=20/24/32/40/49 MHz)；第 0～2 位可以选择 CPU 时钟频率。

4.8.3 软件流程

初始化 IOA 口的低 8 位为同相输出口并输出低电平，初始化 IOB6 端口为输出口并输出高电平，即设置 8 个 LED 的公共端为低电平；选择系统时钟和 CPU 时钟频率；进入发光二极管状态变化循环：发光二极管点亮，延时，发光二极管熄灭，延时，发光二极管点亮，延时，发光二极管熄灭，如此循环。为便于观察，读者自己选择程序中合适的延时时间。主程序流程图如图 4-40 所示。

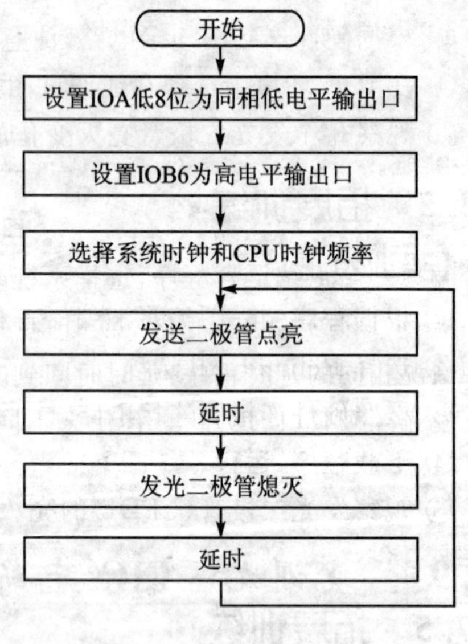

图 4-40 主程序流程图

4.8.4 训练提示

【实训目的】

① 熟悉 SPCE061A 系统时钟的工作原理。

② 掌握系统时钟单元 P_SystemClock 的设置方法。

③ 掌握用程序设置系统时钟及 CPU 时钟频率的方法。

【实训设备】

① 装有 Windows 系统和 μ'nSP™ IDE 集成开发环境的 PC 机 1 台，SPCE061A 实验仪1 套。

② 本实训用到的实验仪硬件模块为 CPU 区电路模块、供电电路模块、下载模式选择电路模块、I/O 口引出接口模块、LED 指示灯电路模块。

【硬件连接】

IOB6 连接 DIG5(控制 8 个 LED 的负极电平)，即用跳线短接实验仪 LED_DIG 的最下面两个引针;IOA0～IOA7 分别依次连接 LED_SEG 的 a～h(即控制 8 个发光二极管 LED1～LED8),即用跳线短接实验仪 LED_SEG 的左右两排引针。硬件连接图如图 4-41 所示。图中粗线表示左右两个端口连接。

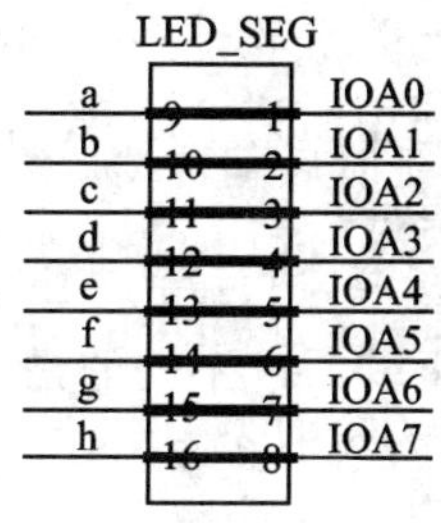

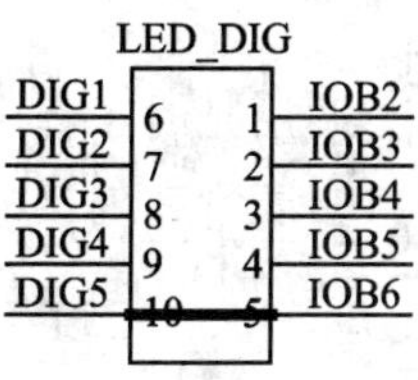

图 4-41 硬件连接图

【实训步骤】

① 建立一个新工程 ex08_asm_SYSTEM_CLOCK,根据程序流程图编写汇编语言程序。

② 选择 Rebuild All 选项。

③ 根据硬件连接图连接电路,注意拨掉 LCD 的接口 $\overline{\text{CS}}$ 和 IOB2 连接的跳线。

④ 在 IDE 环境中选择在线调试图标,下载、运行。

⑤ 观察 8 个发光二极管亮灭变化的快慢,并通过示波器观察波形和频率。

4.8.5 拓展训练

编写一个汇编语言程序,选择系统时钟为 20 MHz,CPU 时钟为 $f_{osc}/64$,每延时 0.5 s,发光二极管(LED)的状态变化一次;改变系统时钟为 49 MHz,CPU 时钟依然为 $f_{osc}/64$,利用前一种情况相同的延时程序,延时时间到时发光二极管(LED)的状态变化一次;观察前后两种情况下发光二极管(LED)状态有什么不同。发光二极管(LED)具体由哪些 I/O 口控制请自行定义。

4.9 实训九 FIQ 中断

4.9.1 实训内容

① 编程要求:编写一个汇编语言程序。

② 实现功能:打开并设置 TimerA 和 TimerB 定时器,并打开它们的 FIQ 中断,当有 TimerA/B的 FIQ 中断请求时,响应相应的中断服务程序,在中断服务中翻转 I/O 端口输出电平,以控制接在 I/O 端口的发光二极管(LED)的亮灭。

③ 实验现象:TimerA 定时长度为 2 s,当进入 TimerA 的 FIQ 中断后,翻转 IOA 口低 4 位的输出电平以控制接在 IOA 低 4 位端口的发光二极管(LED);TimerB 定时长度为 1 s,当进入 TimerB 的 FIQ 中断后,翻转 IOA 口高 4 位的输出电平以控制接在 IOB 低 4 位端口的发光二极管(LED)。程序运行时,可以观察到接在 IOA 口高 4 位端口的发光二极管(LED)亮灭的周期为 4 s,而接在 IOB 低 4 位端口的为 2 s。

4.9.2 知识要点

1. FIQ 中断

SPCE061A 单片机的中断系统有 3 种类型的中断：软件中断、异常中断和事件中断。其中事件中断有 14 个中断源，可采用两种方式：快速中断请求（FIQ 中断）和中断请求（IRQ 中断）。后面的几节中的实训主要针对事件中断进行练习。

FIQ 中断对应 f_{osc}/1024、TMA、TMB 3 个中断源，通过写 P_INT_Ctrl 来允许中断，并通过 INT FIQ 或者 FIQ ON 开总中断，INT FIQ 与 FIQ ON 不同的是：INT FIQ 的功能是允许 FIQ 中断，关闭 IRQ 中断；FIQ ON 的功能是允许 FIQ 中断。

FIQ_TMA、FIQ_TMB 中断源分别是通过定时器 A、定时器 B 产生的，开 FIQ_TMA 或 FIQ_TMB 中断后，当计数溢出时产生中断请求信号 TA_TIMEOUT_INT 或 TB_TIMEOUT_INT，CPU 响应后进入中断，执行相应的子程序，中断程序里可以通过读取 P_INT_Ctrl 单元判断中断源，并进入相应的中断子程序。

2. 中断控制寄存器的设置

SPCE061A 对中断源的中断和屏蔽，以及每个中断源是否被允许中断，都受寄存器 P_INT_Ctrl、P_INT_Clear 和一些中断控制指令控制。

① 中断控制单元 P_INT_Ctrl(读/写)(7010H)。P_INT_Ctrl 控制单元各位如表 4-8 所列。当写 P_INT_Ctrl 控制单元的某位为 1 时表示该位所代表的中断被开放，并关闭屏蔽中断触发器。当读 P_INT_Ctrl 控制单元时，P_INT_Ctrl 主要作为中断标志，每一位均代表一个中断源。

表 4-8 P_INT_Ctrl 控制单元

b7	b6	b5	b4	b3	b2	b1	b0
IRQ3_KEY	IRQ4_4 kHz	IRQ4_2 Hz	IRQ4_1 kHz	IRQ5_4 Hz	IRQ5_2 Hz	IPQ6_TMB1	IRQ6_TMB2
b15	b14	b13	b12	b11	b10	b9	b8
FIQ_f_{osc}/1024	IRQ0_f_{osc}/1024	FIQ_TMA	IRQ1_TMA	FIQ_TMB	IRQ2_TMB	IRQ3_EXT2	IRQ3_EXT1

② 清除中断标志控制单元 P_INT_Clear(写)(7011H)。清中断标志控制单元主要用于清除中断控制标志位，当 CPU 响应中断后，会将中断标志置“1”，当进入中断服务程序后，要将其控制标志清零，否则 CPU 总是执行该中断，其各位如表 4-9 所列。

表 4-9 P_INT_Clear 控制单元

b7	b6	b5	b4	b3	b2	b1	b0
IPQ3_KEY	IRQ4_4 kHz	IPQ4_2 kHz	IPQ4_1 kHz	IRQ5_4 Hz	IRQ5_2 Hz	IRQ6_TMB1	IRQ6_TMB2
b15	b14	b13	b12	b11	b10	b9	b8
FIQ_f_{osc}/1024	IRQ0_f_{osc}/1024	FIQ_TMA	FIQ_TMA	FIQ_TMB	IRQ2_TMB	IRQ3_EXT2	IRQ3_EXT1

如果要清除某个中断状态标志，只要将该寄存器中对应的中断位置“1”即可。

3. 用 FIQ 中断控制二极管点亮与熄灭原理

本实训中，在 8 个 LED 的负极选择低电平的前提下，利用 TimerA 定时一个固定长度时间，定时时间到产生溢出信号，进入 TimerA 的 FIQ 中断 FIQ_TMA，翻转一次 I/O 口输出电平以控制接在对应 I/O 口的发光二极管(LED)状态变化，TimerA 重新开始计数，当计数到定时时间，产生溢出再次进入 FIQ_TMA 中断，翻转一次 IOA 口低 4 位输出电平以控制接在 IOA 低 4 位端口的发光二极管(LED)变化，如此循环；同样，利用 TimerB 定时一个固定长度时间，定时时间到溢出，进入 TimerB 的 FIQ 中断 FIQ_TMB，翻转 I/O 口输出电平以控制接在对应 I/O 口的发光二极管(LED)。程序运行时，可以观察到接在 I/O 端口的发光二极管亮灭(LED)状态周期变化。

4.9.3 软件流程

1. 主程序流程图

在主程序里，初始化 A 口为同相输出口并输出低电平，初始化 IOB6 端口为输出口并输出高电平；设置定时器的计数初值和时钟源频率以设置定时器溢出频率(本实验中 TimerA 和 TimerB 的时钟源频率都选为 4096 Hz，设置 TimerA 的定时时间为 2 s，设置 TimerB 的定时时间为 1 s)；开 FIQ 中断，关 IRQ 中断；进入主程序循环，执行清看门狗操作。主程序流程图如图 4-42 所示。

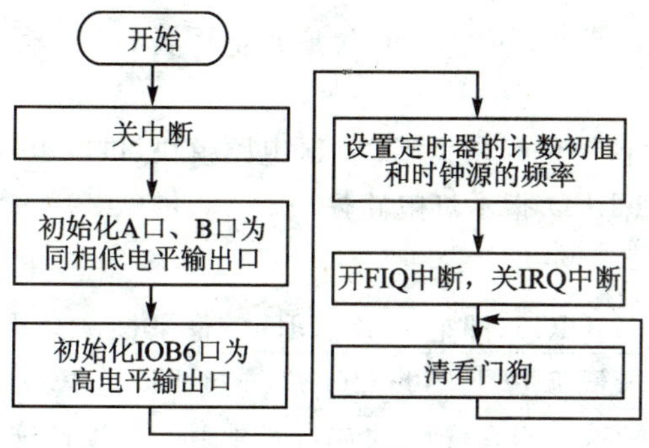

图 4-42 主程序流程图

2. 中断服务流程图

在 FIQ 中断服务子程序中，先进行寄存器压栈保护，判断是否为 FIQ_TMB 中断，如果是，IOA 口高 4 位输出电平翻转，以翻转 LED5～LED8 四个发光二极管(LED)的亮灭状态，清 FIQ_TMB 中断标志；如不是 FIQ_TMB 中断，则判断是否为 FIQ_TMA 中断，如果是，IOA 口低 4 位输出电平翻转，LED1～LED4 四个发光二极管(LED)亮灭状态也随之变化，清 FIQ_TMA 中断标志；如果也不是 FIQ_TMA 中断，则清 FIQ_fosc/1024 中断标志，寄存器出栈，中断返回。FIQ 中断服务子程序流程图如图 4-43 所示。

4.9.4 训练提示

【实训目的】

① 熟悉 FIQ 的中断向量和中断源。

② 掌握中断控制单元 P_INT_Ctrl，P_INT_Clear 的设置方法。

③ 掌握 FIQ 中断的编程方法。

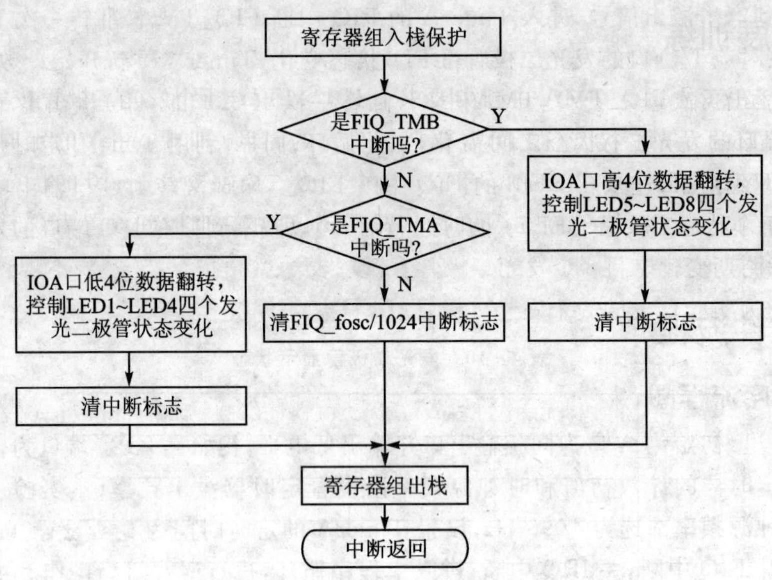

图 4-43　FIQ 中断服务子程序流程图

【实训设备】

① 装有 Windows 系统和 μ'nSP™ IDE 集成开发环境的 PC 机 1 台，SPCE061A 实验仪 1 套，示波器 1 台。

② 本实训用到的实验仪硬件模块为 CPU 区电路模块、供电电路模块、下载模式选择电路模块、I/O 口引出接口模块、LED 指示灯电路模块。

【硬件连接】

IOB6 连接 LED_DIG 的 DIG5，即把 LED_DIG 的最下面一排引针用跳线短接，控制 8 个 LED 的公共端选择；IOA 口低 8 位 IOA0～IOA7 连接 LED_SEG 的 a～h（控制发光二极管 LED1～LED8），即用跳线短接 LED_SEG 的左右两排引针。硬件连接图如图 4-44 所示。

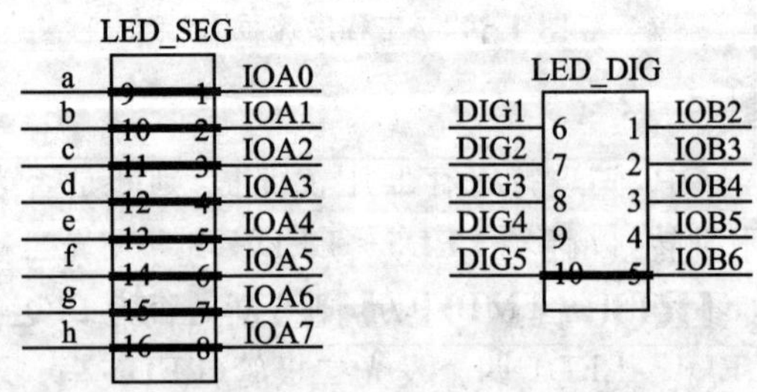

图 4-44　硬件连接图

【实训步骤】

① 新建一个工程 ex09_asm_FIQ，按照流程图编写汇编语言程序。

② 选择 Rebuild All 选项。

③ 按照图 4-44 所示硬件连接图连接电路，注意拔掉 LCD 的接口 $\overline{CS}$ 和 IOB2 连接的跳线。

④ 下载程序，运行。

⑤ 观察发光二极管的点亮与熄灭状态，分析是否与实训要求统一。

4.9.5 拓展训练

编写一个程序，在 FIQ_TMA 中断中要求 LED1～LED4 4 个发光二极管按表 4-10 的状态顺序显示，循环显示，每个状态之间需要持续 2 s 的时间（即 TimerA 的定时时间设置为 2 s）。在 FIQ_TMB 中断中要求 LED5～LED8 4 个发光二极管按表 4-10 的状态顺序显示，并且循环显示，每个状态需要持续 0.5 s 的时间（即 TimerB 的定时时间设置为 0.5 s）。（读者可自行定义由哪些 I/O 口控制 8 个发光二极管）“●”表示点亮状态，“○”表示熄灭状态。表中 LED1～LED8 为实验仪上的 8 个发光二极管(LED)。

表 4-10 发光二极管显示状态

序号	LED4(LED8)	LED3(LED7)	LED2(LED6)	LED1(LED5)
0	○	○	○	○
1	○	○	○	●
2	○	○	●	○
3	○	○	●	●
4	○	●	○	○
5	○	●	○	●
6	○	●	●	○
7	○	●	●	●
8	●	○	○	○
9	●	○	○	●
10	●	○	●	○
11	●	○	●	●
12	●	●	○	○
13	●	●	○	●
14	●	●	●	○
15	●	●	●	●

4.10 实训十 IRQ0/IRQ1/IRQ2 中断

4.10.1 实训内容

① 编程要求：编写一个汇编语言程序。

② 实现功能：打开并设置 TimerA 和 TimerB 定时器，并且开 TimerA 的 IRQ1 中断和 TimerB 的 IRQ2 中断，当有 TimerA 的 IRQ1 中断或者 TimerB 的 IRQ2 中断请求时，响应相应的中断服务程序，在中断服务中翻转 I/O 端口输出电平，以控制接在 I/O 端口的发光二极管(LED)的亮灭。

③ 实验现象：TimerA 定时长度为 2 s，在 8 个 LED 的负极设置为低电平的前提下，当进

入 TimerA 的 IRQ1 中断后，翻转 IOA 口低 4 位输出电平以控制接在 IOA 低 4 位端口的发光二极管；TimerB 定时长度为 1 s，当进入 TimerB 的 IRQ2 中断后，翻转 IOA 口高 4 位输出电平以控制接在 IOA 高 4 位端口的发光二极管。程序运行时，可以观察到接在 IOA 低 4 位端口的发光二极管亮灭的周期为 4 s，而接在 IOA 高 4 位端口的为 2 s。

4.10.2 知识要点

IRQ0_fosc/1024、IRQ1_TMA、IRQ2_TMB 中断源，通过写 P_INT_Ctrl 来允许中断，通过 IRQ ON、INT IRQ 或者 INT FIQ，IRQ 开总中断，其中 IRQ ON 的功能是打开 IRQ 中断；INT IRQ 的功能是打开 IRQ 中断，关闭 FIQ 中断；INT FIQ，IRQ 的功能是打开 FIQ 和 IRQ 中断。IRQ1_TMA 和 IRQ2_TMB 中断源分别是通过定时器 A、定时器 B 产生的，当计数溢出时产生中断请求信号 TA_TIMEOUT_INT 或 TB_TIMEOUT_INT，CPU 响应后进入对应的中断服务子程序。

中断控制寄存器的设置在 4.9 中有详细说明，不再赘述。

在本节实训中，8 个 LED 的负极设置为低电平，利用 TimerA 定时器定时一个固定长度时间，当定时时间到时产生溢出信号，进入 TimerA 的 IRQ1 中断 IRQ1_TMA，翻转一次 I/O 口输出电平以控制接在对应 I/O 口的发光二极管(LED)，TimerA 重新开始计数，当计数到定时时间溢出，再响应一次 IRQ1_TMA 中断，翻转一次 IOA 口低 4 位输出电平以控制接在 IOA 低 4 位端口的发光二极管(LED)，如此循环；同样，利用 TimerB 定时器定时一个固定长度时间，当定时时间到时溢出，进入 TimerB 的 IRQ2 中断 IRQ2_TMB，翻转 I/O 口输出电平以控制接在对应 I/O 口的发光二极管(LED)。程序运行时，可以观察到接在 I/O 端口的发光二极管(LED)亮灭状态周期性变化。

4.10.3 软件流程

1. 主程序流程图

在主程序中，初始化 A 口为同相输出口，并初始化其输出为低电平，初始化 IOB6 口为输出口并初始化其输出高电平；设置定时器的计数初值和时钟源频率以确定定时器溢出频率(本实验中 TimerA 和 TimerB 的时钟源频率都选为 4096 Hz，设置 TimerA 的定时时间为 2 s，设置 TimerB 的定时时间为 1 s)，开 IRQ0、IRQ1、IRQ2 中断。主程序流程图如图 4-45 所示。

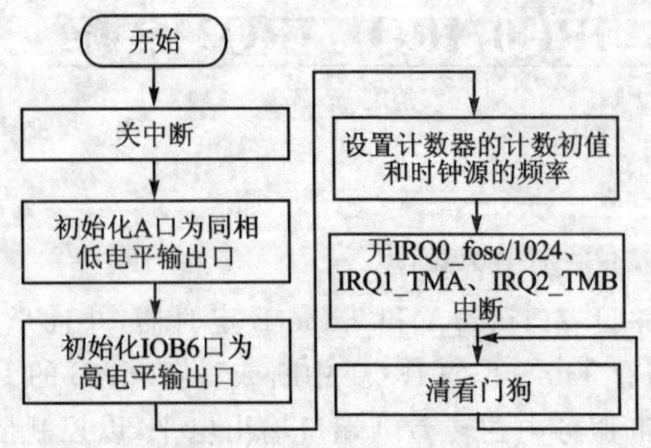

图 4-45　主程序流程图

2. 中断服务子程序流程图

IRQ0、IRQ1、IRQ2 中断服务子程序的流程图如图 4-46 所示。IRQ1_TMA 中断中，先进行寄存器压栈保护；IOA 口低 4 位输出电平翻转，以翻转 LED1～LED4 四个发光二极管(LED)亮灭状态，清 IRQ1_TMA 中断标志，寄存器出栈，中断返回；IRQ2_TMB 中断中，同样先进行寄存器压栈保护；IOA 口高 4 位输出电平翻转，以翻转 LED5～LED8 四个发光二极管(LED)亮灭状态，清 IRQ2_TMB 中断标志，寄存器出栈，中断返回；IRQ0_fosc/1024 中断中，先进行寄存器压栈保护，清 IRQ0_fosc/1024 中断标志，寄存器出栈，中断返回。

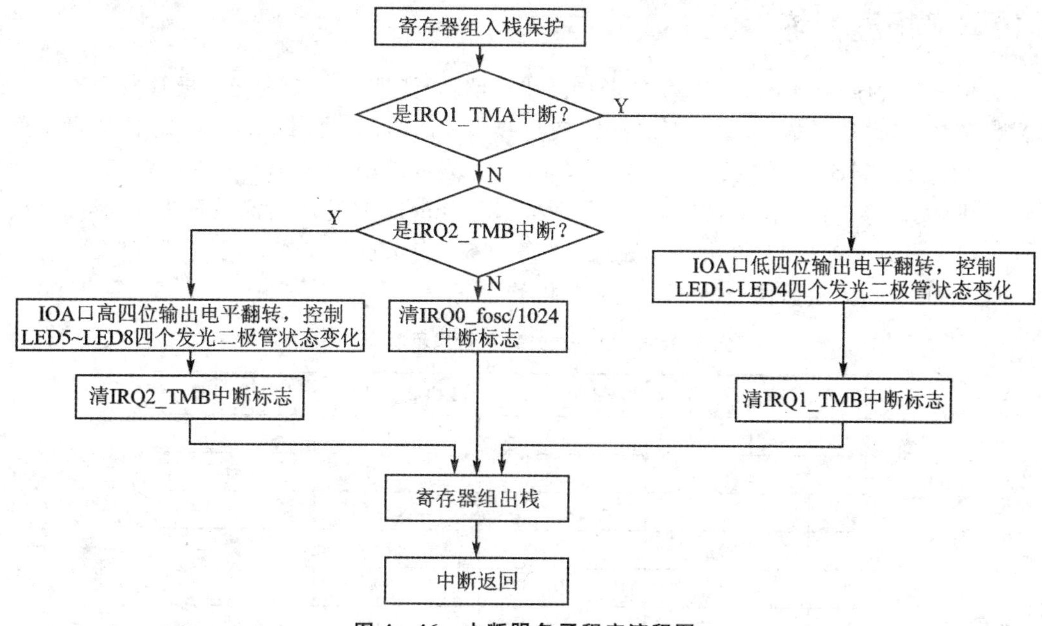

图 4-46 中断服务子程序流程图

4.10.4 训练提示

【实训目的】

① 熟悉 IRQ0、IRQ1、IRQ2 的中断向量和中断源。

② 掌握中断控制单元 P_INT_Ctrl、P_INT_Clear 的设置方法。

③ 掌握 IRQ0、IRQ1、IRQ2 中断的编程方法。

【实训设备】

① 装有 Windows 系统和 μ'nSP™ IDE 集成开发环境的 PC 机 1 台，SPCE061A 实验仪1 套。

② 本实训用到的实验仪硬件模块为：CPU 区电路模块、供电电路模块、下载模式选择电路模块、I/O 口引出接口模块、LED 指示灯电路模块。

【硬件连接】

IOB6 连接 LED_DIG 的 DIG5，即把 LED_DIG 的最下面一排引针用跳线短接，控制 8 个 LED 的公共端选择；IOA 口低 8 位 IOA0～IOA7 连接 LED_SEG 的 a～h(控制发光二极管 LED1～LED8)，即用跳线短接 LED_SEG 的左右两排引针。硬件连接图同 4.9 节的图 4－43。

【实训步骤】

① 建立一个新工程 ex10_asm_IRQ0_IRQ1_IRQ2，根据程序流程图编写程序。

② 选择 Rebuild All 选项。

③ 按照硬件连接图连接电路，注意拔掉 LCD 的接口$\overline{CS}$和 IOB2 连接的跳线。

④ 下载程序，运行。

⑤ 观察发光二极管的状态，分析是否与实训要求相统一。

4.10.5 拓展训练

编写一个程序，在 IRQ1_TMA 中断中要求 LED1～LED4 四个发光二极管按表 4－11 的状态顺序显示，循环显示，每个状态之间需要持续 2 s 的时间（即 TimerA 的定时时间设置为 2 s）。在 IRQ2_TMB 中断中要求 LED5～LED8 4 个发光二极管按表 4－11 的状态顺序显示，并且循环显示，每个状态需要持续 0.5 s 的时间（即 TimerB 的定时时间设置为 0.5 s）。（读者可自行定义由哪些 I/O 口控制 8 个发光二极管）"●"表示点亮状态，"○"表示熄灭状态。表中 LED1～LED8 为实验仪上的 8 个发光二极管（LED）。

表 4－11 发光二极管显示状态

序 号	LED4(LED8)	LED3(LED7)	LED2(LED6)	LED1(LED5)
0	○	○	○	○
1	○	○	○	●
2	○	○	●	○
3	○	○	●	●
4	○	●	○	○
5	○	●	○	●
6	○	●	●	○
7	○	●	●	●
8	●	○	○	○
9	●	○	○	●
10	●	○	●	○
11	●	○	●	●
12	●	●	○	○
13	●	●	○	●
14	●	●	●	○
15	●	●	●	●

4.11 实训十一 IRQ4 中断

4.11.1 实训内容

① 编程要求：编写一个汇编语言程序。

② 实现功能：利用 IRQ4 三个时基中断，即 IRQ4_1 kHz、IRQ4_2 kHz 和 IRQ4_4 kHz 中断，在各自的中断服务程序中对相应的变量进行累加，并通过点亮、熄灭发光二极管(LED)来表示相应变量计数器累加的速度。

③ 实训现象：LED1 和 LED2 的亮灭周期为 2 s，LED3 和 LED4 的亮灭周期为 1 s，LED5～LED8 的亮灭周期为 0.5 s。

4.11.2 知识要点

IRQ4 中断对应 4096 Hz、2048 Hz、1024 Hz 3 个中断源，通过写 P_INT_Ctrl 来允许中断，通过 IRQ ON、INT IRQ 或者 INT FIQ，IRQ 开总中断，各自的功能参考 4.10 节实训。

IRQ4 中断源的选择和中断控制单元的设置参考 4.9 节实训。

在本实训中，使用 3 个变量分别作为 IRQ4_1 kHz、IRQ4_2 kHz 和 IRQ4_4 kHz 三个中断的计数器。每响应一次中断，各自的计数器加 1，并在中断中判断变量。当这 3 个变量计数器到达设定计数值(本实验都为 1024)时，先把 8 个 LED 的公共端设置为低电平，翻转相应的 I/O口电平，控制发光二极管(LED)的状态变化，与此同时，对 3 个变量进行清零操作，再次循环实验现象。由于 IRQ4_1 kHz、IRQ4_2 kHz 和 IRQ4_4 kHz 3 个中断的时基频率各不相同，分别为 1 kHz、2 kHz 和 4 kHz，所以 3 个对应的变量计数器累加到相同的计数值时它们耗去的时间也不同，表现在发光二极管上就是它们的亮灭状态变化周期各不相同。

本实训中，中断服务程序中会判断这 3 个变量的值，检测到对应于 IRQ4_1 kHz 时基中断的变量累加到 1024 时，通过 DIG5 的控制口把 8 个 LED 的负极设置为低电平，IOA0 和 IOA1 口输出电平翻转一次，控制发光二极管 LED1 和 LED2 状态变化；检测到对应于 IRQ4_2 kHz 时基中断的变量累加到 1024 时，通过 DIG5 的控制口把 8 个 LED 的负极设置为低电平，IOA2 和 IOA3 口输出电平翻转一次，控制发光二极管 LED3 和 LED4 状态变化；检测到对应于 IRQ4_4 kHz 时基中断的变量累加到 1024 时，通过 DIG5 的控制口把 8 个 LED 的负极设置为低电平，IOA4～IOA7 口输出电平翻转一次，控制发光二极管 LED5～LED8 状态变化。

4.11.3 软件流程

1. 主程序流程图

在主程序里，初始化 A 口为同相输出口，并初始化其输出状态为低电平，初始化 IOB6 端口为输出口并初始化其输出状态为高电平；开 IRQ4 中断，进入主程序循环，执行清看门狗操作。主程序流程图如图 4-47 所示。

2. 中断服务子程序

中断服务子程序流程图如图 4-48 所示。

假设定义 3 个变量 1K_Counter、2K_Counter 和 4K_Counter 分别作为 IRQ4_1 kHz、IRQ4_2 kHz 和 IRQ4_4 kHz 中断的计数器。每响应一次 IRQ4_1 kHz 中断让计数器 1K_Counter 自加 1；每响应一次 IRQ4_2 kHz 中断让计数器 2K_Counter 自加 1；每响应一次

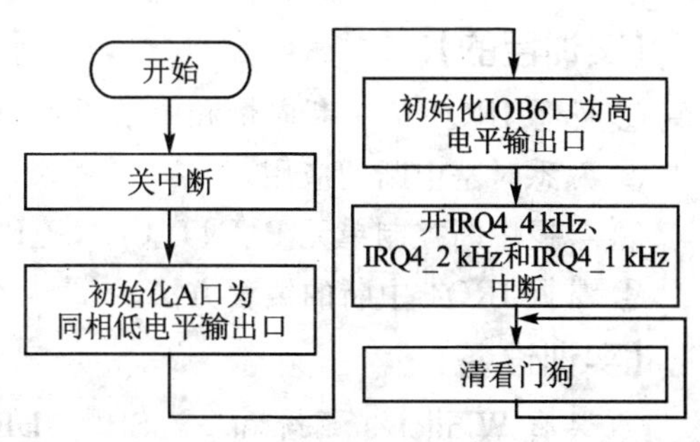

图 4-47 主程序流程图

IRQ4_4 kHz 中断让计数器 4K_Counter 自加 1。当 1K_Counter 加到 1024 时，IOA0 和 IOA1 口输出电平翻转一次，控制发光二极管 D4 和 D5 状态变化，清 IRQ4_1 kHz 中断标志；2K_Counter 加到1024时，IOA2 和 IOA3 口输出电平翻转一次，控制发光二极管 D6 和 D7 状态变化，清 IRQ4_2 kHz 中断标志；4K_Counter 加到 1024 时，IOA4～IOA7 口输出电平翻转一次，控制发光二极管 D8～D11 状态变化，清 IRQ4_4 kHz 中断标志。

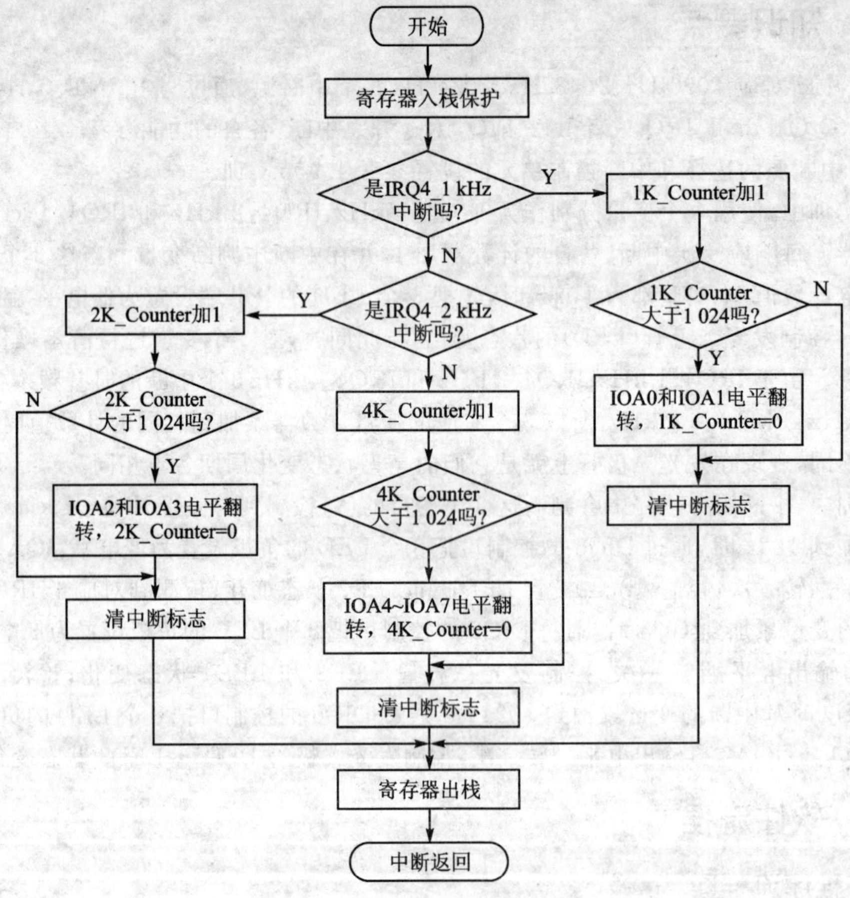

图 4-48 中断服务子程序流程图

4.11.4 训练提示

【实训目的】

① 熟悉 IRQ4 的中断向量和中断源。

② 熟悉时基中断的应用。

③ 掌握中断控制单元 P_INT_Ctrl，P_INT_Clear 的设置方法。

④ 掌握 IRQ4 中断的编程方法。

【实训设备】

① 装有 Windows 系统和 μ'nSP™ IDE 集成开发环境的 PC 机 1 台，SPCE061A 实验仪1套。

② 本实训用到的实验仪硬件模块为 CPU 区电路模块、供电电路模块、下载模式选择电路模块、I/O 口引出接口模块、LED 指示灯电路模块。

【硬件连接】

硬件连接图如图 4-49 所示，IOB6 连接 DIG5(控制 8 个 LED 的负极电平)，即用跳线短接实验仪 LED_DIG 的最下面两个引针；IOA0～IOA7 分别依次连接 LED_SEG 的 a～h(即控制 8 个发光二极管 LED1～LED8)，即用跳线短接实验仪 LED_SEG 的左右两排引针。

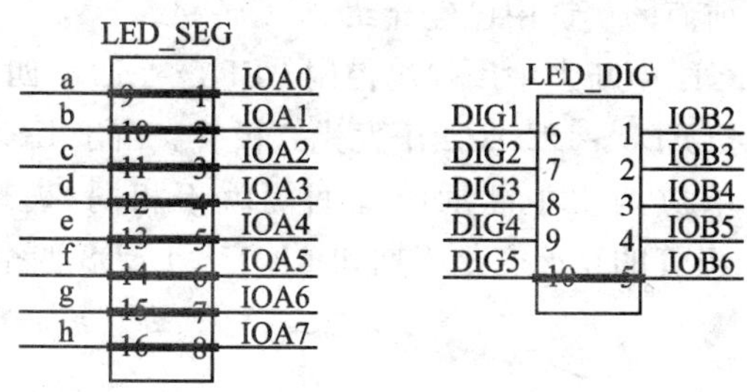

图 4-49 硬件连接图

【实训步骤】

① 建立一个新工程 ex11_asm_IRQ4，根据程序流程图编写汇编语言程序。

② 选择 Rebuild All 选项。

③ 根据硬件连接图连接电路，注意拔掉 LCD 的接口 $\overline{CS}$和 IOB2 连接的跳线。

④ 下载程序，运行。

⑤ 观察 8 个发光二极管的亮灭情况，分析是否和实训要求相统一。

4.11.5 拓展训练

按照所做实训编写一个程序，只需要开 IRQ4_1 kHz 和 IRQ4_2 kHz 中断，在 IRQ4_1 kHz 中断里控制 4 个发光二极管 LED1～LED4，要求发光二极管(LED)每个状态持续的时间为 0.5 s；在 IRQ4_2 kHz 中断里控制 4 个发光二极管 LED5～LED8，要求发光二极管(LED)每个状态持续的时间为 1 s。(读者可自定义控制发光二极管的 I/O 口。提示：实现方法和实训类似。)

4.12 实训十二 IRQ5 中断

4.12.1 实训内容

① 编程要求：编写一个汇编语言程序。

② 实现功能：IOA 低 4 位 IOA0～IOA3 控制 LED1～LED4 四个发光二极管，IOA4～IOA7 控制 LED5～LED8 四个发光二极管。每响应一次 IRQ5_2 Hz 中断，IOA0～IOA3 四个端口输出电平翻转，以控制 LED1～LED4 四个发光二极管的亮灭状态。每响应一次 IRQ5_4 Hz中断，IOA4～IOA7 四个端口输出电平翻转控制 LED5～LED8 四个发光二极管的亮灭状态变化。

③ 实验现象：LED1～LED4 四个发光二极管的亮灭变化周期为 1 s，LED5～LED8 四个

发光二极管的亮灭变化周期为 0.5 s。

4.12.2 知识要点

IRQ5 中断对应 4 Hz、2 Hz 两个时基信号中断源。由 4.9 节实训的介绍可以知道，通过写 P_INT_Ctrl 的 b3 和 b2 位来允许 IRQ5_4 Hz 和 IRQ5_2 Hz 中断。通过写 P_INT_Ctrl 和 IRQ ON、INT IRQ 或者 INT FIQ，IRQ 配合使用开中断。IRQ ON、INT IRQ、INT FIQ，IRQ 几个开中断语句的功能在前面的实训中已经介绍。

本实训中，在 IRQ5_2 Hz 中断当中用代码控制 LED1～LED4 四个发光二极管，在 IRQ5_4 Hz 中断当中用代码控制 LED5～LED8 四个发光二极管。由于 IRQ5_4 Hz 和 IRQ5_2 Hz 2 个中断的时基频率不同，响应两次中断的时间间隔就不相同，表现在发光二极管上就是 LED1～LED4 四个发光二极管的亮灭变化周期和 LED5～LED8 四个发光二极管的亮灭变化周期也不相同。

4.12.3 软件流程

1. 主程序流程图

在主程序里，初始化 A 口为同相输出口，并初始化其输出状态为低电平，初始化 IOB6 口为输出口并初始化其输出状态为高电平。开 IRQ5_4 Hz 和 IRQ5_2 Hz 中断，进入主程序循环，执行清看门狗操作。主程序流程图如图 4-50 所示。

2. 中断服务程序流程图

在中断服务程序里，每响应一次 IRQ5_2 Hz 中断，让 IOA0～IOA3 四个端口输出电平翻转控制 LED1～LED4 四个发光二极管的状态向反方向变化。每响应一次 IRQ5_4 Hz 中断，IOA4～IOA7 四个端口输出电平翻转控制 LED5～LED8 四个发光二极管的状态向反方向变化。中断服务程序流程图如图 4-51 所示。

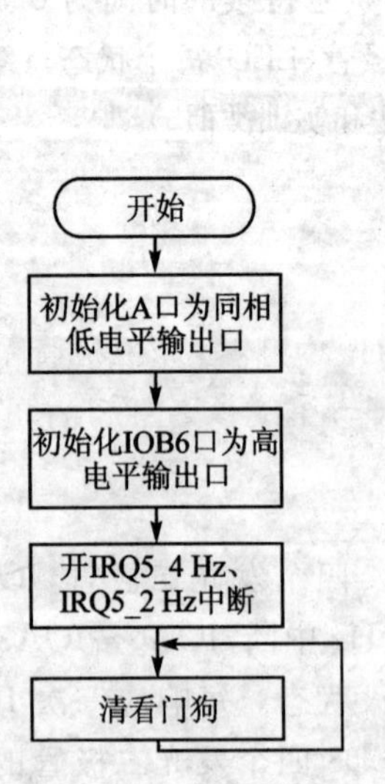

图 4-50 主程序流程图

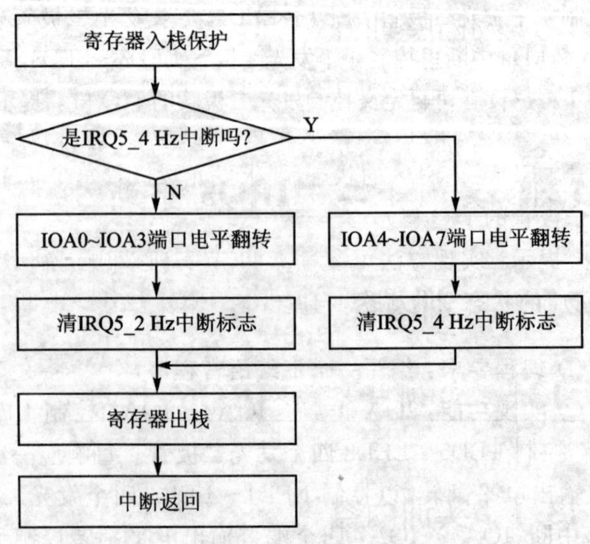

图 4-51 中断服务程序流程图

4.12.4 训练提示

【实训目的】

① 熟悉 IRQ5 的中断向量和中断源。

② 熟悉时基中断的应用。

③ 掌握中断控制单元 P_INT_Ctrl、P_INT_Clear 的设置方法。

④ 掌握 IRQ5 中断的编程方法。

【实训设备】

① 装有 Windows 系统和 μ'nSP™ IDE 集成开发环境的 PC 机 1 台，SPCE061A 实验仪1 套。

② 本实训用到的实验仪硬件模块为 CPU 区电路模块、供电电路模块、下载模式选择电路模块、I/O 口引出接口模块、LED 指示灯电路模块。

【硬件连接】

硬件连接图如图 4-44 所示，IOB6 连接 LED_DIG 的 DIG5，即把 LED_DIG 的最下面一排引针用跳线短接，控制 8 个 LED 的公共端选择；IOA 口低 8 位 IOA0～IOA7 连接 LED_SEG 的 a～h(控制发光二极管 LED1～LED8)，即用跳线短接 LED_SEG 的左右两排引针。

【实训步骤】

① 按照程序流程图编写汇编语言程序。

② 选择 Rebuild All 选项。

③ 按照硬件连接图连接电路，注意拔掉 LCD 的接口$\overline{CS}$和 IOB2 连接的跳线。

④ 下载程序、运行。

⑤ 观察发光二极管(LED1～LED8)的点亮与熄灭状态，分析是否与实训要求相统一。

4.12.5 拓展训练

编写一个程序，开 IRQ5_4 Hz 和 IRQ5_2 Hz 中断，IRQ5_4 Hz 中断控制发光二极管 LED1～LED4 的状态，要求发光二极管每个状态持续时间为 2 s；IRQ5_2 Hz 中断控制发光二极管 LED5～LED8 的状态，要求发光二极管每个状态持续时间为 4 s。(读者可自定义控制发光二极管的 I/O 口)

提示：实现方法可参考 4.11 节实训，即响应 8 次 IRQ5_4 Hz 中断，发光二极管 LED1～LED4 的状态变化 1 次，响应 8 次 IRQ5_2 Hz 中断，发光二极管 LED5～LED8 的状态变化 1 次。

4.13 实训十三 IRQ6 中断

4.13.1 实训内容

① 编程要求：编写一个汇编语言程序。

② 实现功能：利用 IRQ6 的两个时基中断，即 IRQ6_TMB1 和 IRQ6_TMB2 中断，在各自

的中断服务程序中对相应的变量进行累加并通过点亮、熄灭发光二极管(LED)来表示相应变量计数器累加的速度。

③ 实验现象：LED1～LED4 四个发光二极管状态变化周期为 4 s，LED5～LED8 四个发光二极管状态变化周期为 2 s。

4.13.2 知识要点

IRQ6 中断对应 TMB1、TMB2 两个中断源，通过设置 P_TimeBase_Setup 的 TMB1 和 TMB2 选择时基频率 TMB1(8/16/32/64 Hz)和 TMB2(128/256/512/1 024 Hz)，P_TimeBase_Setup 单元的设置见表 4-12 和表 4-13；设置 P_INT_Ctrl 允许 IRQ6 中断；CPU 响应中断后可以通过读取 P_INT_Ctrl 单元，判断中断源，并进入相应的子程序。

表 4-12 P_TimeBase_Setup 单元

b15～b4	b3	b2	b1	b0
—	TMB2 选频逻辑		TMB1 选频逻辑	

表 4-13 选频逻辑

b3	b2	TMB2	b1	b0	TMB1
0	0	128 Hz①	0	0	8 Hz②
0	1	256 Hz	0	1	16 Hz
1	0	512 Hz	1	0	32 Hz
1	1	1024 Hz	1	1	64 Hz

① 默认的 TMB2 输出频率为 128 Hz。

②：默认的 TMB1 输出频率为 8 Hz。

在本实训中，定义两个对应于 IRQ6_TMB1 和 IRQ6_TMB2 两个中断的变量作为计数器，在 IRQ6_TMB1 和 IRQ6_TMB2 的中断中，每响应一次中断，对相应的变量计数器进行加一操作，利用这两个计数器可以满足一般地延时或者定时需求。例如，TMB1 中断源的输出频率选择为 64 Hz，则响应一次 IRQ6_TMB1 中断的时间为 1/64 s。如定义变量 TMB1_Counter 作为 IRQ6_TMB1 中断的计数器，每响应一次 IRQ6_TMB1 中断，让计数器 TMB1_Counter 加 1。如果要求在 2 s 内处理一次事件(例如二极管状态变化)，即需要 2 s 的定时时间，则需要响应 128 次 RQ6_TMB1 中断，才能达到 2 s 的时间。这样，利用计数器 TMB1_Counter 就很容易实现了，只要 TMB1_Counter 加到 128，处理一次事件就可以了。

4.13.3 软件流程

1. 主程序流程图

在主程序里，分别初始化 A 口为同相输出口，并初始化其输出状态为低电平，初始化 IOB6 口为输出口，并初始化其输出状态为高电平；设置 TMB1 为 64 Hz，设置 TMB2 为 128 Hz，打开 IRQ6_TMB1 和 IRQ6_TMB2 时基中断。主程序流程图如图 4-52 所示。

2. 中断服务程序流程图

中断服务程序流程图如图 4-53 所示。假设定义两个变量 TMB1_Counter 和 TMB2_

Counter 分别作为 IRQ6_TMB1 中断和 IRQ6_TMB2 中断的计数器。每响应一次 IRQ6_TMB1 中断,让计数器 TMB1_Counter 加 1;每响应一次 IRQ6_TMB2 中断,让计数器 TMB2_Counter 加 1。当 TMB1_Counter 加到 128 时,IOA0～IOA3 口输出电平翻转一次,控制发光二极管 LED1～LED4 状态变化,TMB1_Counter 计数器清零,重新计数;TMB2_Counter 加到 128 时,IOA4～IOA7 端口输出电平翻转一次,控制发光二极管 LED5～LED8 状态变化,TMB2_Counter 计数器清零,重新计数。

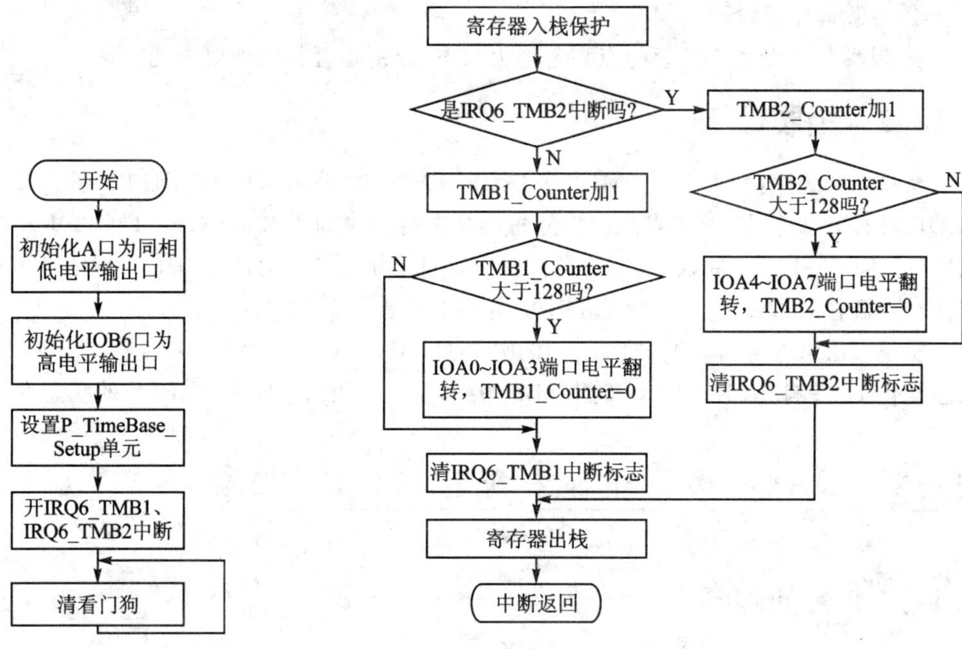

图 4-52　主程序流程图　　　　图 4-53　中断服务程序流程图

4.13.4　训练提示

【实训目的】

① 熟悉 IRQ6 的中断向量和中断源。

② 熟悉时基中断的应用。

③ 掌握中断控制单元 P_INT_Ctrl,P_INT_Clear 的设置方法。

④ 掌握 IRQ6 中断的编程方法。

【实训设备】

① 装有 Windows 系统和 μ'nSP™ IDE 集成开发环境的 PC 机 1 台,SPCE061A 实验仪1 套。

② 本实训用到的实验仪硬件模块为 CPU 区电路模块、供电电路模块、下载模式选择电路模块、I/O 口引出接口模块、LED 指示灯电路模块。

【硬件连接】

硬件连接图可以参考图 4-43,IOB6 连接 LED_DIG 的 DIG5,即把 LED_DIG 的最下面一排引针用跳线短接，控制 8 个 LED 的公共端选择；IOA 口低 8 位 IOA0～IOA7 连接 LED_SEG 的 a～h(控制发光二极管 LED1～LED8)，即用跳线短接 LED_SEG 的左右两排引针。

【实训步骤】

① 按照程序流程图编写汇编语言程序。

② 选择 Rebuild All 选项。

③ 按照硬件连接图连接电路，注意拔掉 LCD 的接口$\overline{CS}$和 IOB2 连接的跳线。

④ 下载程序，运行。

⑤ 观察 8 个发光二极管的点亮与熄灭状态，分析是否与实训要求的相符合。

4.13.5 拓展训练

编写一个程序，开 IRQ6_TMB1 和 IRQ6_TMB2 中断，IRQ6_TMB1 中断控制发光二极管 LED1～LED4 的状态，要求发光二极管每个状态持续时间为 2 s；IRQ6_TMB2 中断控制发光二极管 LED5～LED8 的状态，要求发光二极管每个状态持续时间为 0.5 s。(读者可自定义控制发光二极管的 I/O 口，TMB1 选择 8 Hz，TMB2 选择 1024 Hz)。

实现方法可参考本实训，即响应 16 次 IRQ6_TMB1 中断，发光二极管 LED1～LED4 的状态变化 1 次；响应 512 次 IRQ6_TMB2 中断，发光二极管 LED5～LED8 的状态变化 1 次。

4.14 实训十四 外部中断 EXT1、EXT2

4.14.1 实训内容

① 编程要求：编写一个汇编语言程序。

② 实现功能：利用外部中断来控制 8 个发光二极管的点亮与熄灭，利用键盘产生外部中断触发信号。

③ 实验现象：当按 K3 键时，LED5～LED8 四个发光二极管点亮；当按 K4 键时，LED1～LED4 四个发光二极管点亮。

4.14.2 知识要点

SPCE061A 的两个外部中断为负跳沿触发中断。2 个外部中断源 EXT1、EXT2 和 1 个键唤醒中断源 IRQ3_KEY 对应中断向量 IRQ3。通过设置 P_INT_Ctrl 来允许中断，程序运行后，外部输入信号端(EXT1、EXT2)产生负跳沿(将 IOB2、IOB3 接地)触发信号。中断响应后，通过读取 P_INT_Ctrl 单元，可以判断中断源，转到相应子程序。

本实训要求利用键盘产生负跳沿触发信号，如图 4－54 所示。根据键盘的工作原理，在 IOB2 设置为带上拉电阻的输入口时，先通过 IOB4 把键盘的 ROW 设置为低电平。当 K1 键盘按下时，在 IOB2 口的状态会拉到低电平，抬起键盘时 IOB2 口又回到高电平，这样就产生了一个负跳沿的脉冲。

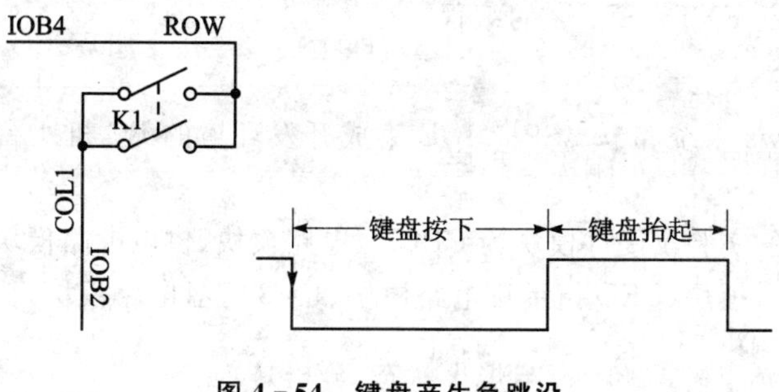

图 4-54 键盘产生负跳沿

4.14.3 软件流程

1. 主程序流程图

在主程序里,初始化 A 口为同相输出口,并初始化其输出状态为低电平;初始化 IOB6 口为输出口,并初始化其输出状态为高电平;初始化 IOB2、IOB3 为带上拉电阻的输入口,开 IRQ3_EXT1、IRQ3_EXT2 两个外部中断,进入主程序循环,执行清看门狗操作。主程序流程图如图 4-55 所示。

2. 中断服务程序流程图

IRQ3_EXT2 中断控制 LED1～LED4 四个发光二极管状态,IRQ3_EXT1 中断控制 LED5～LED8 4 个发光二极管状态。中断服务程序流程图如图 4-56 所示。

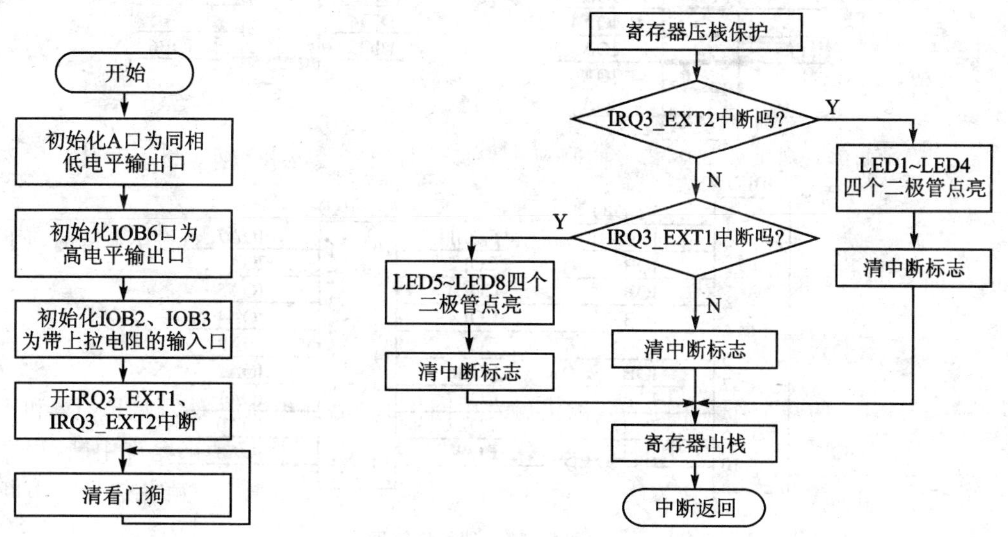

图 4-55 主程序流程图

图 4-56 中断服务程序流程图

4.14.4 训练提示

【实训目的】

① 熟悉 IRQ3 的中断向量和中断源及外部时钟的触发方式。

② 掌握中断控制单元 P_INT_Ctrl 和 P_INT_Clear 的设置方法。

③ 掌握外部中断 EXT1、EXT2 的编程方法。

【实训设备】

① 装有 Windows 系统和 μ'nSP™ IDE 集成开发环境的 PC 机 1 台，SPCE061A 实验仪 1 套。

② 本实训用到的实验仪硬件模块为 CPU 区电路模块、供电电路模块、下载模式选择电路模块、I/O 口引出接口模块、LED 指示灯电路模块、1×8 键盘电路模块。

【硬件连接】

硬件连接图如图 4-57，IOB6 连接 DIG5（控制 8 个 LED 的负极电平），即用跳线短接实验仪 LED_DIG 的最下面两个引针；IOA0～IOA7 分别依次连接 LED SEG 的 a～h（即控制 8 个发光二极管 LED1～LED8），即用跳线短接实验仪 LED_SEG 的左右两排引针。IOB2～IOB3 连接 KEYPAD 的 COL3～COL4，IOBLOW 的 DGND 连接 KEYPAD 的 ROW，即用排线将 IOBLOW 和 KEYPAD 连接起来，注意 IOBLOW 的 DGND 连接 KEYPAD 的 ROW。

注意拔掉连接 LED_DIG 最上面 3 排引针的跳线（IOB2 和 DIG1、IOB3 和 DIG2、IOB4 和 DIG3 连接的跳线），否则数码管的有些段也显示。另外，应注意拔掉 LCD 的接口 $\overline{CS}$ 和 IOB2 连接的跳线，其原因同 4.3 节实训。

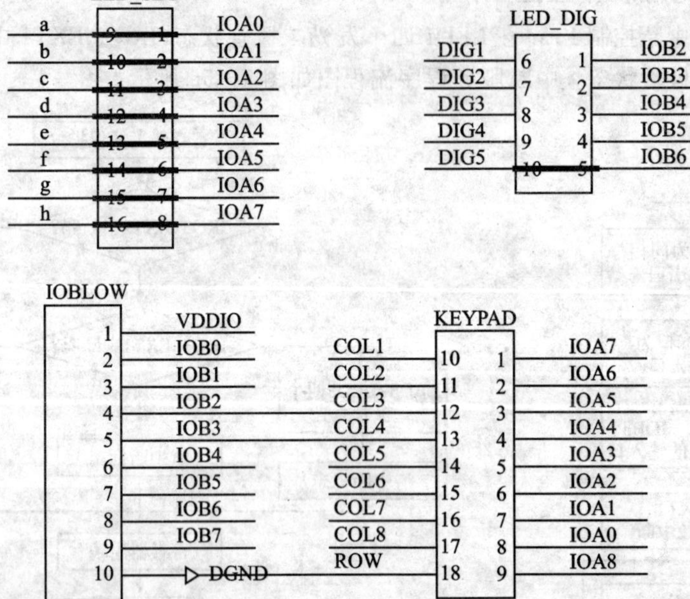

图 4-57 硬件连接图

【实训步骤】

① 按照程序流程图编写汇编语言程序。

② 选择 Rebuild All 选项。

③ 按照硬件连接图连接电路，注意拔掉连接 LED_DIG 最上面 3 排引针的跳线（IOB2 和 DIG1、IOB3 和 DIG2、IOB4 和 DIG3 连接的跳线）和 LCD 的接口 $\overline{CS}$ 和 IOB2 连接的跳线。

④ 下载程序，运行。

⑤ 按下按键 K1 或者 K2，观察发光二极管的点亮与熄灭状态，分析是否与实训要求相统一。

4.14.5 拓展训练

编写一个汇编语言程序，用外部中断控制发光二极管的点亮与熄灭。开 IRQ3_EXT1、IRQ3_EXT2 中断，关 IRQ3_KEY 中断，IRQ3_EXT1 中断时 8 个发光二极管点亮，IRQ3_EXT2 中断时 8 个发光二极管熄灭。（具体怎么输入外部中断信号读者可以自行定义，可以用键盘或者用一个信号发生器在 IOB2 口和 IOB3 口输入脉冲信号）。

4.15 实训十五 键唤醒

4.15.1 实训内容

① 编程要求：编写汇编语言程序。

② 实现功能：在系统正常运行的状态下，按 K1 键，使其进入睡眠状态。进入睡眠状态后，按 K2 键，又能够唤醒系统，接通系统时钟，正常运行。

③ 实验现象：LED1～LED8 八个发光二极管（LED）的初始状态是熄灭状态。按 K1 键后系统进入睡眠状态，关闭系统时钟，系统睡眠指示灯被点亮；按 K2 键，唤醒系统，接通系统时钟（PLL 振荡器），同时 CPU 会响应唤醒事件并进行初始化，这时，8 个发光二极管（LED）全部点亮。如果再按 K1 键时，系统再次进入睡眠状态，系统睡眠指示灯被点亮，而 8 个发光二极管（LED）熄灭；按 K2 键时，唤醒系统，8 个发光二极管（LED）全部点亮。即只要系统在唤醒状态，按 K1 键，系统都可以进入睡眠状态；只要系统在睡眠状态，按 K2 键，都可以唤醒系统。

4.15.2 知识要点

1. 睡 眠

系统上电复位开始工作，接到睡眠信号后关闭系统时钟（PLL 振荡器），进入睡眠状态。用户可以通过对 P_SystemClock（7013H）单元的 b4 和 b2～b0 位写入 CPU 睡眠信号（b2、b1、b0 都设置成 1，b4 可以为 0 也可以为 1。b4 为 1 表示在睡眠状态下，32 768 Hz 时钟仍处于工作状态；b4 为 0 表示在睡眠状态下，32 768 Hz 时钟被关闭），使系统从运行状态转入备用状态。系统进入睡眠状态后，程序计数器 PC 会停在程序的下一条指令计数上，当有任一唤醒事件发生后，开始由此继续执行程序。

2. 唤 醒

系统接到唤醒信号后接通 PLL 振荡器，同时 CPU 会响应唤醒事件的处理并进行初始化。IRQ3_KEY 为触键唤醒源（IOA7～IOA0），其他中断信号（FIQ、IRQ1～IRQ6）也都可以作为唤醒源。唤醒操作完成后，程序将会从进入睡眠后指令计数的断点处开始被继续执行。如果使用中断唤醒，并且相对应的中断在系统进入睡眠前已经打开，当系统被中断唤醒后，会先进入对应的唤醒系统的中断服务程序，执行完中断服务程序后，才会到操作系统进入睡眠状态指令的下一条指令处执行。

本实训中如果系统在唤醒状态，当按 K1 键时，通过对 P_SystemClock(7013H)单元的 b4 和 b2～b0 位写入 CPU 睡眠信号，系统进入睡眠状态。系统进入睡眠状态后，当 K2 键按下时，产生键唤醒中断请求。开键唤醒中断时，就会响应唤醒事件。在 8 个 LED 的 a～h 和 IOB 口高 8 位连接时，给 IOB 口数据单元送 0xFF40，控制点亮 8 个发光二极管，并使系统处于正常工作状态。

4.15.3 软件流程

1. 主程序流程图

主程序流程图如图 4-58 所示，在主程序里，初始化 IOA 口低 8 位为带下拉电阻的输入口；IOB 口为同相输出口，并初始化其输出状态为低电平；初始化 IOB6 和 IOA8 口为同相输出口，并初始化其输出状态为高电平，即把 1×8 键盘的 ROW 设置成高电平；判断是不是第一个键(即 K1)键按下，如果是，先屏蔽 IOA1 口之外的其他 IOA 口，即只设置 IOA1 作为输入口，开键唤醒中断，给 IOB 口数据单元送 0x0040，使 8 个发光二极管全部熄灭，锁存 IOA 口数据以便唤醒系统，给系统时钟单元送数据 0x0007，使系统进入睡眠状态；否则，继续扫描键盘。

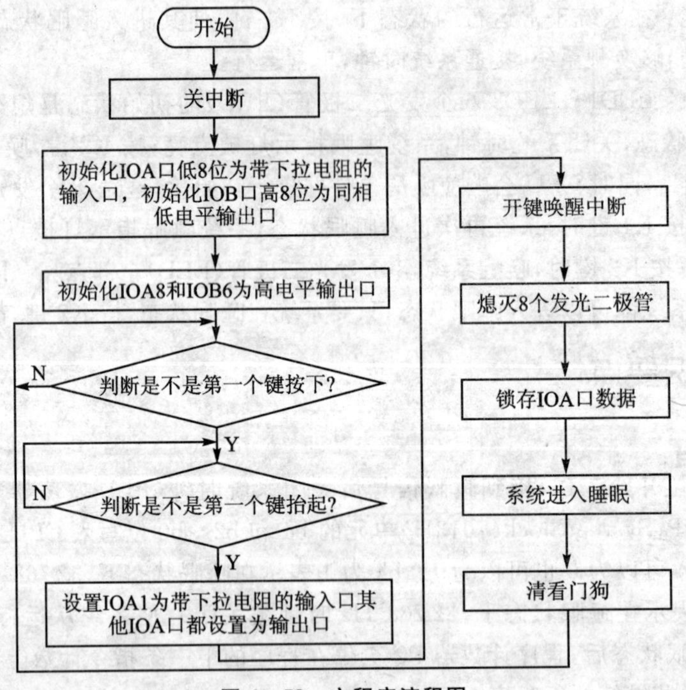

图 4-58 主程序流程图

2. 中断服务程序流程图

中断服务程序如图 4-59 所示。如果是键唤醒中断，向 IOB 口数据单元送数据 0xFF40，控制点亮 8 个发光二极管。

4.15.4 训练提示

【实训目的】

① 熟悉 SPCE061A 睡眠和唤醒的工作原理。

② 掌握 SPCE061A 睡眠和唤醒的编程方法。

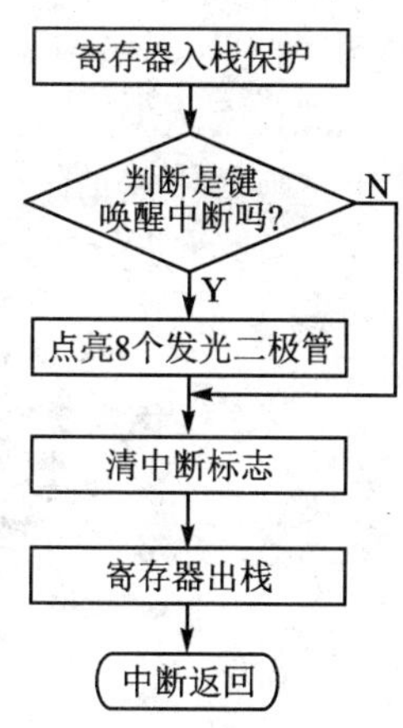

图 4-59 中断服务程序

【实训设备】

① 装有 Windows 系统和 μ'nSP™ IDE 集成开发环境的 PC 机 1 台,SPCE061A 实验仪 1 套。

② 本实训用到的实验仪硬件模块为 CPU 区电路模块、供电电路模块、下载模式选择电路模块、I/O 口引出接口模块、LED 指示灯电路模块,1×8 键盘电路,睡眠指示灯。

【硬件连接】

硬件连接图如图 4-60 所示。IOA7~IOA6 连接 KEYPAD 的 COL1~COL2,即用跳线短接键盘 KEYPAD 的上面两排跳线(K1 和 K2 的控制口);IOA8 连接 1×8 键盘的 ROW,即用跳线把 KEYPAD 的最下面一排引针短接;IOB6 连接 LED_DIG 的 DIG5,即用跳线短接 LED_DIG 最下面的一排引针;IOB 高 8 位 IOB8~IOB15 连接 8 个发光二极管 LED_SEG 的 a~h(LED1~LED8),即用 8 脚排线将实验仪的 IOBHIG 中间 8 个引针和 LED_SEG 的右边一排引针连接起来。

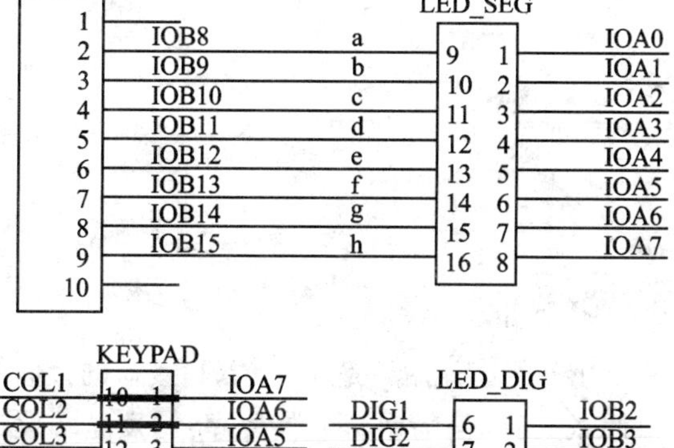

图 4-60 硬件连接图

【实训步骤】

① 根据程序流程图编写汇编语言程序。

② 选择 Rebuild All 选项。

③ 根据硬件连接图连接硬件,注意拔掉 LCD 的接口 $\overline{CS}$ 和 IOB2 连接的跳线。

④ 下载程序,运行。

⑤ 观察图 4-61 实验仪中①区睡眠指示灯(SLEEP)状态和②区 8 个发光二极管(LED1~LED8)状态,分析是否与实训要求的现象统一。

图 4-61 实验仪

4.15.5 拓展训练

编写程序实现系统自动进入睡眠状态：1×8 键盘 COL1～COL8 连接 IOA0～IOA7，检测是否有按键按下。如果在 2 min 内没有任何键按下，系统自动进入睡眠状态，睡眠指示灯亮。系统进入睡眠状态后，按任意键可以唤醒系统。

4.16 实训十六 UART

4.16.1 实训内容

① 编程要求：编写一个汇编语言程序。

② 实现功能：借助于 IOB 的特殊功能，完成 UART 接口的接收和发送数据的过程。

③ 实验现象：在串口调试工具(简易串行通信程序)的发送端发送一个数据，在接收端就能接收到与发送数据相同的数据，串行口的波特率为 9600 bits/s。

4.16.2 知识要点

1. UART 通信电路

UART 通信电路模块提供了一个全双工标准接口，用于完成 SPCE061A 与外设之间的串行通信。PC 机的 RS232 端口与一般单片机上的 UART 接口从数据收发的时序上看，是一样的协议，不同的是两者用以表达逻辑“1”和“0”的规定是不一样的，即电平是不兼容的。RS232 端口用正/负电压来表示逻辑状态，与 TTL(单片机的 UART 接口电平)以高低电平表示逻辑状态的规定是不同的。因此，为了能够同计算机接口或终端的 TTL 器件连接，必须进行电平和逻辑关系的变换。实现这种变换的方法可用分立元件，也可用集成电路芯片。实验仪利用 MAX232 芯片，它是目前应用较为广泛的电平转换器件，可以实现 TTL 到 EIA 双向电平转换。该芯片支持两路串行异步通信，RIN1 为第一路输入，ROUT1 为第一路输出；RIN2 为第二路输入引脚，ROUT2 为第二路输出。实验仪 MAX232 芯片电路图如图 4-62 所示。

事实上在实验仪上并不只是单纯的 UART 通信电路，而是一个 UART 通信电路和一个

UART/USB 通信电路的复用形式，所以在本节实训中需要通过如图 4－63 所示的接口选择 UART 通信电路。结合图 4－62，在本节实训中需要选择 IOB10 连接 TXD1，IOB7 连接 RXD1。

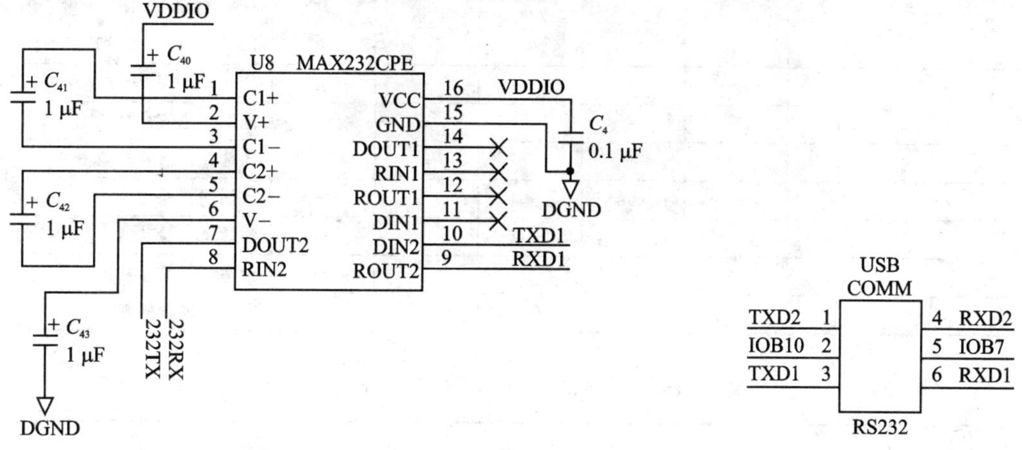

图 4－62 实验仪 MAX232 芯片电路图

图 4－63 UART 和 UART/USB 的选择接口

2. SPCE061A UART 寄存器

P_UART_Data(7023H)(读/写)单元可以用来作为接收和发送数据的缓存，向该单元写入数据，可以将发送的数据送入缓存器；从该单元读数据，可以从缓存器读出数据字节，UART 模块的接收引脚 Rx 和发送引脚 Tx 分别与 IOB7 和 IOB10 共用。

使用 UART 模块进行通信时，必须事先将引脚 Rx 设置为输入状态、Tx 设置为输出状态。然后，设置 P_UART_BaudScalarLow(7024H)、P_UART_BaudScalarHigh(7025H)单元指定所需波特率，这两个单元的设置见式(4－1)和式(4－2)。

如果 f_{ocs}＝49.152 MHz、40.096 MHz 或者 32.768 MHz，则

$$\text{波特率} = (f_{ocs}/4)/\text{Scale} \qquad (4-1)$$

如果 f_{ocs}＝24.576 MHz 或者 20.480 MHz，则

$$\text{波特率} = (f_{ocs}/2)/\text{Scale} \qquad (4-2)$$

这里假设设置值为 Scale，即 Scale 的低 8 位为 P_UART_BaudScalarLow，高 8 位为 P_UART_BaudScalarHigh。

同时，设置 P_UART_Command1(7021H)和 P_UART_Command2(7022H)单元以激活 UART 通信功能。P_UART_Command1(7021H)单元的设置和 P_UART_Command2(7022H)单元的设置如表 4－14、表 4－15 和表 4－16 所列。

表 4－14 P_UART_Command1 写单元

B7	b6	b5	b4	b3	b2	b1	b0	功 能
RxIntEn	TxIntEn	I_Rset	—	Parity	P_Check	—	—	
1	—	—	—	—	—	—	—	允许 UART IRQ 中断(由 RxRDY 信号触发)
0	—	—	—	—	—	—	—	禁止 UART IRQ 中断

续表 4-14

B7	b6	b5	b4	b3	b2	b1	b0	功 能
RxIntEn	TxIntEn	I_Rset	—	Parity	P_Check	—	—	
—	1	—	—	—	—	—	—	允许 UART IRQ 中断(由 RxRDY 信号触发)
—	0	—	—	—	—	—	—	禁止 UART IRQ 中断
—	—	1	—	—	—	—	—	内部复位信号复位
—	—	0	—	—	—	—	—	内部复位信号复位
—	—	—	—	1	—	—	—	激活偶校验功能
—	—	—	—	0	—	—	—	激活奇校验功能
—	—	—	—	—	1	—	—	激活奇偶校验功能
—	—	—	—	—	0	—	—	屏蔽奇偶校验功能

表 4-15 P_UART_Command2 写单元

b7	b6	b5	b4	b3	b2	b1	b0
RxPinEn	TxPinEn	—	—	—	—	—	—
1:允许接收引脚 0:禁止接收引脚	1:允许接收引脚 0:禁止接收引脚						

表 4-16 P_UART_Command2 读单元

b7	b6	b5	b4	b3	b2	b1	b0
RxRDY	TxRDY	FE	OE	PE	—	—	—
1:数据已接收完毕 0:未接收到数据	1:数据发送已准备好 0:数据发送未准备好	1:存在帧出错 0:无帧错误	1:存在溢出错误 0:无溢出错误	1:存在奇偶校验错误 0:无奇偶校验错误			

4.16.3 软件流程

主程序流程图如图 4-64 所示,初始化 IOB7 为带下拉电阻的输入口,IOB10 为同相高电平输出口,波特率设置成 9600 bits/s,判断是否接收到数据。如接收到了数据,判断发送数据是否准备好,如果准备好,则把接收到的数据发送出去。

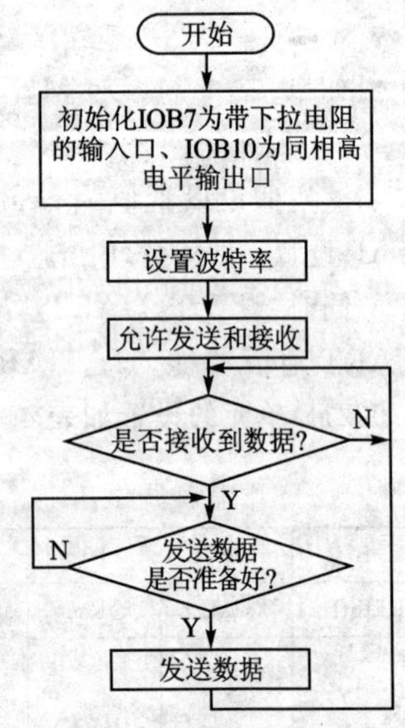

图 4-64 主程序流程图

4.16.4 训练提示

【实训目的】

① 了解 SPCE061A 串行口(UART)的结构及 SPCE061A 串行口与 PC 机串行通信的原理。

② 熟悉 UART 的各配置单元 P_UART_BaudScalarLow(7024H)、P_UART_BaudScalarHigh(7025H)、P_UART_Command1(7021H)和 P_UART_Command2(7022H)的功能及控制方法。

③ 掌握 PC 机与单片机通信的编程方法。

【实训设备】

① 装有 Windows 系统和 μ'nSP™ IDE 集成开发环境的 PC 机 1 台，SPCE061A 实验仪 1 套，9 针标准串口线 1 根，串口调试工具。

② 本实训用到的实验仪硬件模块为 CPU 区电路模块，供电电路模块，下载模式选择电路模块，I/O 口引出接口模块，UART/USB 通信接口电路模块。

【硬件连接】

RS－232 电平转换芯片采用 MAX232，与 SPCE061A 的接线如图 4－65 所示；注意 MAX232 的供电为 5 V，芯片与实验仪、PC 机间要共地，IOB7 接 RXD1(ROUT2)，IOB10 接 TXD1(DIN2)。图中 RS－232 接头可用一串口线(DB9 的)把该接头与 PC 机上的接口连接起来。即用 9 针标准串口线连接实验仪的 RS－232 DB9 接头和 PC 机。COMM 选择接口中，把 IOB10 接 TXD1，IOB7 接 RXD1，即用两个跳线把实验仪 COMM 接口靠左边的两个引脚短接。

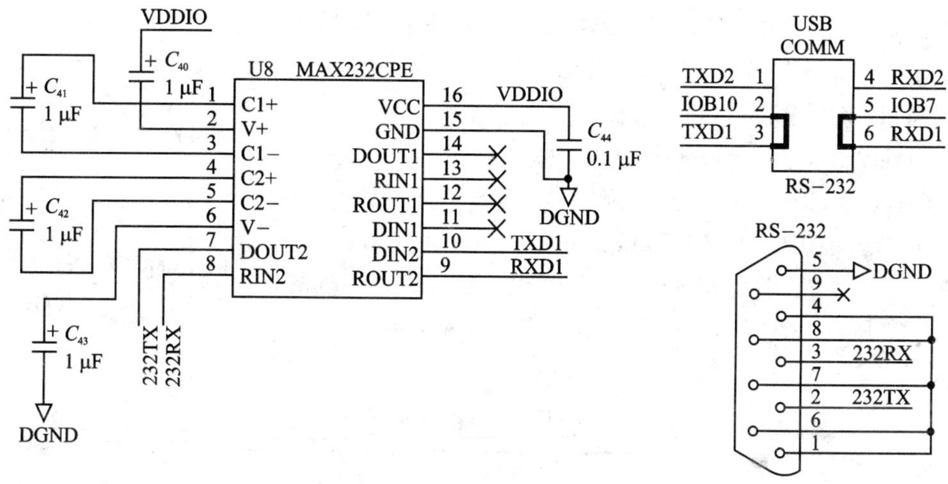

图 4－65 MAX232 接线图

【实训步骤】

① 按照程序流程图编写汇编语言程序。

② 选择 Rebuild All 选项。

③ 根据硬件连接图连接电路，注意把 RS－232 接头右边 COMM 靠右边的两个引脚短接。

④ 下载程序，运行。

⑤ 打开串口调试工具。设置参数：波特率设置为 9600 bits/s，数据位设置为 8，停止位设置为 1 个停止位，无奇偶校验位。

⑥ 在数据发送区写入要发送的数据，发送数据。

⑦ 在接收区看有没有接收到发送的数据。

4.16.5 拓展训练

自己编程实现双机通信：同样用 IOB 口的特殊功能实现，不带奇偶检验功能。

4.17 实训十七 A/D 转换

4.17.1 实训内容

① 编程要求：编写一个汇编语言程序。

② 实现功能：利用实验仪提供的模拟电压(0～3.3 V)输入电路，提供给 LINE_IN1 变化的电平进行 A/D 转换，利用发光二极管(LED)显示 A/D 转换后结果的高 8 位。

③ 实验现象：随着 0～3.3 V 直流电平输入电平的变化，发光二极管显示的状态也不相同，发光二极管实际上显示的是 A/D 转换结果高 8 位的数据，以二进制表示。

4.17.2 知识要点

1. 模拟电压输入电路工作原理

实验仪的模拟电压(0～3.3 V)输入电路如图 4-66 所示。通过改变 R_{73} 可得到一个 0～3.3 V 的电平。

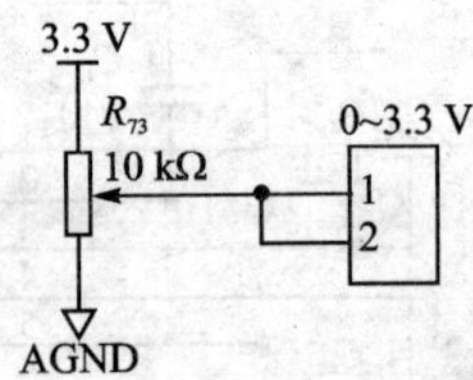

图 4-66 0～3.3 V 直流电平输入电路

2. A/D 转换的寄存器设置

SPCE061A 主要通过设置 P_ADC_Ctrl(读/写)和 P_ADC_MUX_Ctrl(读/写)两个单元实现 A/D 转换。P_ADC_Ctrl (7015H)单元为 ADC 的控制端口，如表 4-17 所列。ADC 多通道控制是通过对 P_ADC_MUX_Ctrl(702BH)单元编程实现的，如表 4-18 所列。ADC 的多路 LINE_IN 输入将与 IOA0～IOA6 共用。

表 4-17 P_ADC_Ctrl 单元

b15	b8	b7	b6	b2	b0	控制功能描述
RDY(读)	V2VREFB(写)	VEXTREF(写)	DAC_I(写)	AGCE(写)	ADE(写)	
0	—	—	—	—	—	10 位模/数转换未完成
1	—	—	—	—	—	10 位模/数转换完成，输出 10 位数字量
—	0	—	—	—	—	打开 2 V 电压输出，其可作外部 AD 参考电压输入
—	1	—	—	—	—	关闭 2 V 电压输入(默认)
—	—	0	—	—	—	不使用外部参考电压，AD 参考电压为 V_{DD}(默认)
—	—	1	—	—	—	外部参考电压引脚使能，从 VEXTREF 脚输入外部参考电压
—	—	—	0	—	—	DAC 电流＝3 mA/V_{DD}＝3 V
—	—	—	1	—	—	DAC 电流＝3 mA/V_{DD}＝3 V

续表 4-17

b15	b8	b7	b6	b2	b0	控制功能描述
RDY(读).	V2VREFB(写)	VEXTREF(写)	DAC_I(写)	AGCE(写)	ADE(写)	
—	—	—	—	0	—	取消自动增益控制功能
—	—	—	—	1	—	设置自动增益控制功能
—	—	—	—	—	0	禁止模/数转换工作
—	—	—	—	—	1	允许模/数转换工作

注：① DAC_I 的默认选择为 DAC 电流=3 mA/V_{DD}=3 V。

② b15 只用于 MIC_IN 通道输入。

③ 当模拟信号通过麦克风的 MIC_IN 通道输入时，可选择 AGCE 为 1，即运算放大器的增益可在线性区域内自动调整。AGCE 默认选择为 0，即取消自动增益控制功能。

④ 写入时需注意 b5=1，b4=1，b3=1 和 b1=0。

表 4-18 P_ADC_MUX_Ctrl 单元

b15	b14	b13～b3	b2	b1	b0	控制功能描述
Ready_MUX(读)	FAIL(读)	—	Channl_sel(读/写)			
0		—	—	—	—	10 位模/数转换未完成
1	0	—	—	—	—	10 位模/数转换完成
—		—	0	0	0	模拟电压信号通过 MIC_IN 输入
—		—	0	0	1	模拟电压信号通过 LINE_IN1 输入
—		—	0	1	0	模拟电压信号通过 LINE_IN2 输入
—		—	0	1	1	模拟电压信号通过 LINE_IN3 输入
—		—	1	0	0	模拟电压信号通过 LINE_IN4 输入
—		—	1	0	1	模拟电压信号通过 LINE_IN5 输入
—		—	1	1	0	模拟电压信号通过 LINE_IN6 输入
—		—	1	1	1	模拟电压信号通过 LINE_IN7 输入

注：Ready_MUX 只用于 LINE_IN[7：1]。

一般情况下，b14 位总为 0。以下情况除外：由于 MIC_IN 的优先级高于 AD LINE_IN，所以在 LINE_IN AD 转换过程里又有 MIC_IN 时，若 AD 切换到 MIC 输入，原 LINE_IN 的数据会出现问题，此时 FAIL 被置 1。MIC AD 完成之后，该位被清为 0。

4.17.3 软件流程

主程序流程图如图 4-67 所示，初始化 IOA 口为悬浮输入口，初始化 IOB 口为同相输出口，并初始化 IOB 高 8 位的输出状态为低电平、IOB6 的输出状态为高电平；LINE_IN 通道选择为 IOA0，启动转换，读取读寄存器[P_ADC_MUX_Ctrl]的 b15 位判断是否转换完成。如果完成，把转换后的数据通过 IOB 口输出控制显示，注意在输出数据时

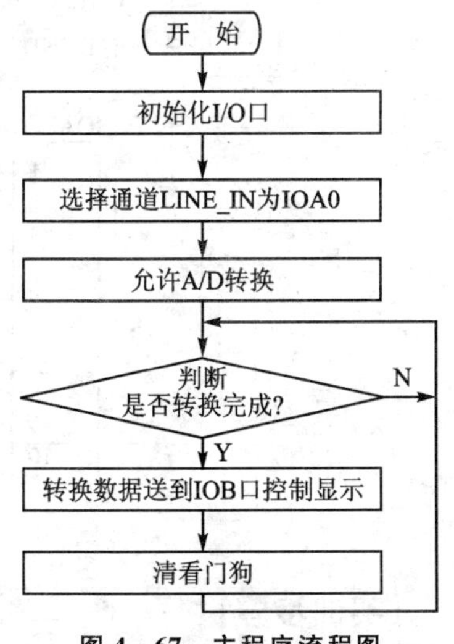

图 4-67 主程序流程图

始终要给 IOB6 输出高电平，选择 8 个 LED 的负极为低电平；如果没有完成，则继续判断，等待转换完成。

4.17.4 训练提示

【实训目的】

① 了解 ADC 输入接口的结构与 A/D 转换原理。

② 熟悉模拟量输入口 LINE_IN1～LINE_IN7 的使用方法。

③ 掌握 P_ADC、P_ADC_Ctrl、P_ADC_MUX_Ctrl、P_ADC_MUX_Data 单元的设置方法。

④ 掌握 SPCE061A 单片机 A/D 转换的编程方法。

【实训设备】

① 装有 Windows 系统和 μ'nSP™ IDE 集成开发环境的 PC 机 1 台，SPCE061A 实验仪 1 套。

② 本实训用到的实验仪硬件模块为 CPU 区电路模块，供电电路模块，下载模式选择电路模块，I/O 口引出接口模块，LED 指示灯电路模块，模拟电压(0～3.3V)输入电路模块。

【硬件连接】

硬件连接图如图 4－68 所示，IOB6 连接 LED_DIG 的 DIG5；IOB 口的高 8 位 IOB8～IOB15 连接 8 个发光二极管 LED_SEG 的 a～h；IOA0 连接实验仪中 0～3.3 V 接口；即跳线短接 LED_DIG 的最下面一排引针，用 8 脚排线将实验仪 IOBHIG 的中间 8 个引针与 LED_SEG 的右面一排引针连接起来，用排线将 0～3.3 V 接口的任一引针和 IOALOW 的 IOA0 引针连接起来。

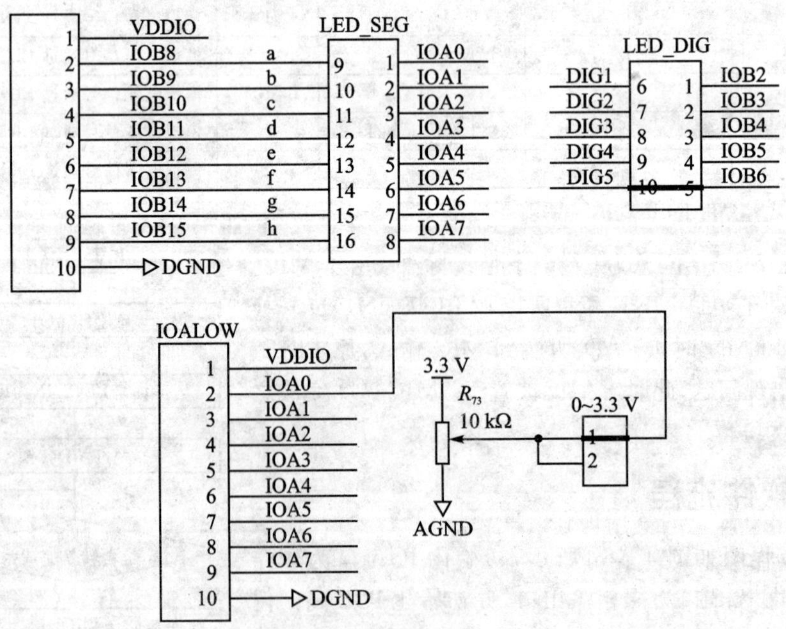

图 4－68 硬件连接图

【实训步骤】

① 根据程序流程图编写汇编语言程序。

② 选择 Rebuild All 选项。

③ 根据硬件连接图连接硬件电路，注意拔掉 LCD 的接口$\overline{CS}$和 IOB2 连接的跳线。

④ 下载程序，运行。

⑤ 改变 R_{73}电位器，观察发光二极管状态，分析 A/D 转换结果。

4.17.5 拓展训练

练习 ADC 工作在自动方式下的转换，利用 0～3.3 V 直流电平输入电路输入变化的电平，LINE_IN 选择为 IOA4，A/D 转换结果通过 IOB 口输出控制 8 个发光二极管(LED)显示。

4.18 实训十八 双通道 D/A

4.18.1 实训内容

① 编程要求：编写一个汇编语言程序。

② 实现功能：通过编程实现一个锯齿波的 D/A 转换。

③ 实验现象：将实验仪的两通道 DAC 输出 DAC1 或者 DAC2 分别接示波器 CH1，可以观察到锯齿波形。如果把实验仪音频通道选择接口的跳线设置为靠近“DAC1”或者“DAC2”字样的两个引针短接，同时还可以听到扬声器有持续间断的声音。具体为 DAC1 还是 DAC2，根据读者自己的程序和扬声器连接情况确定。这个实验中规定扬声器和上面的一个扬声器接口连接，示波器连接 DAC1，把实验仪音频通道选择接口的跳线设置为靠近“DAC1”字样的两个引针短接。

4.18.2 知识要点

SPCE061A 片内集成有两个 D/A 转换器，DAC 结果分别从 DAC1 和 DAC2 两个引脚输出，且为电流型输出，最大的输出电流为 3 mA。实验仪中，如果音频通道选择接口的跳线设置为靠近“DAC1”或者“DAC2”字样的两个引针短接，则 DAC1 和 DAC2 输出的电流信号会流经 SPY0030，进行功率放大，并把信号送至喇叭，所以本实训可以通过喇叭“听”到实训的结果。DAC1 和 DAC2 转换输出的模拟量所对应的数字量输入分别对应有两个寄存器，即 P_DAC1 和 P_DAC2。

DAC 可直接将 DAR 的数据锁存到 DAC 中，也可以采用定时中断的方法，即定时器溢出时响应中断，在中断中写输入数据到 P_DAC1 和 P_DAC2 单元中。

DAC 输出方式下的数据锁存方式可以通过设置控制单元 P_DAC_Ctrl 来选择。P_DAC_Ctrl 单元的控制功能如表 4-19 所列。它的 b0 总为 0，用于双 DAC 音频输出。

本实训要求转换锯齿波。锯齿波的模拟和数字量化波形分别如图 4-69 所示。

根据锯齿波的数字量化波形可以看出，转换成模拟锯齿波的数字量应该是前一次数据加一个相同的数，即 P_DAC1 和 P_DAC2 两个单元的数据送入前每次都要加一个相同的数，这个相同的数指的是锯齿波的步进值，步进值决定一个周期内取点的个数，本实训中这个步进值取为 0x0040。

事实上，受 DA 的最高限输出限制，在 DAC 输出值接近最高值时，会出现非线性失真，原因有两方面，一是 DAC 本身存在的高端非线性，二是受 DAC 的输出能力所限。

表 4－19　P_DAC_Ctrl 单元

b8	b7	b6	b5	b4	b3
DAC1_Latch(写)		DAC2_Latch(写)		AD_Latch(写)	
00：直接将 DAR1 内数据锁存到 DAC1 内(默认设置) 01：通过 TimerA 溢出将 DAR1 内的数据锁存到 DAC1 内 10：通过 TimerB 溢出将 DAR1 内的数据锁存到 DAC1 内 11：通过 TimerA 或 TimerB 的溢出将 DAR1 内的数据锁存到 DAC1 内		00：直接将 DAR2 内数据锁存到 DAC2 内(默认设置) 01：通过 TimerA 溢出将 DAR2 内的数据琐存到 DAC2 内 10：通过 TimerB 溢出将 DAR2 内的数据锁存到 DAC2 内 11：通过 TimerA 或 TimerB 的溢出将 DAR2 内的数据琐存到 DAC2 内		00：通过 ADC(读)(7014H)触发 ADC 自动转换(默认设置) 01：通过 TimerA 溢出触发 A/D 转换 10：通过 TimerB 溢出触发 A/D 转换 11：通过 TimerA 或 TimerB 的溢出触发 A/D 转换	

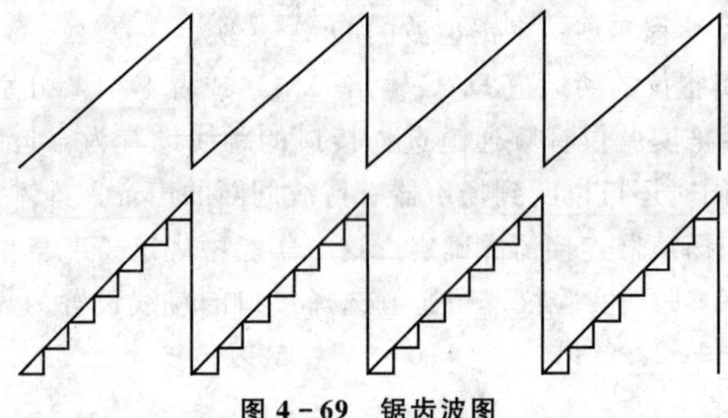

图 4－69　锯齿波图

4.18.3　软件流程

主程序流程图如图 4－70 所示。设置 P_DAC_Ctrl；设置步进值，由于 SPCE061A 的 DAC 是 10 位的，而且是高 10 位 b15～b6，所以步进值必须设置为 0x0040 的倍数，这里设置为 0x0040；进入 D/A 转换循环进行 D/A 转换，转换结果通过 DAC1 和 DAC2 输出；延时后加步进值；执行清看门狗操作。

开始
设置控制单元 P_DAC_Ctrl
设置锯齿波步进值
D/A转换，输出转换结果
延时
加步进值
清看门狗

图 4－70　主程序流程图

4.18.4　训练提示

【实训目的】

① 熟悉 D/A 转换原理。

② 掌握 P_DAC2、P_DAC1 和 P_DAC_Ctrl 单元的设置方法。

【实训设备】

① 装有 Windows 系统和 μ'nSP™ IDE 集成开发环境的 PC 机 1 台，SPCE061A 实验仪 1 套，示波器 1 台。

② 本实训用到的实验仪硬件模块为 CPU 区电路模块，供电电路模块，下载模式选择电路模块，DAC 输出电路模块。

【硬件连接】

硬件连接图如图 4-71 所示。当从音频输出电路听锯齿波时，把音频通道选择接口(在扬声器接口右边的蓝色电位器旁边)的靠近“DAC1”字样的两个引针短接，即把标有“DAC1”和“音频”的两个引针用跳线短接；示波器观察时，把标有“DAC1”的引针连接到示波器的 CH1。

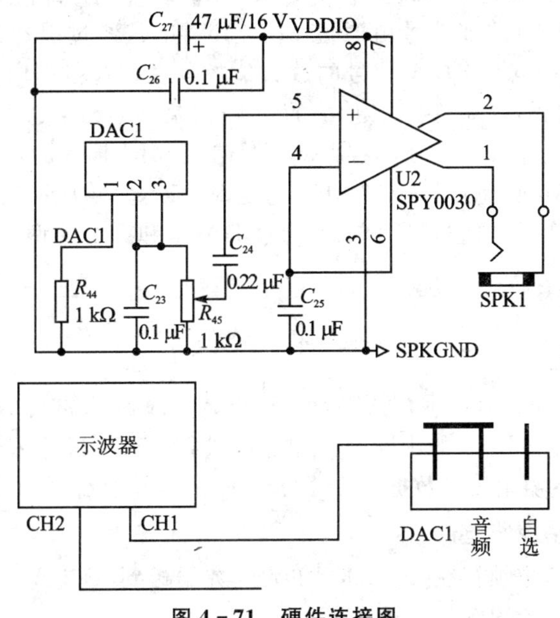

图 4-71 硬件连接图

【实训步骤】

① 按照程序流程图编写汇编语言程序。

② 选择 Rebuild All 选项。

③ 按照硬件连接图连接硬件，注意 DAC1 和示波器的连接及通道的选择，当上面一个扬声器通道连接扬声器时，一定要把标有“DAC1”和“音频”的两个引针用跳线短接。

④ 下载程序、运行。

⑤ 观察示波器，听扬声器发出的声音，分析是不是和实训要求相统一。

4.18.5 拓展训练

练习采用定时中断即 IRQ1_TMA 的方式进行转换。编程实现三角波、方波、梯形波等各种波形的 D/A 转换并观察实验结果。

4.19 实训十九 一路输入的录音

4.19.1 实训内容

① 编程要求：编写一个汇编语言程序。

② 实现功能：通过编程实现实时录/放音的功能，采用自动方式，即定时器 A 溢出执行 ADC 转换，通过实验仪两个音频通道播放。

③ 实验现象：把 MIC 录入的声音实时地播放出来，例如，对着麦克讲“你好”，就会听到与实验仪连接的扬声器播放“你好”的声音。在实训时，可能会出现啸叫声，这是正常的。

4.19.2 知识要点

4.17 节讲了 ADC 由通道 LINE_IN[1：7]即 IOA[0：6]输入信号时的工作方法，本实训也是 ADC 实训的一种，但外部信号由通道 MIC_IN 输入，经过缓冲器并经过放大器放大，SPCE061A 内置的 AGC 电路将模拟信号的放大值控制在一定范围内，放大后的信号经采样—保持模块被送至比较器，参与 A/D 转换值的转换，最后转换结果送入 P_ADC($7014H)。

本实训中，当从麦克输入语音时，P_ADC 单元储存 MIC 输入的数据。因为 A/D 转换的采样率是 8 kHz，所以实训中利用一个 8 kHz 的定时中断，每响应一次中断，把 P_ADC 单元的数据送到 P_DAC1 单元和 P_DAC1 单元，通过 DAC1 和 DAC2 两个通道输出、播放。

4.19.3 软件流程

1. 主程序流程图

主程序流程图如图 4-72 所示，在主程序里，设置定时器 A 的计数时钟频率为 $f_{osc}/2$，溢出频率为 8 kHz，并在定时器 A 的中断服务程序中进行 MIC_IN 输入通道的 ADC 采样。输出音频通过定时器 A 的溢出锁存数据，ADC 为自动方式，开中断 IRQ1 语音采样并进行放音。

2. 中断服务程序流程图

在中断服务程序中，把锁存在[P_ADC]单元的数据送到[P_DAC1]和[P_DAC2]单元输出、播放。中断服务程序流程图如图 4-73 所示。

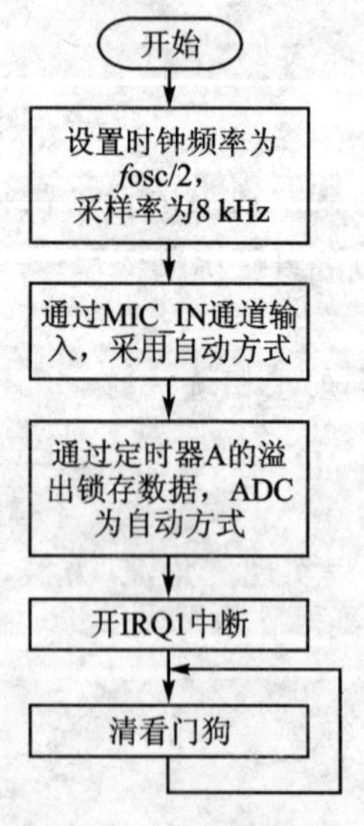

图 4-72 主程序流程图

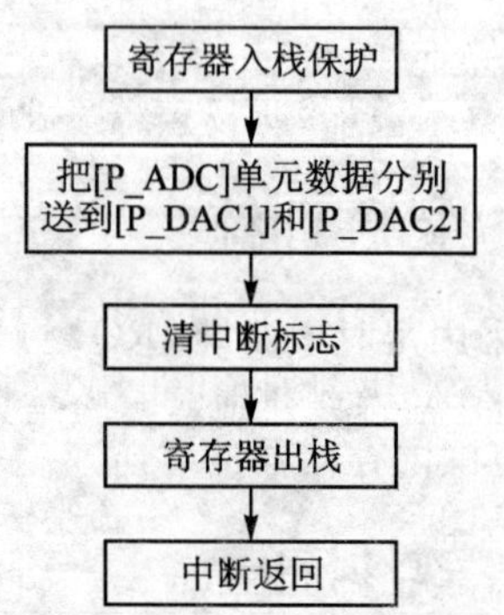

图 4-73 中断服务程序流程图

4.19.4 训练提示

【实训目的】

① 熟悉 ADC 输入接口的结构、A/D 转换原理和麦克风输入口 MIC_IN 的使用方法。

② 进一步掌握 P_ADC、P_ADC_Ctrl、P_DAC1、P_DAC2、P_DAC_Ctrl 单元的设置方法。

【实训设备】

① 装有 Windows 系统和 μ'nSP™ IDE 集成开发环境的 PC 机 1 台，SPCE061A 实验仪1 套。

② 本实训用到的实验仪硬件模块为 CPU 区电路模块，供电电路模块，下载模式选择电路模块，音频 MIC 输入、DAC 输出电路模块。

【实训步骤】

① 按照程序流程图编写汇编语言程序。

② 选择 Rebuild All 选项。

③ 把扬声器插在上面扬声器接口上，并注意把标有"DAC1"和"音频"的两个引针用跳线短接。

④ 下载程序到实验仪，运行程序。

⑤ 通过 MIC 录入语音，根据与实验仪连接的扬声器播放的音乐判断是否符合实训要求。

4.20 实训二十 片内 2K 字 SRAM 的读/写

4.20.1 实训内容

① 编程要求：编写一个汇编语言程序。

② 实现功能：向 2K 字的 SRAM(0x0000～0x07FF)地址中的某段存储空间写入数据，然后再读出来。

③ 实验现象：如果读出来的数据正确，则点亮前 4 个发光二极管(LED)；如果错误，则点亮 8 个发光二极管(LED)。

4.20.2 知识要点

SPCE061A 有 2K 字的 SRAM(包括堆栈区)，其地址范围为 0x0000～0x07FF。前 64 字(0x0000～0x003F 地址)可采用 6 位地址直接地址寻址方法，寻访速度为 2 个 CPU 时钟周期，其余地址范围内存储器的寻访速度为 3 个 CPU 时钟周期。

4.20.3 软件流程

1. 主程序流程图

主程序流程图如图 4-74 所示。在主程序中，初始化 A 口和 IOB6 口为同相输出口，并初始化 A 口的输出状态为低电平、IOB6 的输出状态为高电平，调用写 SRAM 程序写入数据，然后调用读SRAM程序读出之前写入的数据并进行数据的对比。

2. 读/写SRAM程序流程图

无论是写SRAM还是读SRAM,SPCE061A都是以字为单位进行的。当读出的数据正确,则点亮4个发光二极管,即给IOA口送数据0x000F;错误时,点亮8个发光二极管,即IOA口送数据0x00FF。读/写SRAM程序流程图如图4-75所示。

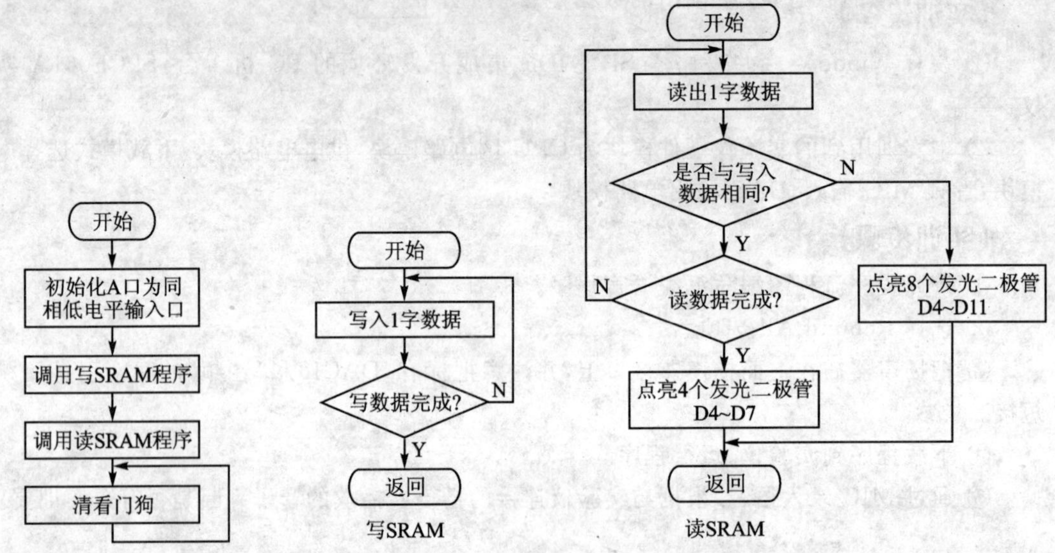

图4-74 主程序流程图　　图4-75 读/写SRAM程序流程图

4.20.4 训练提示

【实训目的】

① 通过实训熟悉SPCE061A 2K字SRAM的读/写原理。

② 掌握SPCE061A 2K字SRAM的读/写编程方法。

【实训设备】

① 装有Windows系统和μ'nSP™ IDE集成开发环境的PC机1台,SPCE061A实验仪1套。

② 本实训用到的实验仪硬件模块为CPU区电路模块,供电电路模块,下载模式选择电路模块,I/O口引出接口模块,LED指示灯电路模块。

【硬件连接】

硬件连接图如图4-76所示,IOB6连接LED_DIG的DIG5,即用跳线把LED_DIG的最下面一排引针短接;IOA低8位IOA0～IOA7连接8个发光二极管LED_SEG的a～h,即用跳线把LED_SEG的左右两排引针短接。

【实训步骤】

① 按照程序流程图编写汇编语言程序。

② 选择Rebuild All选项。

③ 按照硬件连接图连接硬件，注意拔掉LCD的接口$\overline{CS}$和IOB2连接的跳线。

④ 下载程序、运行。

⑤ 打开寄存器观察窗口及变量观察窗口，观察读出的数据，并观察8个发光二极管(LED1～LED8)的状态，分析读出的数据是否正确。

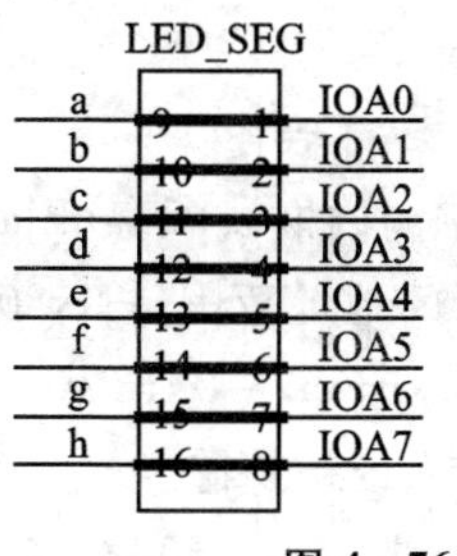

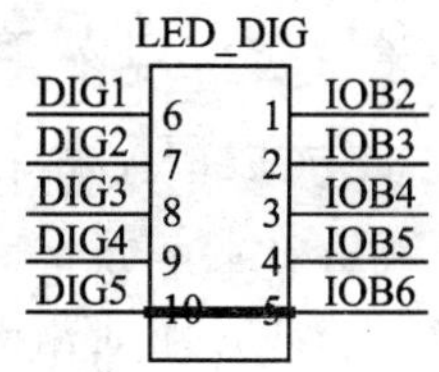

图4-76 硬件连接图

4.21 实训二十一 32K字Flash的读/写

4.21.1 实训内容

① 编程要求：编写一个汇编语言程序。

② 实现功能：检测Flash读/写数据是否正确，即读出0xA000地址单元数据，输出控制发光二极管显示，读出数据加1，写入0xA000地址单元，复位后读出0xA000地址单元数据，输出控制发光二极管显示，根据发光二极管显示状态判断读出数据是否正确，以验证数据保存在片内Flash中，在断电的、复位的情况下可以保证数据不丢失。

③ 实验现象：运行，发光二极管全部点亮；按复位键，所有发光二极管被熄灭；按复位键，第一个发光二极管点亮；再按复位键，第二个发光二极管点亮；接着按复位键，第一个和第二个发光二极管点亮；依次类推，按复位键后发光二极管显示状态对应的数据是复位前显示状态对应的数据加1。点亮与熄灭状态顺序如表4-20所示。"●"表示二极管是点亮状态，"○"表示二极管是熄灭状态。表中LED1～LED8为实验仪上的8个发光二极管。

表4-20 8个发光二极管状态

序号	LED8	LED7	LED6	LED5	LED4	LED3	LED2	LED1
0	○	○	○	○	○	○	○	○
1	○	○	○	○	○	○	○	●
2	○	○	○	○	○	○	●	○
3	○	○	○	○	○	○	●	●
4	○	○	○	○	○	●	○	○
5	○	○	○	○	○	●	○	●
6	○	○	○	○	○	●	●	○
7	○	○	○	○	○	●	●	●
8	○	○	○	○	○	○	○	○
9	○	○	○	○	○	○	○	●
⋮	⋮	⋮	⋮	⋮	⋮	⋮	⋮	⋮
254	●	●	●	●	●	●	●	○
255	●	●	●	●	●	●	●	●
256	○	○	○	○	○	○	○	○
257	○	○	○	○	○	○	○	●

4.21.2 知识要点

SPCE061A 有 32K 字的内嵌式闪存(Flash),这 32K 字的闪存被划分为 128 页(每页的存储容量为 256 字),第一页的地址范围是 0x8000～0x80FF;最后一页的地址范围是 0xFF00～0xFFFF。它们均可在 ICE 工作方式下被编程写入或被擦除。

Flash 的控制端的地址为 0x7555(P_Flash_Ctrl = 0x7555)

Flash 的匹配数据为 0xAAAA(C_FLASH_MATCH = 0xAAAA)

Flash 的页擦除控制字为 0x5511(C_FLASH_PAGE_ERASE=0x5511)

Flash 的字写入控制字为 0x5533(C_FLASH_1WORD_PGM=0x5533)

Flash 的顺序写入多字的控制字为 0x5544(C_FLASH_SEQUENT_PGM=0x5544)

Flash 的页擦除的过程如图 4-77 所示。

Flash 写入字的过程如图 4-78 所示。

Flash 的顺序写入多字的过程如图 4-79 所示。

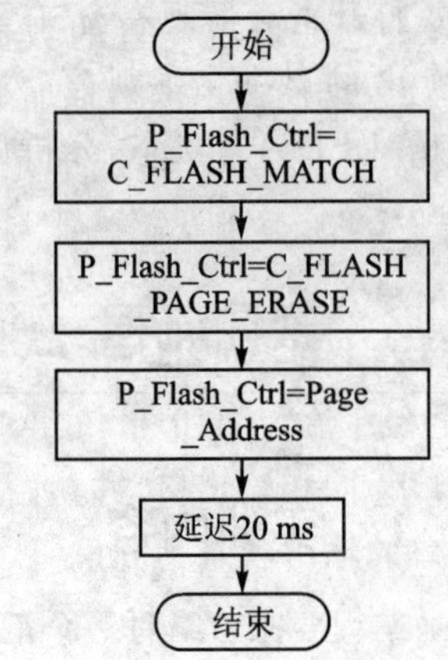

注：Page_Address 为擦除页的地址。例如,擦除第 32 页,则页地址可为 0xA0XX(X 可为任意数据)。

图 4-77 Flash 的页擦除流程图

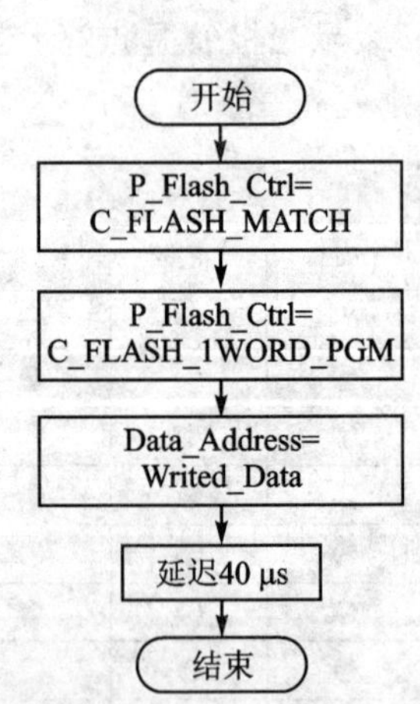

注：Data_Address 为被写数据的存储地址(0x8000～0xFFFF),Writed_Data 为被写数据。

图 4-78 Flash 写入字的流程图

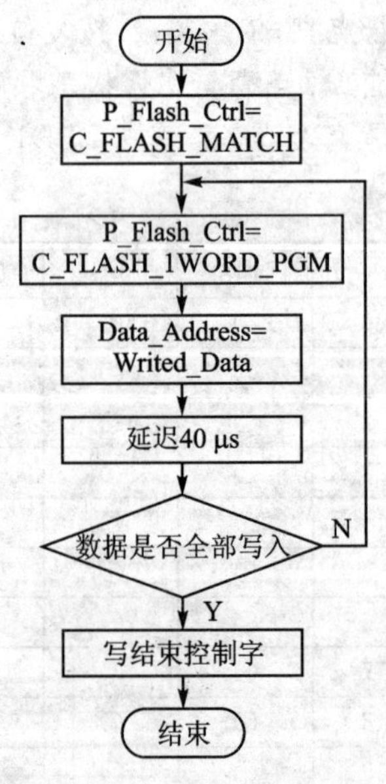

图 4-79 Flash 的顺序写入多字

Flash 按顺序写入多字的子程序中,在写结束时,需要写入一个数据(可以为任意数)到 P_Flash_Ctrl 寄存器当中,以结束当前多字写入状态。

以上各子程序中,延时由硬件完成,用户无需在软件中作软件的延时。

本实训中在没有写 Flash 时，(如果 Flash 已经擦除)读出 0xA000 的数据是 0xFFFF，所以在开始时读出的数据是 0xFFFF，发光二极管全部亮。写入 Flash 数据，在按复位键后，0xA000 地址单元里的数据仍然是复位前写入的数据。因此，只要每次读出的数据加 1，再存储到 0xA000 地址单元，复位后读出 0xA000 地址单元数据控制发光二极管显示，通过发光二极管显示状态就能判断读出的数据是否正确。

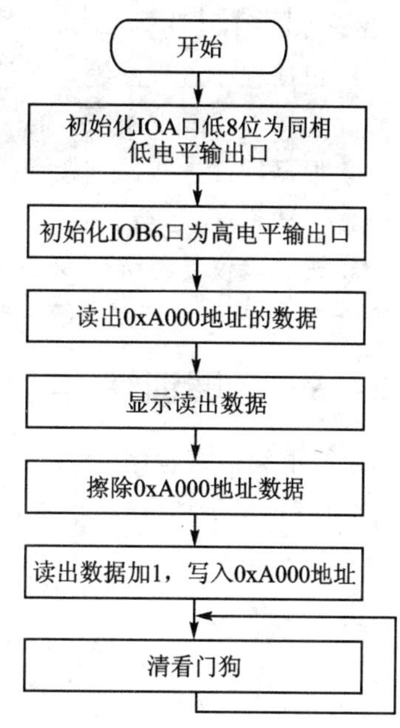

图 4-80 主程序流程图

4.21.3 软件流程

主程序流程图如图 4-80 所示。初始化 A 口低 8 位和 IOB6 口为同相输出口，并初始化 A 口的输出状态为低电平、IOB6 口的输出状态为高电平，即设置 8 个 LED 的负极为低电平；读出 0xA000 地址数据(读出数据为上次写入 0A000 地址的数据)，送读出数据到 IOA 口控制发光二极管显示；擦除 0xA000 地址的数据；把读出显示的数据加 1，写入 0xA000 地址单元；进入主程序循环，执行清看门狗操作。

4.21.4 训练提示

【实训目的】

① 熟悉 SPCE061A 的 32K 字 Flash 读/写原理。

② 掌握 SPCE061A 的 32K 字 Flash 读/写编程方法。

【实训设备】

① 装有 Windows 系统和 μ'nSP™ IDE 集成开发环境的 PC 机 1 台，SPCE061A 实验仪 1 套。

② 本实训用到的实验仪硬件模块为 CPU 区电路模块，供电电路模块，下载模式选择电路模块，I/O 口引出接口模块，LED 指示灯电路模块。

【硬件连接】

硬件连接图如图 4-81 所示，IOB6 连接 LED_DIG 的 DIG5，即用跳线把 LED_DIG 的最下面一排引针短接；IOA 低 8 位 IOA0～IOA7 连接 8 个发光二极管 LED_SEG 的 a～h，即用跳线把 LED_SEG 的左右两排引针短接。

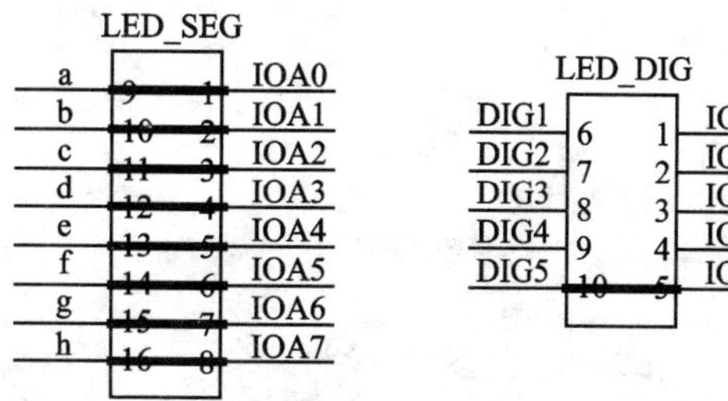

图 4-81 硬件连接图

【实训步骤】

① 根据程序流程图编写汇编语言程序。

② 选择 Rebuild All 选项。

③ 根据硬件连接图连接硬件，注意拔掉 LCD 的接口 $\overline{CS}$和 IOB2 连接的跳线。

④ 下载程序，运行。

⑤ 按实验仪复位键（在 SPCE061A 芯片的右边），观察各个发光二极管（LED1～LED8）的状态，分析是否和实训要求统一。

4.21.5 拓展训练

编写汇编语言程序，向 32K 字 Flash 的第 20 页和第 21 页写入一段英文短文，读出这些数据到寄存器，单步运行，通过寄存器观察窗口和变量观察窗口观察读出的数据是否正确。

第5章 语音编程实训

5.1 实训一 SACM_A2000 自动播放

5.1.1 实训内容

① 编程要求：主程序使用 C 语言编写，中断服务程序使用汇编语言编写。

② 实现功能：用 SACM_A2000 格式播放两段音乐。要求利用自动方式、DAC1 单通道播放语音，并且循环播放。

5.1.2 知识要点

1. 凌阳语音算法

凌阳音频压缩算法根据不同的压缩比分为以下几种：

- SACM_A2000：压缩比为 8∶1，8∶1.25，8∶1.5；
- SACM_S480：压缩比为 80∶3，80∶4.5；
- SACM_S240：压缩比为 80∶1.5。

2. SACM_A2000

在上面的算法介绍中可以看到 SACM_A2000 压缩算法压缩比较小（8∶1），所以具有高质量、高码率的特点，适用于高保真音乐和语音。

3. SACM_A2000 自动播放方式的 API 函数

SACM_A2000 自动播放方式相关的 API 函数如下：

```
int SACM_A2000_Initial(int Init_Index)                                //初始化
void SACM_ A2000_ServiceLoop(void)                                    //获取语音资料，填入译码队列
void SACM_ A2000_Play(int Speech_Index,int Channel,int Ramp_Set)      //播放
void SACM_ A2000_Stop(void)                                           //停止播放
void SACM_A2000_Pause  (void)                                         //暂停播放
void SACM_A2000_Resume(void)                                          //暂停后恢复
void SACM_A2000_Volume(Volume_Index)                                  //音量的控制
unsigned int SACM_A2000_Status(void)                                  //获取模块的状态
Call F_FIQ_Service_ SACM_A2000                                        //中断服务函数
```

下面分别对各个函数进行具体介绍：

(1)【API 格式】

C：int SACM_A2000_Initial(int Init_Index)

ASM：R1=[Init_Index]

Call F_ SACM_ A2000_Initial

【功能说明】 SACM_A2000 语音播放之前的初始化。

【参数】

Init_Index=0 表示手动方式；

Init_Index=1 则表示自动方式。

【返回值】

0：代表语音模块初始化失败；

1：代表初始化成功。

【备注】 该函数用于对定时器、中断和 DAC 等的初始化。

(2)【API 格式】

C：void SACM_A2000_ServiceLoop(void)

ASM：Call F_ SACM_A2000_ServiceLoop

【功能说明】 从资源中获取 SACM_A2000 语音资料，将其填入解码队列中，并进行解码、填充播放队列的操作。

【参数】 无。

【返回值】 无。

【备注】 播放语音文件中数据，当出现 FF FF FFH 数据时便停止播放。

(3)【API 格式】

C：int SACM_A2000_Play(int Speech_Index,int Channel,int Ramp_Set)

ASM：R1=[Speech _Index]

R2=[Channel]

R3=[Ramp_Set]

Call SACM_A2000_Play

【功能说明】 播放资源中 SACM_A2000 语音。

【参数】

Speech _Index ：语音索引号。

Channel：1.通过 DAC1 通道播放；

2.通过 DAC2 通道播放；

3.通过 DAC1 和 DAC2 双通道播放。

Ramp_Set：0.禁止音量增/减调节；

1.仅允许音量增调节；

2.仅允许音量减调节；

3.允许音量增/减调节。

【返回值】 无。

【备注】

① SACM_A2000 的数据率有 16 Kbits/s，20 Kbits/s，24 Kbits/s 三种，Decoder 可在同

一模块的几种算法中自动选择一种。

② Speech_Index 是定义在 resource. asm 文件中资源表(T_SACM_A2000_SpeechTable)的偏移地址。

③ 中断服务子程序中 F_FIQ_Service_ SACM_ A2000 必须放在 TMA_FIQ 中断向量上(参见 SPCE061A 的中断系统)。

④ 函数允许 TimerA 以所选的数据采样率(计数溢出)中断。

(4)【API 格式】

C:void SACM_ A2000_Stop(void)

ASM:Call F_ SACM_ A2000_Stop

【功能说明】 停止播放 SACM_ A2000 语音。

【参数】 无。

【返回值】 无。

(5)【API 格式】

C:void SACM_ A2000_Pause (void)

ASM:Call F_ SACM_ A2000_Pause

【功能说明】 暂停播放 SACM_ A2000 语音。

【参数】 无。

【返回值】 无。

(6)【API 格式】

C:void SACM_ A2000_Resume(void)

ASM:Call F_ SACM_ A2000_Resume

【功能说明】 恢复暂停播放的 SACM_ A2000 语音。

【参数】 无。

【返回值】 无。

(7)【API 格式】

C:void SACM_ A2000_Volume(Volume_Index)

ASM:R1=[Volume_Index]

Call F_Model-Index_Volume

【功能说明】 在播放 SACM_ A2000 语音时改变主音量。

【参数】 Volume_Index 为音量数,音量从最小到最大可在 0~15 之间选择。

【返回值】 无。

(8)【API 格式】

C:unsigned int SACM_ A2000_Status(void)

ASM:Call F_ SACM_ A2000_ Status

【返回值】=R1

【功能说明】 获取 SACM_ A2000 语音播放的状态。

【参数】 无。

【返回值】 当 R1 的值 bit0=0 时,表示语音播放结束;当 R1 的值 bit0=1 时,表示语音在播放中。

(9)【API 格式】

ASM：Call F_FIQ_Service_ SACM_ A2000

【功能说明】 用作 SACM_A2000 语音背景程序的中断服务子程序。通过前台子程序（自动方式的 SACM_ A2000_ServiceLoop 及手动方式的 SACM_ A2000_Decode）对语音资料进行解码，然后将其送入 DAC 通道播放。

【参数】 无。

【返回值】 无。

【备注】

① SACM_ A2000 语音背景子程序只有汇编指令形式，且应将此子程序安置在 TMA_FIQ 中断源上。

② 这个函数会破坏寄存器 R1～R5 的内容，在使用前需对这些寄存器进行保护。

4. SACM_A2000 格式的语音自动播放

凌阳 SACM_A2000 压缩算法有两种语音播放方式：自动方式和手动方式。手动方式会在下一个实验中介绍。凌阳 SACM_A2000 压缩算法的语音播放要经过一个语音播放初始化，即初始化为自动方式或者手动方式，取数据，填充语音队列（或者是解压缩队列），解压缩，输出播放的过程。自动播放时，取数据，填充语音队列及解压缩只要调用 SACM_A2000_ServiceLoop()一个函数就可以实现，如图 5-1 所示。

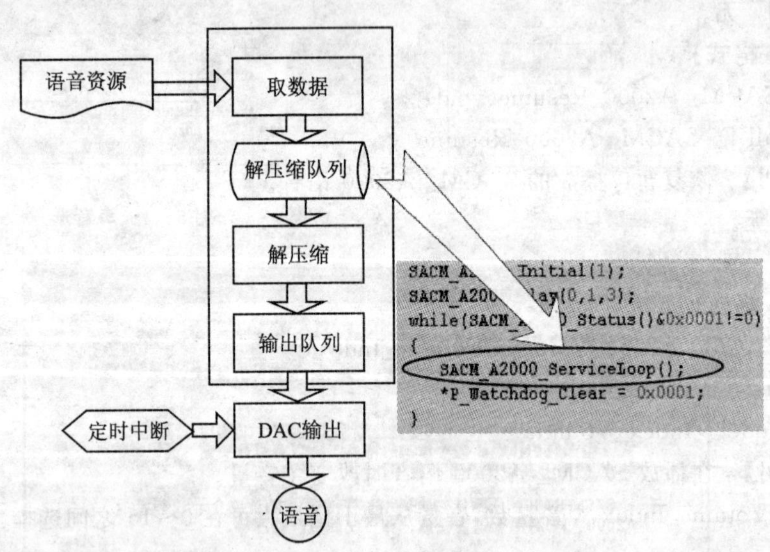

图 5-1 自动播放

5. 语音压缩

凌阳语音压缩工具（Compress Tool）支持.wav 格式的语音压缩，但要求压缩语音资源属性为 8.000 kHz，16 位，单声道。Compress Tool 的安装软件在凌阳大学计划网站的下载专区可以找到，下载安装软件后，按照默认的方式进行安装。

如果语音属性不是 8.000 kHz，16 位，单声道，可以用 Windows 自带的录音机软件去处理。处理方法如下：

打开录音机，打开要压缩的.wav 格式的语音文件，如图 5-2 为打开属性窗口。

单击“属性”选项，打开属性对话框，如图 5-3 所示。

单击“立即转换”按钮，打开如图 5-4 所示的对话框。

选择“8.000 kHz,16 位,单声道”,单击“确定”按钮，保存到桌面上。

处理语音资源为“8.000 kHz,16 位,单声道”时，就可以对.wav 格式语音资源进行压缩了。其压缩方法如下：

选择“开始”→“程序”→Compress Tool 选项，打开语音压缩工具，其界面如图 5-5 所示。

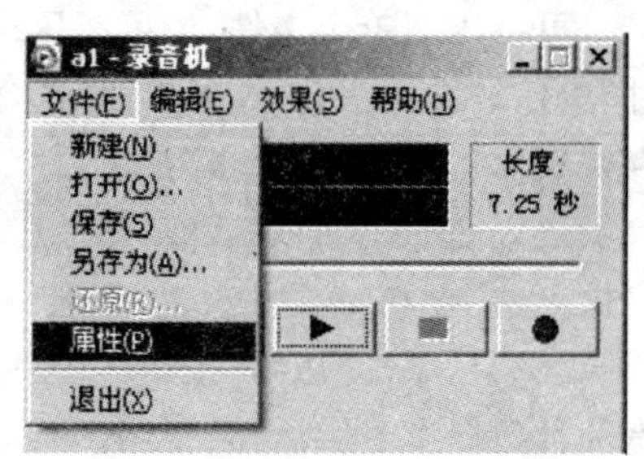

图 5-2 录音机界面

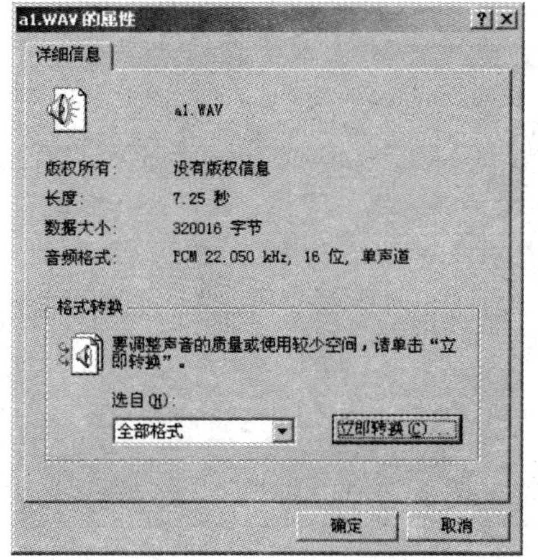

图 5-3 属性窗口

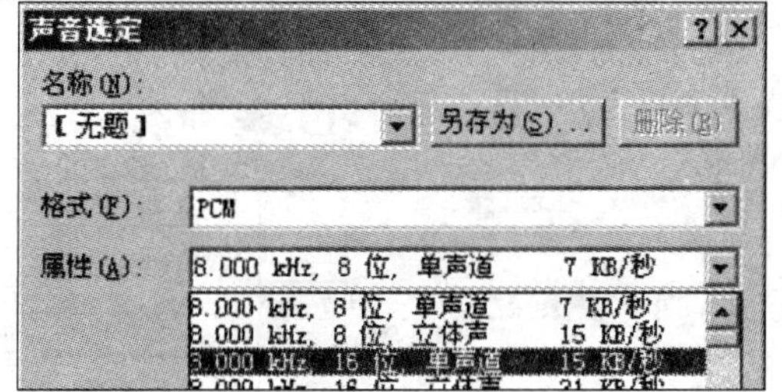

图 5-4 声音选定

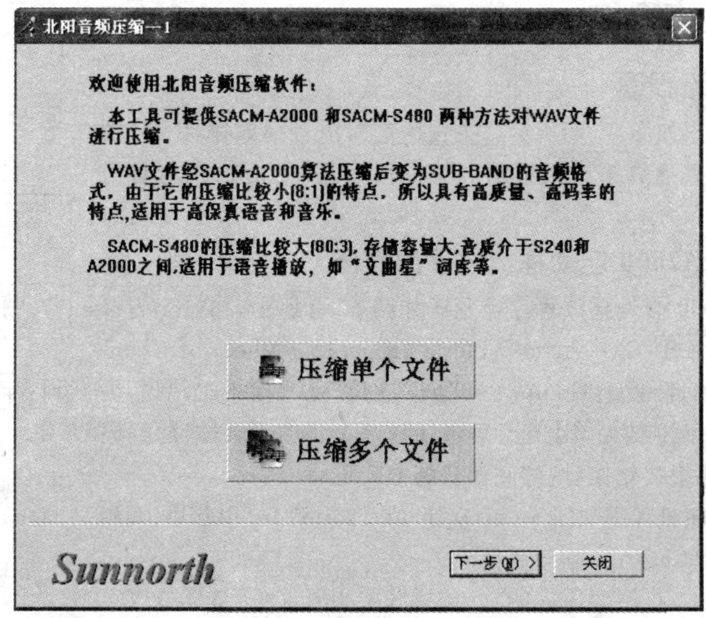

图 5-5 语音压缩第一步

可以压缩单个文件，也可以压缩多个文件。这里以压缩单个文件为例。单击“压缩单个文件”按钮。进入图5-6的界面，选择要压缩的语音文件(可以选择刚才处理好的文件，已经保存在桌面)，单击“下一步”按钮。

进入图5-7的对话框，选择压缩后的存储路径(这里在桌面上建立一个voice的文件夹，存储到这个voice文件夹里)和名称(这里利用默认名称)，并选择压缩算法和数据率(这里选择A2000)，单击“压缩”按钮。(凌阳科技目前提供A2000和S480两种语音压缩算法：A2000有3种数据率可供选择：16 Kbits/s，20 Kbits/s，24 Kbits/s)。

压缩成功后，就会显示“ok!”，如图5-7所示。

此时，单击“下一步”按钮，在下一个窗口里单击“完成”按钮，完成压缩，或者也可以单击“返回”按钮，继续压缩其他语音文件。

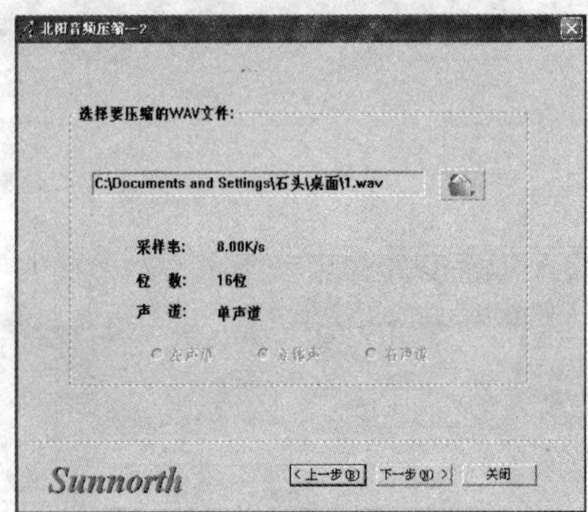

图5-6 语音压缩第二步

图5-7 语音压缩第三步

5.1.3 软件流程

1. 主程序流程图

主程序流程图如图5-8所示。主程序进行语音播放循环：分别调用语音播放函数播放第一段音乐和第二段音乐，之后执行清看门狗操作。

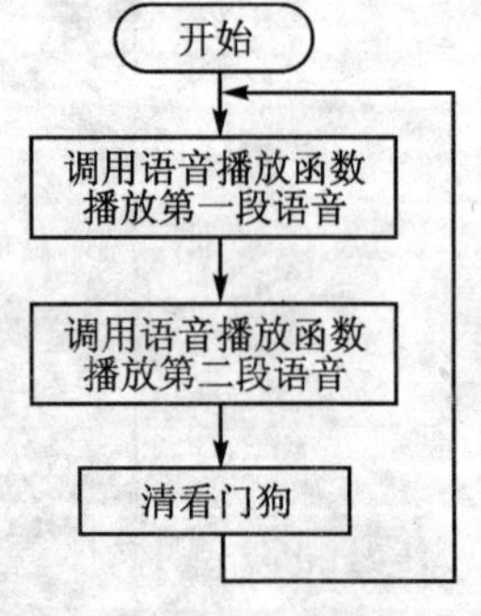

图5-8 主程序流程图

2. SACM_A2000 自动播放程序流程图

SACM_A2000自动播放程序流程图如图5-9所示，初始化为自动播放方式，调用SACM_A2000_Play(intSpeech_Index，int Channel，int Ramp_Set)函数选择DAC1单通道、声音可增减播放，判断播放是否结束。如果没结束，则调用语音播放系统服务函数进行解码并填充队列；如果播放结束，则停止语音播放。

中断服务程序流程图如图5-10所示，在FIQ_TMA中断里，调用F_FIQ_Service_SACM_A2000解码播放。

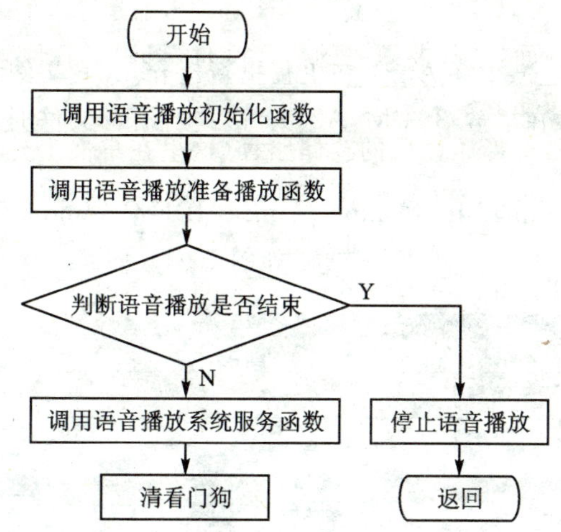

图 5-9　SACM_A2000 自动播放

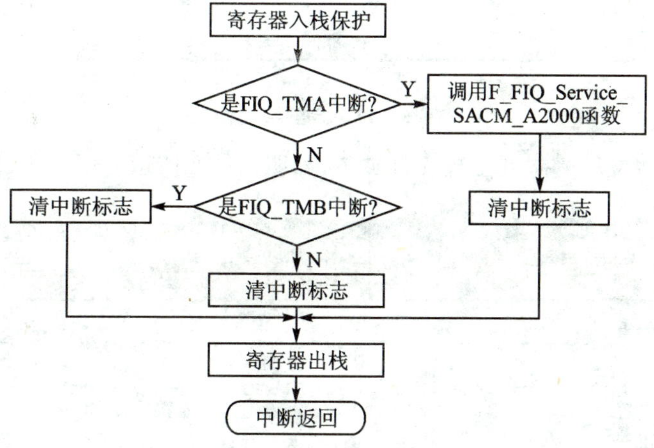

图 5-10　中断服务程序流程图

5.1.4　训练提示

【实训目的】

① 了解凌阳音频编码库及 SACM_A2000 算法。

② 熟悉 SACM_A2000 的语音头文件 a2000.h 和 a2000.inc 及 SACM_A2000 的 API 函数。

③ 掌握以 SACM_A2000 语音格式自动播放语音的方法及其编程方法。

【实训设备】

① 装有 Windows 系统和 μ'nSP™ IDE 集成开发环境的 PC 机 1 台，SPCE061A 实验仪1 套。

② 本实训用到的实验仪硬件模块为 CPU 区电路模块，供电电路模块，下载模式选择电路模块，DAC 输出电路模块。

【实训步骤】

① 新建一个工程 ex1_A2000_Auto，在工程里新建 main. c 文件和 isr. asm 文件。

② 复制头文件：由于在播放 SACM_A2000 格式的语音文件时，需要头文件 a2000. h 和 a2000. inc。其复制方法如下：

第一步：在 C:\Program Files\Sunplus\unSP IDE Common\Example\SPCE061A\include 里找到 a2000. h、a2000. inc 两个头文件，如图 5-11 所示。

图 5-11 找到头文件

第二步：把这些文件复制到工程文件夹下，如图 5-12 所示。

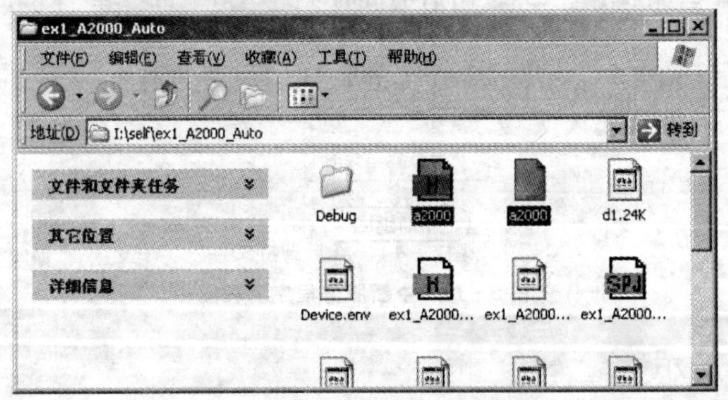

图 5-12 复制头文件

③ 复制支持文件：C:\Program Files\Sunplus\unSP IDE Common\Example\SPCE061A\include 里提供了定义硬件及相关函数的头文件和汇编文件。复制方法同上。

第一步：在 C:\Program Files\Sunplus\unSP IDE Common\Example\SPCE061A\include 里找到 hardware. h、hardware. inc、hardware. asm 文件。

第二步：把这些文件复制到工程文件夹下，如图 5-13 和图 5-14 所示。

④ 复制库文件：这里提供给大家的是 sacmv26e 语音库(文件名为 sacmv26e. lib)。步骤和复制支持文件类似。

第一步：在 C:\Program Files\Sunplus\unSP IDE Common\Example\SPCE061A\library 里找到 sacmv26e. lib 库文件，如图 5-15 所示。

第二步：复制 sacmv26e. lib 库文件到工程文件夹下，如图 5-16 所示。

图 5-13 找到支持文件

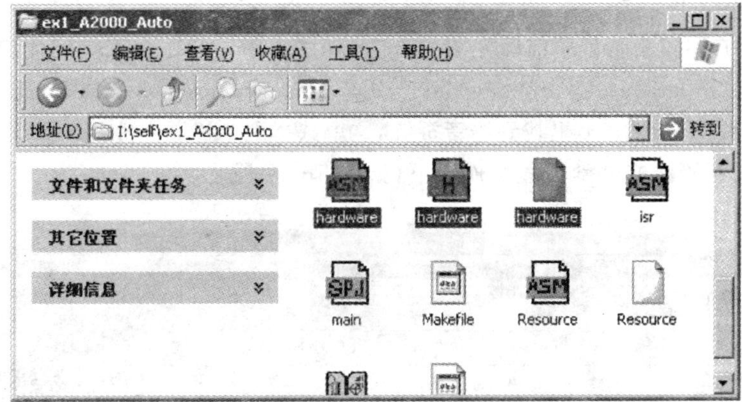

图 5-14 复制支持文件

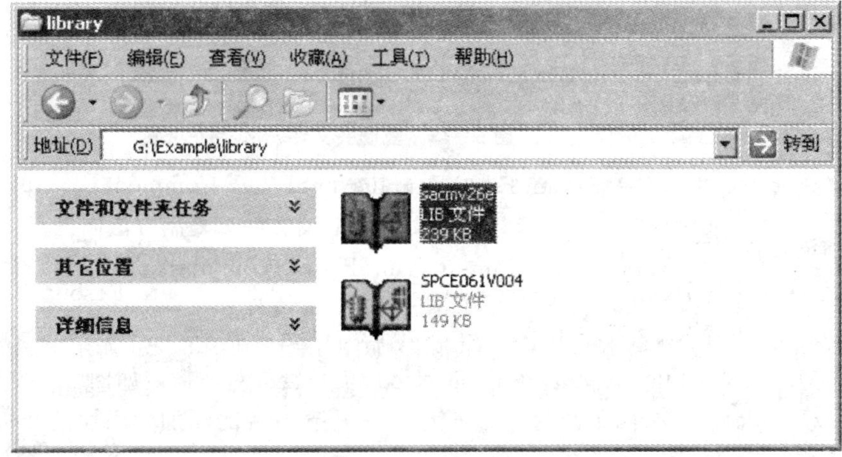

图 5-15 找到库文件

图 5-16 复制库文件

⑤ 复制资源文件。

第一步：用户可以自行依照前面介绍的方法，利用凌阳语音压缩工具制作自己喜欢的音频资源；或者在 C:\Program Files\Sunplus\unSP IDE Common\Example\SPCE061A\example\VoiceExa\ex1_A2000_Auto\Voice 里找到语音资源，这里选择两个资源文件：d1.24K 和 ww.16k。

第二步：复制资源文件到工程文件夹下，如图 5-17 所示。

图 5-17 复制语音文件

⑥ 添加语音资源文件：

第一步：在工程界面的 ResourceView 窗口选中 ex1_A2000_Auto Resource，右击，弹出如图 5-18 所示级联菜单，然后单击 Add Files to Folder 选项。

第二步：单击 Add Files to Folder 后，进入选择语音资源对话框。如图 5-19 所示，选择 d1.24K 和 ww.16k 两个文件，单击“打开”按钮，完成语音资源的添加。添加语音资源文件后的工程界面如图 5-20 所示。

⑦ 链接 sacmv26e.lib 库到工程中。

第一步：在 Project 的下拉菜单找到“Setting”选项，如图 5-21 所示。

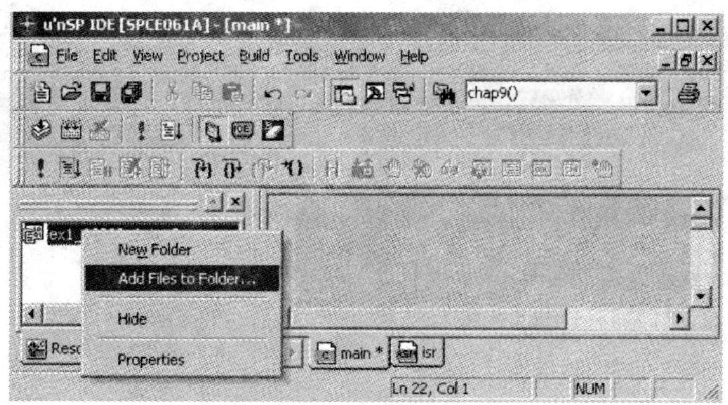

图 5 - 18　添加语音资源文件

图 5 - 19　语音资源文件对话框

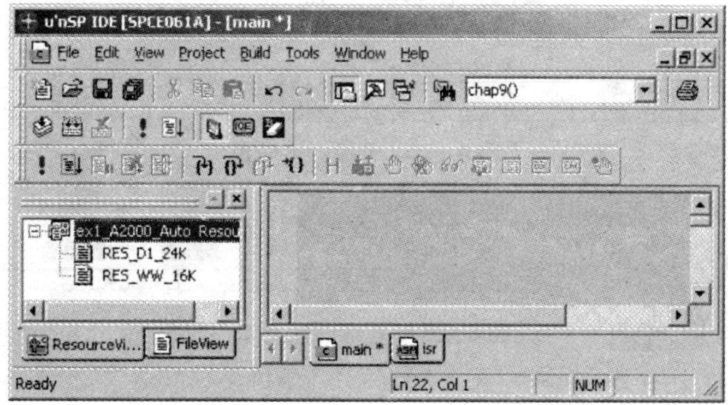

图 5 - 20　添加语音资源文件后的工程界面

第二步：单击 Setting 选项后，进入图 5 - 22 对话框，注意在打开的 Setting 对话框中，左边的树形图中选择最上面的工程根目录。

第三步：在“Link”对话框下可以看到“Library modules”，如图 5 - 22 椭圆框，单击后面的图标，选择库文件，进入图 5 - 23 的对话框。

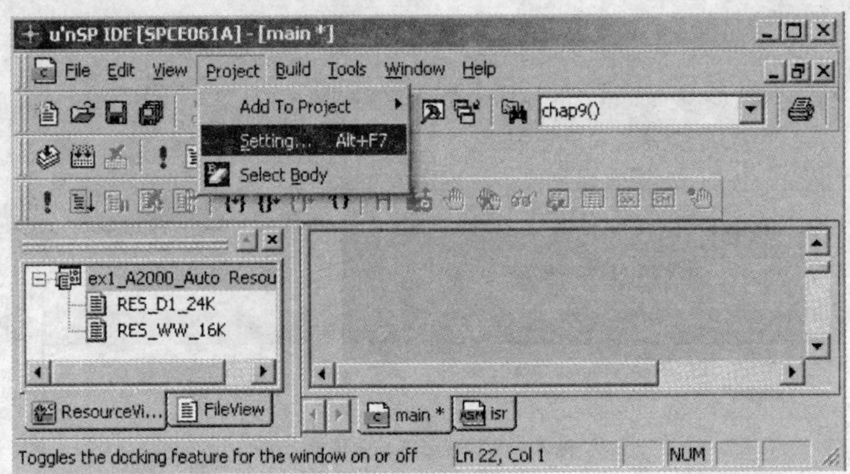

图5-21 链接库第一步

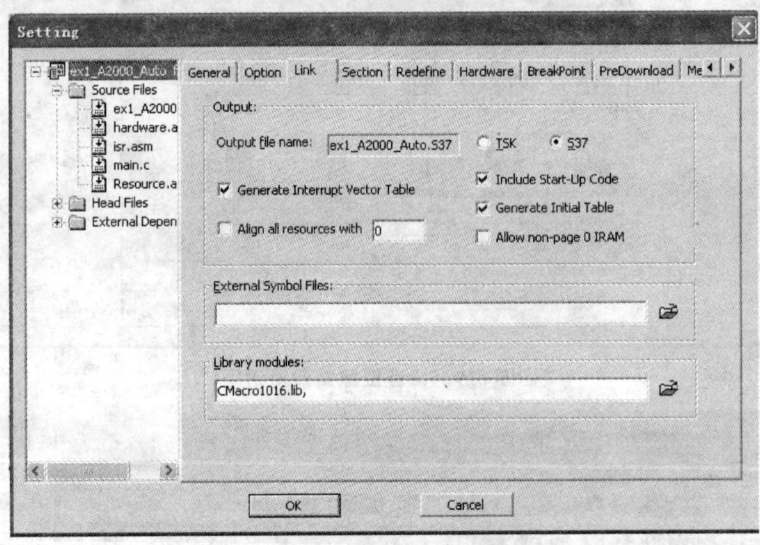

图5-22 链接库第二步

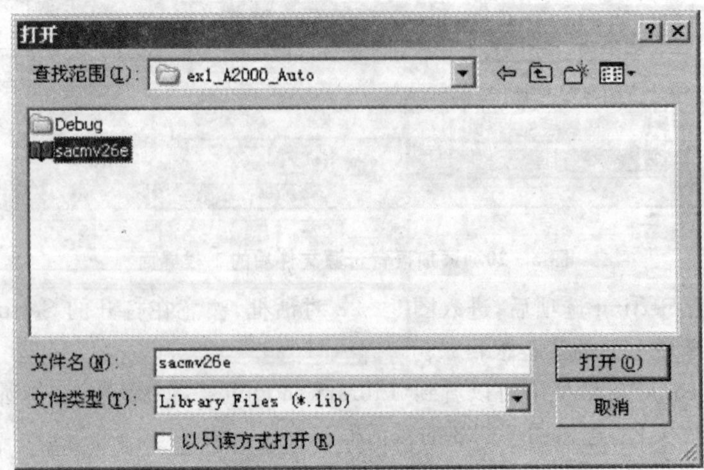

图5-23 链接库第三步

第四步：通过路径查找到 sacmv26e. lib 文件，在图 5－23 中选择 sacmv26e. lib，单击“打开”按钮。这时“Link”对话框如图 5－24 所示。

第五步：这时可以看见 sacmv26e. lib 已经出现在椭圆框内，单击“OK”按钮就完成了库文件的包含。

⑧ 添加 hardware. asm 文件到工程中。添加方法如下：

第一步：在“Source Files”文件夹上右击，如图 5－25 所示，单击 Add Files to Folder 选项，进入如图 5－26 所示的对话框。

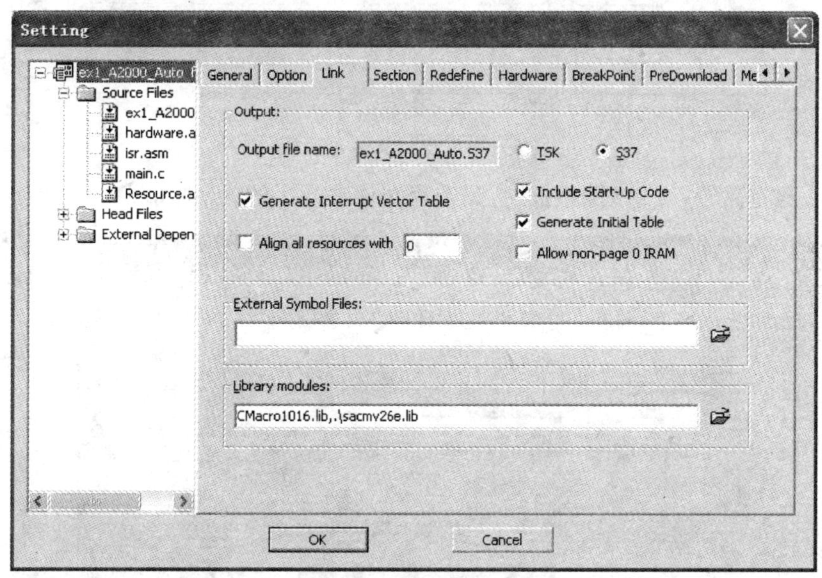

图 5－24 链接库第四步

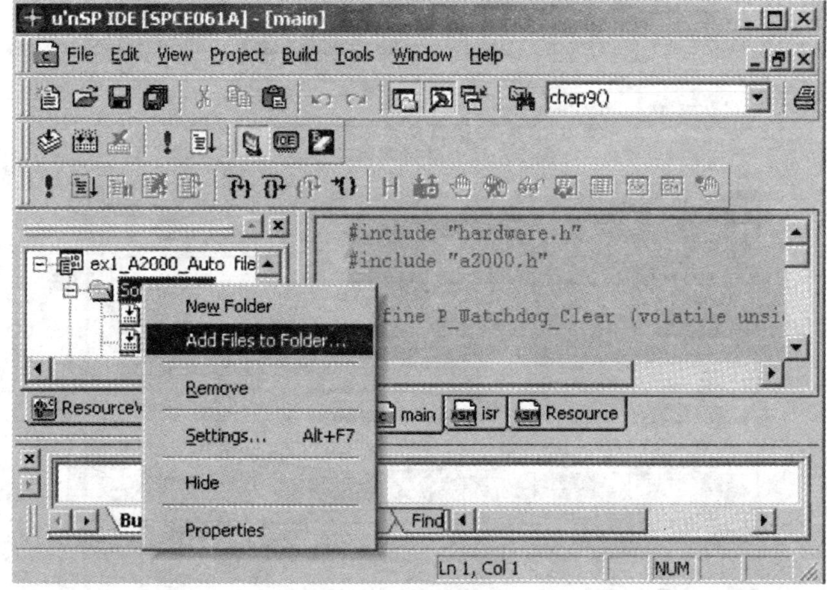

图 5－25 添加支持文件

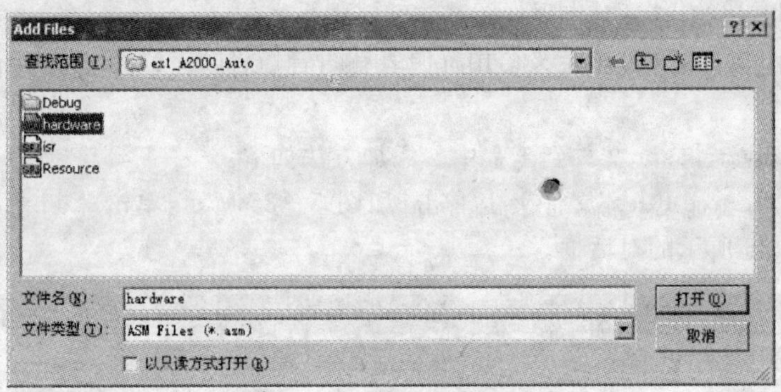

图 5-26 支持文件对话框

第二步：通过路径，查找到刚刚复制到工程文件夹当中的 hardware.asm 文件，如图 5-26 所示，选择 hardware.asm 文件，单击“打开”按钮。这样，添加 hardware.asm 文件就完成了。

⑨ 在 main.c 文件开始包含头文件 a2000.h 和 hardware.h，在 isr.asm 文件开始包含头文件 a2000.inc 和 hardware.inc，如图 5-27 和图 5-28 所示。

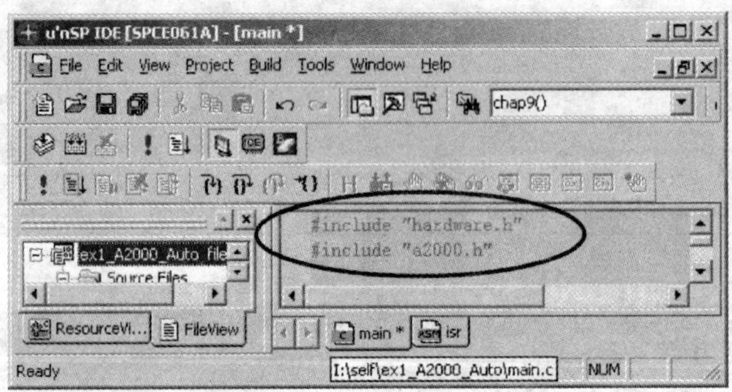

图 5-27 C 语言文件中包含头文件

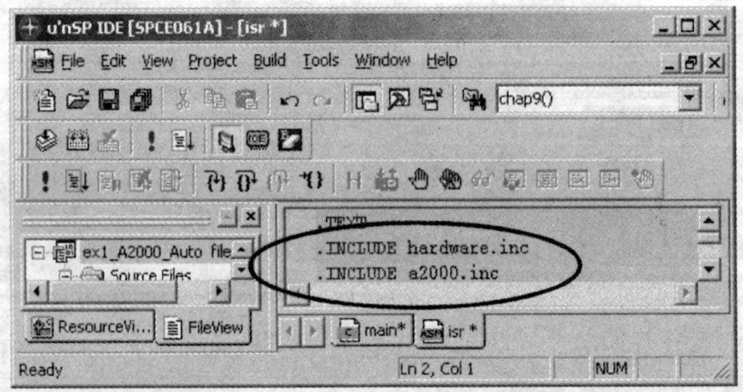

图 5-28 汇编语言文件中包含头文件

⑩ 按照程序流程图编写程序。

⑪ 选择 Rebuild All 选项,出现如图 5-29 错误。

⑫ 在 resource.asm 文件中定义语音资源表和语音播放顺序(或者说定义语音索引号),如图 5-30 所示。

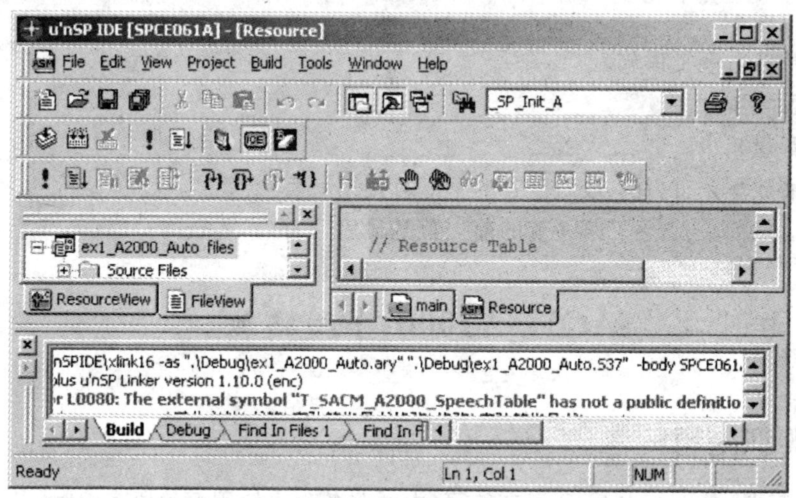

图 5-29 没有定义资源表之前

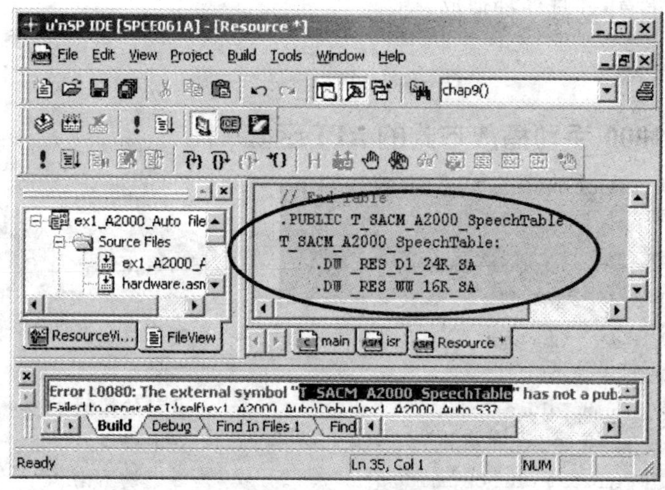

图 5-30 添加资源表

⑬ 选择 Rebuild All 选项,如果没有错误,则下载程序到实验仪上。注意把扬声器接在上面的一个扬声器接口,同时把通道选择接口的靠近 DAC1 字样的两个引针(标有"DAC1"字样的引针和标有"音频"字样的引针)短接。运行程序,根据与实验仪连接的扬声器播放的音乐判断是否符合实训要求。

5.1.5 拓展训练

编写一个利用 SACM_A2000 格式自动播放语音的程序,主程序利用 C 语言编写,中断服务程序利用汇编语言编写，要求利用8个键盘控制两段语音（可以用本实训中用到的两个语音资源）的播放，其中8个键盘各自的功能如下：

- K1：播放。
- K2：停止。
- K3：暂停。
- K4：暂停后恢复播放。
- K5：音量增大。
- K6：音量减小。
- K7：播放下一首（注：最后一首的下一首是第一首）。
- K8：播放前一首（注：第一首的前一首是最后一首）。

5.2 实训二 SACM_A2000 手动播放

5.2.1 实训内容

① 编程要求：主程序使用C语言编写，中断服务程序使用汇编语言编写。

② 实现功能：用SACM_A2000格式播放已经提供的两段音乐。要求利用手动方式、DAC1单通道播放语音，并且循环播放。

5.2.2 知识要点

1. SACM_A2000 手动播放方式的API函数

SACM_A2000手动播放相关的API函数如下：

```
int SACM_A2000_Initial(int Init_Index)                    //初始化
void SACM_ A2000_Stop(void)                               //停止播放
void SACM_A2000_Pause  (void)                             //暂停播放
void SACM_A2000_Resume(void)                              //暂停后恢复
void SACM_A2000_Volume(Volume_Index)                      //音量的控制
unsigned int SACM_A2000_Status(void)                      //获取模块的状态
void SACM_A2000_InitDecode(int Channel)                   //译码初始化
void SACM_A2000_Decode(void)                              //译码
void SACM_A2000_FillQueue(unsigned int encoded - data)    //填充队列
unsigned int SACM_A2000_TestQueue(void)                   //测试队列
Call F_FIQ_Service_ SACM_A2000                            //中断服务函数
```

其中前6个函数和最后1个中断服务函数在自动播放中有详细说明，这里只说明其他函数。

(1)【API格式】

C：void SACM_A2000_InitDecode(int Channel)

ASM：Call F_ SACM_A2000_InitDecode

【功能说明】 初始化译码队列。

【参数】

Channel=1,表示使用 DAC1 通道单通道播放。

Channel=2,表示使用 DAC2 通道单通道播放。

Channel=3,表示使用 DAC1 和 DAC2 双通道播放。

【返回值】 无。

【备注】 用户只能通过非自动方式对语音资源解压缩。

(2)【API 格式】

C：void SACM_A2000_Decode(void)

ASM：Call F_ SACM_A2000_Decode

【功能说明】 从语音队列里获取 SACM_A2000 语音资源并进行译码,然后通过中断服务子程序将其送入 DAC 通道播放。

【参数】 无。

【返回值】 无。

【备注】 用户只能通过非自动方式对语音资源进行译码。

(3)【API 格式】

C：void SACM_A2000_FillQueue(unsigned int encoded-data)

ASM：R1 = [语音编码资源]

Call F_ SACM_A2000_FillQueue

【功能说明】 将 SACM_A2000 语音编码资源填入语音队列中等候译码处理。

【参数】 encoded - data 为语音编码资源。

【返回值】 无。

【备注】 用户只需在非自动方式填充语音队列。

(4)【API 格式】

C：unsigned int SACM_A2000_TestQueue(void)

ASM：Call F_ SACM_A2000_TestQueue

【返回值】 R1。

【功能说明】 获取语音队列的状态。

【参数】 无。

【返回值】

R1=0,表示语音队列不空不满。

R1=1,表示语音队列满。

R1=2,表示语音队列空。

【备注】 用户只能通过非自动方式测试语音队列状态。

2. SACM_A2000 格式的手动语音播放

前面已经提到过,凌阳 SACM_A2000 压缩算法有两种语音播放方式：自动方式和手动方式。自动方式在上一个实训中已经详细说明,这里重点说明手动方式。手动播放方式和自动播放方式不同的是,自动播放时,取数据,填充语音队列及解压缩只要调用 SACM_A2000_ServiceLoop()一个函数就可以实现;而手动播放时,取数据需要专门编写程序去实现,如图 5-31中调用 Ret = SP_GetResource(Addr)函数实现(该函数可以用户自行定义),填充队列要调用 SACM_A2000_FillQueue(Ret)函数实现,解压缩和输出队列(或者是译码过程)要调用 SACM_A2000_Decoder()函数实现。

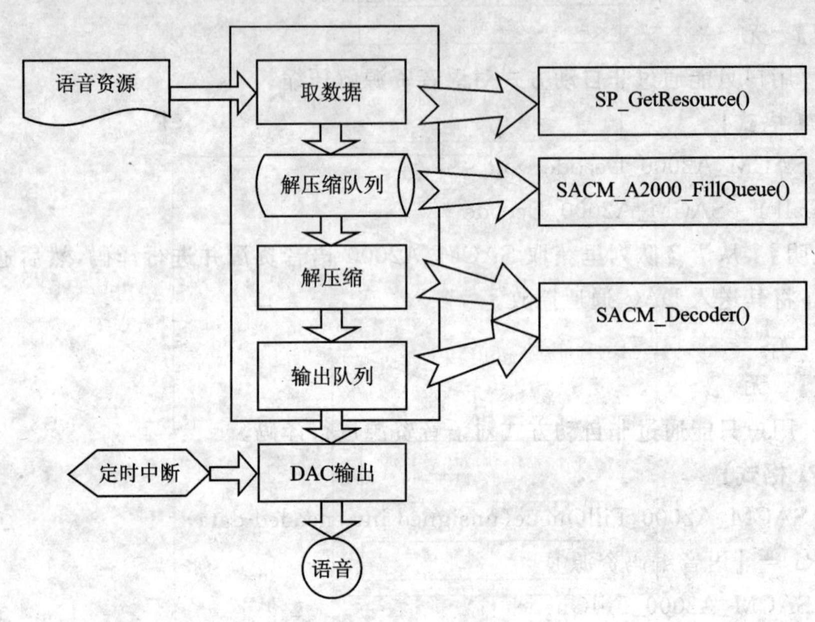

图 5-31 手动播放

5.2.3 软件流程

1. 主程序流程图

主程序流程图如图 5-32 所示。主程序为语音播放循环:调用语音播放函数分别播放第一段和第二段语音,执行清看门狗操作。

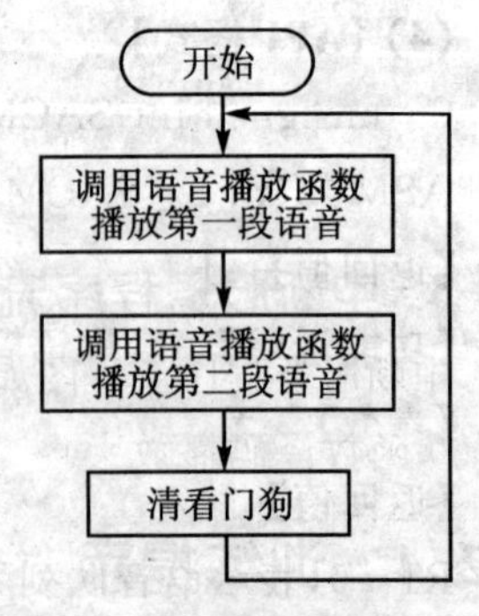

图 5-32 主程序流程图

2. SACM_A2000 手动播放程序流程图

SACM_A2000 手动播放程序流程图如图 5-33 所示。声明语音资源表,获取要播放语音资源的起始地址和结束地址,初始化为手动方式即初始化函数的参数 Init_Index 为 0,初始化语音队列,初始化译码器为 DAC1 单通道播放,进入语音播放循环,进入填充语音队列循环。判断语音队列是不是已满,如果没满,判断地址是否已超出播放语音的结束地址,如果没有,从存储器中获得语音资源,填充语音队列,地址指针指向下一个地址单元,准备继续取资源;如果已经超出结束地址,退出填充队列循环。如果语音队列已满,判断是否还在播放状态,如果是,解码播放,清看门狗;如果没有在播放状态,或者说 SACM_A2000_Status()函数返回 0,停止播放,退出循环，返回主程序。

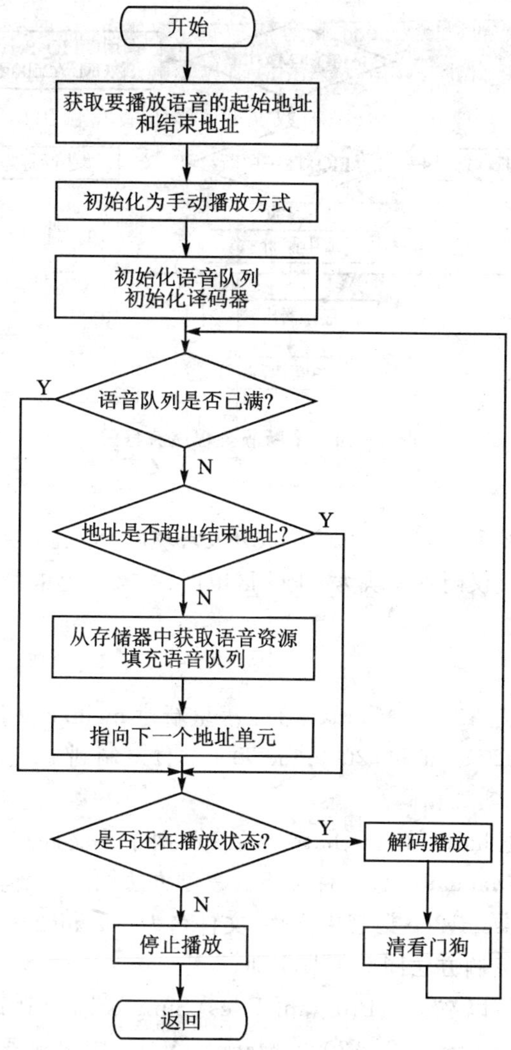

图 5-33 SACM_A2000 手动播放程序流程图

3. 中断服务程序流程图

中断服务程序流程图如图 5-34 所示，在 FIQ_TMA 中断里，调用 F_FIQ_Service_SACM_A2000 函数译码播放。

5.2.4 训练提示

【实训目的】

① 了解凌阳音频编码库及 SACM_A2000 算法。

② 熟悉 SACM_A2000 的语音头文件 a2000.h 和 a2000.inc 及 SACM_A2000 的 API 函数。

③ 掌握以 SACM_A2000 语音格式手动播放语音的方法及其编程方法。

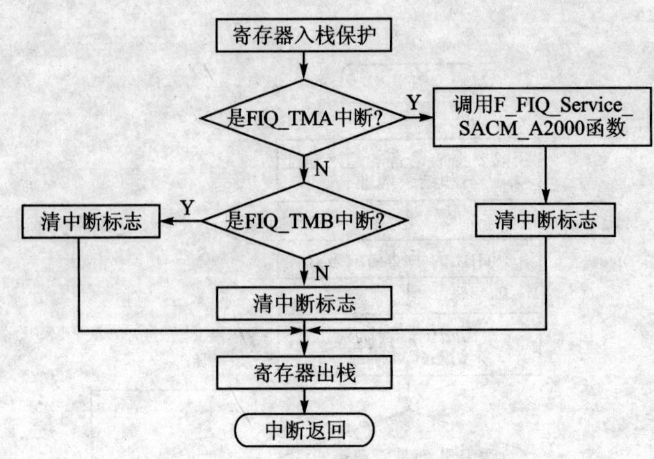

图 5-34 中断服务程序流程图

【实训设备】

① 装有 Windows 系统和 μ'nSP™ IDE 集成开发环境的 PC 机 1 台,SPCE061A 实验仪 1 套。

② 本实训用到的实验仪硬件模块为 CPU 区电路模块,供电电路模块,下载模式选择电路模块,DAC 输出电路模块。

【实训步骤】

① 新建一个工程 ex2_A2000_Manual,在工程里新建 main. c 文件和 isr. asm 文件。

② 复制头文件:把 a2000. h 和 a2000. inc 两个文件复制到 ex2_A2000_Manual 工程文件夹下。复制方法和 5.1 节实训相同。

③ 复制支持文件:把 hardware. h、hardware. inc 两个头文件和 hardware. asm 汇编语言文件复制到 ex2_A2000_Manual 工程文件夹下。复制方法同 5.1 节实训。

④ 复制库文件:把 sacmv26e 语音库文件(文件名为:sacmv26e. lib)复制到 ex2_A2000_Manual 工程文件夹下。复制方法同 5.1 节实训。

⑤ 复制资源文件:可以在 C:\Program Files\Sunplus\unSP IDE Common\Example\SPCE061A\example\VoiceExa\ex2_A2000_Manual\Voice 中找到语音资源,把两个语音资源文件复制到 ex2_A2000_Manual 工程文件夹下,复制方法和 5.1 节实训相同。

⑥ 添加两个语音资源文件到 ex2_A2000_Manual 工程中,添加方法和 5.1 节实训相同。

⑦ 包含 sacmv26e. lib 库到工程中,包含方法也和 5.1 节实训相同。

⑧ 添加 hardware. asm 文件到资源文件夹下。

⑨ 在 main. c 文件开始包含头文件 a2000. h 和 hardware. h,在 isr. asm 文件开始包含 a2000. inc 和 hardware. inc(同 5.1 节实训)。

⑩ 按照程序流程图编写程序。

⑪ 选择 Rebuild All 选项,出现没有定义 T_SACM_A2000_SpeechTable 的错误。

⑫ 在 resource. asm 文件中定义语音资源表和语音播放顺序(或者说定义语音索引号)(同 5.1 节实训)。

⑬ 选择 Rebuild All 选项,如果没有其他错误,下载程序到实验仪上。注意把扬声器接在上面的一个扬声器接口,同时把通道选择接口的靠近 DAC1 字样的两个引针(标有"DAC1"字

样的引针和标有“音频”字样的引针)短接。

⑭ 运行程序,根据与实验仪连接的扬声器播放的音乐判断是否符合实验要求。

5.2.5 拓展训练

编写一个利用 SACM_A2000 格式手动播放语音的程序,主程序利用 C 语言编写,键盘程序也用 C 语言编写,中断服务程序利用汇编语言编写,要求利用 8 个键盘控制两段语音(可以用本实验中用到的两个语音资源)的播放,其中 8 个键盘各自的功能如下:

- K1:播放。
- K2:停止。
- K3:暂停。
- K4:暂停后恢复播放。
- K5:音量增大。
- K6:音量减小。
- K7:播放下一首(注:最后一首的下一首是第一首)。
- K8:播放前一首(注:第一首的前一首是最后一首)。

5.3 实训三 SACM_S480 自动播放

5.3.1 实训内容

① 编程要求:主程序利用 C 语言编写,中断服务程序利用汇编语言编写。

② 实现功能:利用自动方式播放已经提供的 3 段语音资源。利用 DAC1 单通道、声音可增减方式进行播放,并且要求循环播放。

5.3.2 知识要点

1. SACM_S480

SACM_S480 压缩算法的压缩比较大,为 80∶3,所以这种算法的音质没有 SACM_A2000 好,但是会比 SACM_S240 好,适用于对音质要求不是很高的语音播放应用。

2. SACM_S480 自动播放的 API 函数

SACM_S480 自动播放的 API 函数如下所示:

```
int SACM_S480_Initial(int Init_Index)                    //初始化
void SACM_ S480_ServiceLoop(void)                        //获取语音资料,填入译码队列
void SACM_ S480_Play(int Speech_Index,int Channel,int Ramp_Set) //播放
void SACM_ S480_Stop(void)                               //停止播放
void SACM_S480_Pause(void)                               //暂停播放
void SACM_S480_Resume(void)                              //暂停后恢复
void SACM_S480_Volume(Volume_Index)                      //音量的控制
unsigned int SACM_S480_Status(void)                      //获取模块的状态
Call F_FIQ_Service_ SACM_S480                            //中断服务函数
```

各函数具体内容如下：

(1)【API 格式】

C：int SACM_S480_Initial(int Init_Index)

ASM：R1=[Init_Index]

Call F_ SACM_ S480_Initial

【功能说明】 SACM_S480 语音播放之前的初始化。

【参数】 Init_Index=0 表示手动方式;Init_Index=1 则表示自动方式。

【返回值】

0：代表语音模块初始化失败。

1：代表初始化成功。

【备注】 该函数用于对定时器、中断和 DAC 等的初始化。

(2)【API 格式】

C：void SACM_S480_ServiceLoop(void)

ASM：Call F_ SACM_S480_ServiceLoop

【功能说明】 从资源中获取 SACM_S480 语音资料,并将其填入解码队列中。

【参数】 无。

【返回值】 无。

【备注】 播放语音文件中数据,当出现 FF FF FFH 数据时便停止播放。

(3)【API 格式】

C：void SACM_S480_Play(int Speech_Index,int Channel,int Ramp_Set)

ASM：R1=[Speech_Index]

R2=[Channel]

R3=[Ramp_Set]

Call SACM_S480_Play

【功能说明】 播放资源中 SACM_S480 语音。

【参数】

Speech _Index ：语音索引号。

Channel：1 表示通过 DAC1 通道播放。

2 表示通过 DAC2 通道播放。

3 表示通过 DAC1 和 DAC2 双通道播放。

Ramp_Set：0 表示禁止音量增/减调节。

1 表示仅允许音量增调节。

2 表示仅允许音量减调节。

3 表示允许音量增/减调节。

【返回值】 无。

【备注】

① SACM_S480 的数据率有 4.8 Kbits/7.2 Kbits 两种,可在同一模块的几种算法中自动

选择一种。

② Speech_Index 是定义在 resource.inc 文件中资源表(T_SACM_S480_SpeechTable)的偏移地址。

③ 中断服务子程序中 F_FIQ_Service_ SACM_S480 必须放在 TMA_FIQ 中断向量上(参见 SPCE 的中断系统)。

④ 函数允许 TimerA 以所选的的数据采样率(计数溢出)中断。

(4)【API 格式】

C：void SACM_S480_Stop(void)

ASM：Call F_ SACM_S480_Stop

【功能说明】 停止播放 SACM_S480 语音。

【参数】 无。

【返回值】 无。

(5)【API 格式】

C：void SACM_S480_Pause(void)

ASM：Call F_ SACM_S480_Pause

【功能说明】 暂停播放 SACM_S480 语音。

【参数】 无。

【返回值】 无。

(6)【API 格式】

C：void SACM_S480_Resume(void)

ASM：Call F_ SACM_S480_Resume

【功能说明】 恢复暂停播放的 SACM_S480 语音。

【参数】 无。

【返回值】 无。

(7)【API 格式】

C：void SACM_S480_Volume(Volume_Index)

ASM：R1=[Volume_Index]

Call F_ SACM_S480_Volume

【功能说明】 在播放 SACM_S480 语音时改变主音量。

【参数】 Volume_Index 为音量数,音量从最小到最大可在 0～15 之间选择。

【返回值】 无。

(8)【API 格式】

C：unsigned int SACM_S480_Status(void)

ASM：Call F_ SACM_S480_ Status

【返回值】 R1。

【功能说明】 获取 SACM_S480 语音播放的状态。

【参数】 无。

【返回值】 当R1的值bit0＝0,表示语音播放结束;当R1的值bit0＝1,表示语音在播放中。

(9)【API格式】

ASM: Call F_FIQ_Service_ SACM_S480

【功能说明】 用作SACM_S480语音背景程序的中断服务子程序。通过前台子程序(自动方式的SACM_S480_ServiceLoop及手动方式的SACM_S480_Decode)对语音资料进行解码,然后将其送入DAC通道播放。

【参数】 无。

【返回值】 无。

【备注】 SACM_S480语音背景子程序只有汇编指令形式,且应将此子程序安置在TMA_FIQ中断源上。

3. 利用SACM_S480格式的自动方式播放语音

SACM_S480语音播放也有自动和手动两种方式,和SACM_A2000类似,无论利用自动方式还是手动方式进行播放,都要通过语音播放初始化,即初始化为自动方式或者手动方式,取数据,填充语音队列,译码播放的过程。在自动方式里,取语音数据,填充语音队列,对语音资源进行解码,以及输出队列的过程只需通过SACM_S480_ServiceLoop()一条语音就可以实现。自动播放过程如图5-35所示。

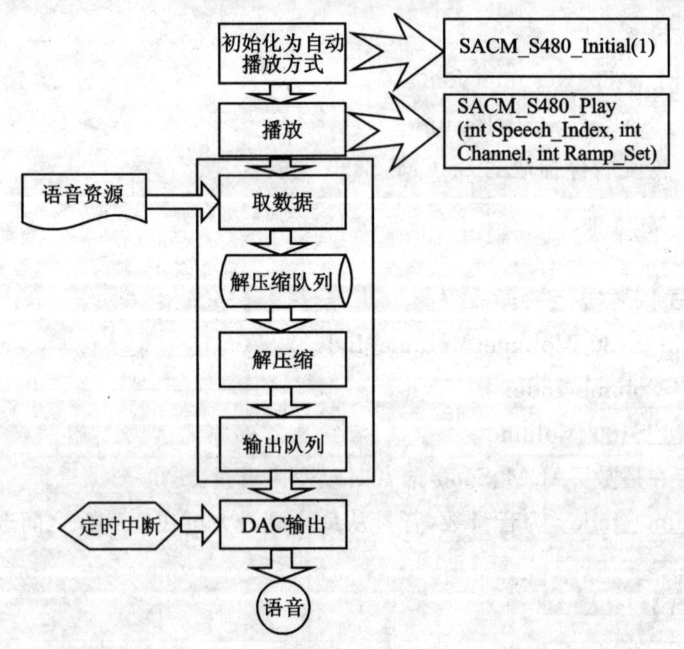

图5-35 自动播放

4. 压缩S480格式文件

压缩S480格式文件和压缩A2000格式文件方法相同,所不同的是压缩算法选择S480而不是A2000,数据率可以选择4.8 kHz、7.2 kHz,如图5-36所示。

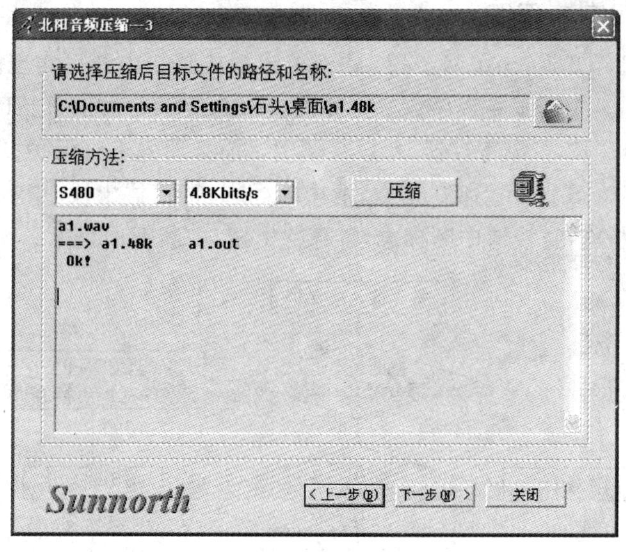

图 5-36 压缩 S480 格式文件

5.3.3 软件流程

1. 主程序流程图

主程序流程图如图 5-37 所示，主程序进行语音播放循环，调用语音播放函数分别播放第一段、第二段和第三段语音，执行清看门狗操作。

2. SACM_S480 自动播放程序流程图

SACM_S480 自动播放程序流程图如图 5-38 所示。按照实训原理所讲的，先要初始化为自动方式播放，选择 DAC1 单通道，声音可增减的方式播放语音，进入语音播放循环。判断是否播放结束，如果没结束，则调用语音播放系统服务函数填充语音队列，译码输出；如果播放结束，停止播放。

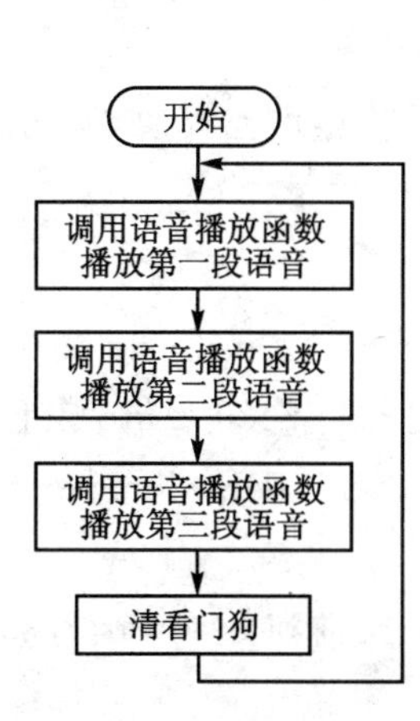

图 5-37 主程序流程图

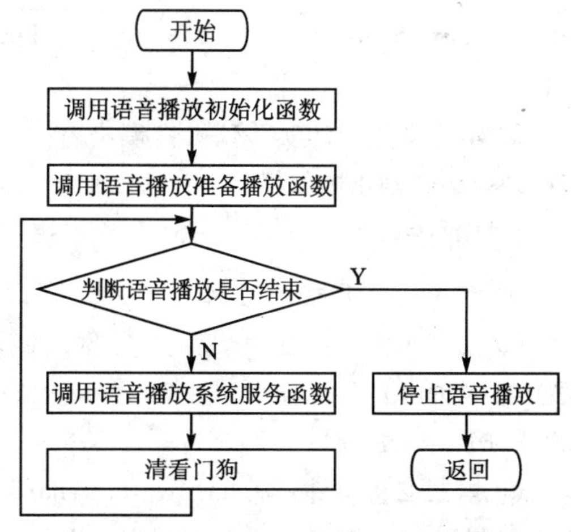

图 5-38 SACM_S480 自动播放程序流程图

3. 中断服务程序流程图

在实训原理中已经知道,SACM_S480 语音输出播放是在中断里实现的,而且必须安置在 TMA_FIQ 中断源上。中断服务程序流程图如图 5-39 所示。由于 F_FIQ_Service_ SACM_S480 函数会破坏 R1～R5 5 个寄存器,所以在调用之前必须先进行保护。在 TMA_FIQ 中断里调用 F_FIQ_Service_SACM_S480 函数,清中断标志,寄存器出栈,中断返回;在 TMB_FIQ 或者 PWM_FIQ 中断里,直接清中断标志,寄存器出栈,中断返回。

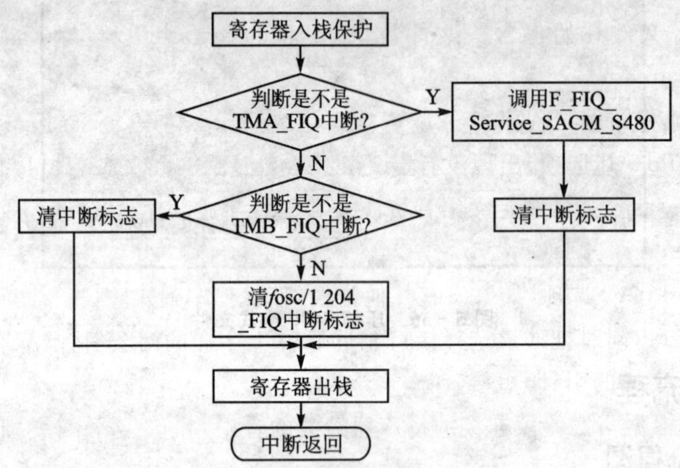

图 5-39　中断服务程序流程图

5.3.4　训练提示

【实训目的】

① 了解凌阳 SACM_S480 语音算法及其语音库。

② 熟悉 SACM_S480 语音算法的头文件和 API 函数。

③ 掌握用 SACM_S480 算法自动播放语音的方法及其编程方法。

【实训设备】

① 装有 Windows 系统和 μ'nSP™ IDE 集成开发环境的 PC 机 1 台,SPCE061A 实验仪1 套。

② 本实训用到的实验仪硬件模块为:CPU 区电路模块,供电电路模块,下载模式选择电路模块,DAC 输出电路模块。

【实训步骤】

① 新建一个工程 ex3_S480_Auto,在工程里新建 main.c 文件和 isr.asm 文件。

② 复制头文件:把 s480.h 和 s480.inc 两个文件复制到 ex3_S480_Auto 工程文件夹(这两个文件的路径同样为 C:\Program Files\Sunplus\unSP IDE Common\Example\SPCE061A\include)。

③ 复制支持文件:把 hardware.h、hardware.inc 两个头文件和 hardware.asm 汇编语言文件复制到 ex3_S480_Auto 工程文件夹下。

④ 复制库文件:把 sacmv26e 语音库文件(文件名为:sacmv26e.lib)复制到 ex3_S480_

Auto 工程文件夹下。

⑤ 复制资源文件：可以在 C:\Program Files\Sunplus\unSP IDE Common\Example\SPCE061A\example\VoiceExa\ex3_S480_Auto\Voice 中找到语音资源，把 3 个语音资源文件复制到 ex3_S480_Auto 工程文件夹下。

⑥ 在工程文件夹当中，添加刚刚复制的 3 个语音资源文件到 ex3_S480_Auto 工程中。

⑦ 包含 sacmv26e.lib 库到 ex3_S480_Auto 工程中。

⑧ 添加 hardware.asm 文件到资源文件夹下。

⑨ 在 main.c 文件开始包含头文件 s480.h 和 hardware.h，在 isr.asm 文件开始包含 s480.inc 和 hardware.inc。

⑩ 按照程序流程图编写程序。

⑪ 选择 Rebuild All 选项，出现没有定义 T_SACM_S480_SpeechTable 的错误。

⑫ 在 resource.asm 文件中定义语音资源表和语音播放顺序（或者说定义语音索引号）（同 5.2 节实训）。

⑬ 选择 Rebuild All 选项，如果没有其他错误，下载程序到实验仪。注意把扬声器接在上面的一个扬声器接口，同时把通道选择接口靠近 DAC1 字样的两个引针（标有“DAC1”字样的引针和标有“音频”字样的引针）短接。

⑭ 运行程序，根据与实验仪连接的扬声器播放的音乐判断是否符合实训要求。

5.3.5 拓展训练

编写一个利用 SACM_ S480 格式自动播放语音的程序，主程序利用 C 语言编写，键盘程序也用 C 语言编写，中断服务程序利用汇编语言编写，要求利用 8 个键盘控制两段语音（可以用本实训中用到的两个语音资源）的播放，其中 8 个键盘各自的功能如下：

- K1：播放。
- K2：停止。
- K3：暂停。
- K4：暂停后恢复播放。
- K5：音量增大。
- K6：音量减小。
- K7：播放下一首（注：最后一首的下一首是第一首）。
- K8：播放前一首（注：第一首的前一首是最后一首）。

5.4 实训四 SACM_S480 手动播放

5.4.1 实训内容

① 编程要求：主程序利用 C 语言编写，中断服务程序利用汇编语言编写。

② 实现功能：利用手动方式播放已经提供的 3 段语音资源。利用 DAC1 单通道、声音可

增减方式进行播放，并且要求循环播放。

5.4.2 知识要点

1. SACM_S480 手动播放的 API 函数

SACM_S480 手动播放的 API 函数如下所示：

```
int SACM_S480_Initial(int Init_Index)                          //初始化
void SACM_ S480_Stop(void)                                     //停止播放
void SACM_S480_Pause  (void)                                   //暂停播放
void SACM_S480_Resume(void)                                    //暂停后恢复
void SACM_S480_Volume(Volume_Index)                            //音量的控制
unsigned int SACM_S480_Status(void)                            //获取模块的状态
void SACM_S480_InitQueue(void)                                 //初始化解码队列
unsigned int SACM_S480_TestQueue(void)                         //测试队列
void SACM_S480_FillQueue(unsigned int encoded - data)          //填充队列
void SACM_S480_InitDecoder(int Channel)                        //译码器初始化
void SACM_S480_Decoder(void)                                   //译码
Call F_FIQ_Service_ SACM_S480                                  //中断服务函数
```

前面 6 个函数和最后 1 个函数在自动播放已有详细的介绍，这里只介绍其他的函数：

(1)【API 格式】

C：void SACM_S480_InitQueue(void)

ASM：Call F_SACM_S480_InitQueue

【功能说明】 初始化解码队列。

【参数】 无。

【返回值】 无。

【备注】 用户只需在非自动方式初始化解码队列。

(2)【API 格式】

C：unsigned int SACM_S480_TestQueue(void)

ASM：Call F_SACM_S480_TestQueue

[返回值] R1。

【功能说明】 获取语音队列的状态。

【参数】 无。

【返回值】

R1=0：表示语音队列不空不满。

R1=1：表示语音队列满。

R1=2：表示语音队列空。

【备注】 用户只能通过非自动方式测试语音队列状态。

(3)【API 格式】

C：void SACM_S480_FillQueue(unsigned int encoded-data)

ASM：R1 =［语音编码资源］

Call F_SACM_S480_FillQueue

【功能说明】 将 SACM_S480 语音编码资源填入语音队列中等候译码处理。

【参数】 encodeddata 为语音编码资源。

【返回值】 无。

【备注】 用户需在非自动方式下填充语音队列。

(4)【API 格式】

C：void SACM_S480_InitDecoder(int Channel)

ASM：Call F_SACM_S480_InitDecoder

【功能说明】 初始化译码队列。

【参数】

Channel=1,表示使用 DAC1 单通道播放。

Channel=2,表示使用 DAC2 单通道播放。

Channel=3,表示使用 DAC1 和 DAC2 双通道播放。

【返回值】 无。

【备注】 用户只能通过非自动方式初始化译码器。

(5)【API 格式】

C：void SACM_S480_Decoder(void)

【功能说明】 从语音队列里获取 SACM_A2000 语音资源,并进行译码。

【参数】 无。

【返回值】 无。

【备注】 用户只能通过非自动方式对语音资源进行译码。

2. 利用 SACM_S480 格式的自动方式播放语音

5.3 节实训已经说明,SACM_S480 语音播放同样也有自动和手动两种播放方式。在手动方式里,取语音数据需要编写取数据程序实现,如图中采用函数 SP_GetResource(Addr)从存储器当中取语音资源数据;填充语音队列需要通过 SACM_S480_FillQueue(Ret)语句实现,对语音资源进行解码并输出队列需要通过 SACM_S480_Decoder()语句实现,而且需要对译码队列和译码器进行初始化。手动播放过程如图 5－40 所示。

5.4.3 软件流程

1. 主程序流程图

主程序流程图如图 5－41 所示。主程序里进行语音播放循环：调用语音播放函数分别播放第一段、第二段和第三段语音,执行清看门狗操作。

2. SACM_S480 手动播放程序流程图

SACM_S480 手动播放程序流程图如图 5－42 所示。声明语音资源表;获取要播放语音

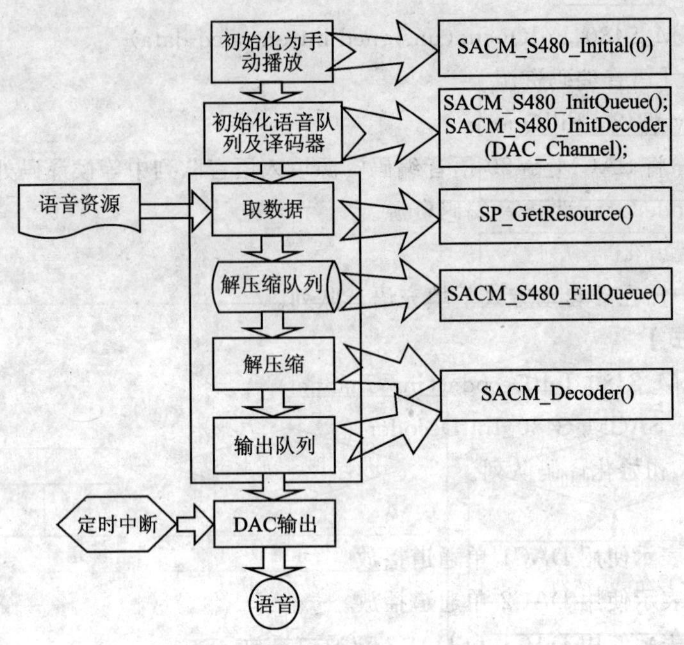

图 5-40　手动播放

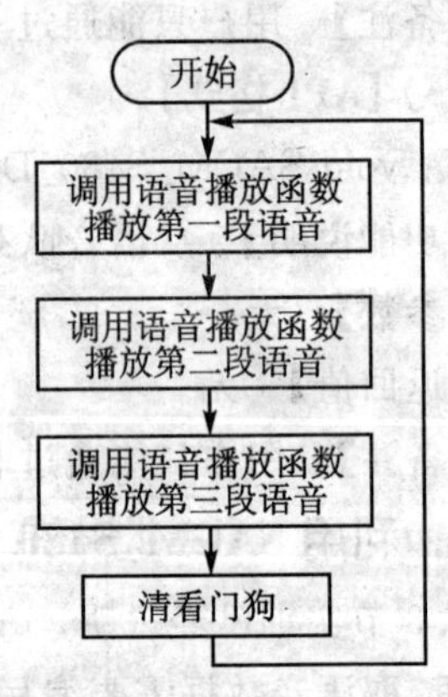

图 5-41　主程序流程图

资源的起始地址和结束地址；初始化为手动方式，即初始化函数的参数 Init_Index 为 0，初始化语音队列，初始化译码器为 DAC1 单通道播放；进入语音播放循环，进入填充语音队列循环，判断语音队列是不是已满，如果没满，判断地址是否已超出播放语音的结束地址，如果没超出，从存储器中获得语音资源，填充语音队列，地址指针指向下一个地址单元，准备继续取资源；如果已经超出结束地址，退出填充队列循环；如果语音队列已满，判断是否还在播放状态，如果是在播放状态，解码播放，清看门狗；如果没有在播放状态，或者说 SACM_S480_Status()函数返回 0，停止播放，退出循环，返回主程序。

3. 中断服务程序流程图

在实训原理中已经知道，SACM_S480 语音输出播放是在中断里实现的，而且必须安置在 TMA_FIQ 中断源上，中断服务程序流程图如图 5-43 所示。由于 F_FIQ_Service_SACM_S480 函数会破坏 R1～R5 5 个寄存器，所以在调用之前必须先进行保护。在 TMA_FIQ 中断里调用 F_FIQ_Service_ SACM_S480 函数，清中断标志，寄存器出栈，中断返回；在 TMB_FIQ 或者 PWM_FIQ 中断里，直接清中断标志，寄存器出栈，中断返回。

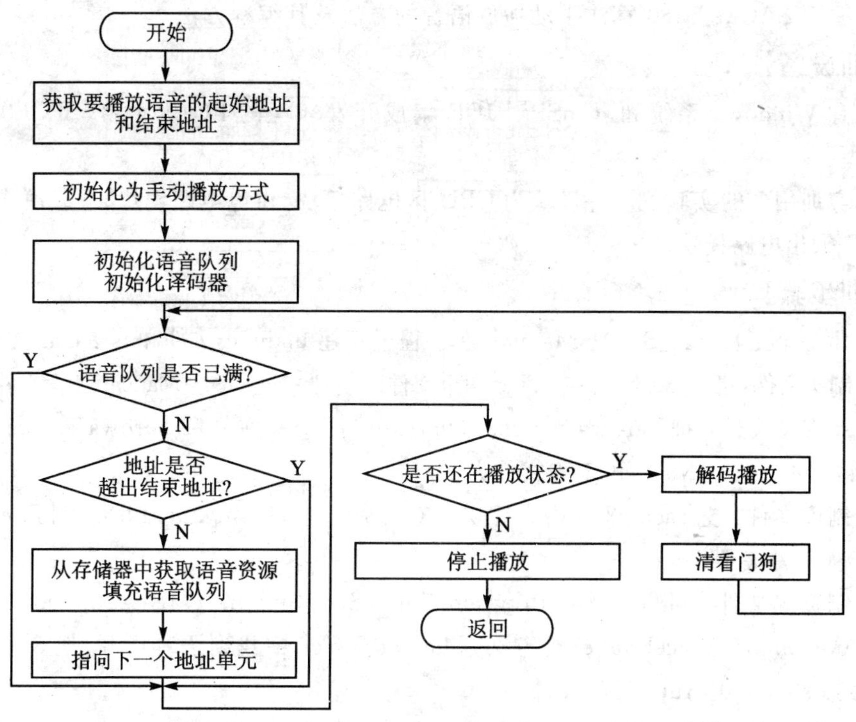

图 5-42 SACM_S480 手动播放程序流程图

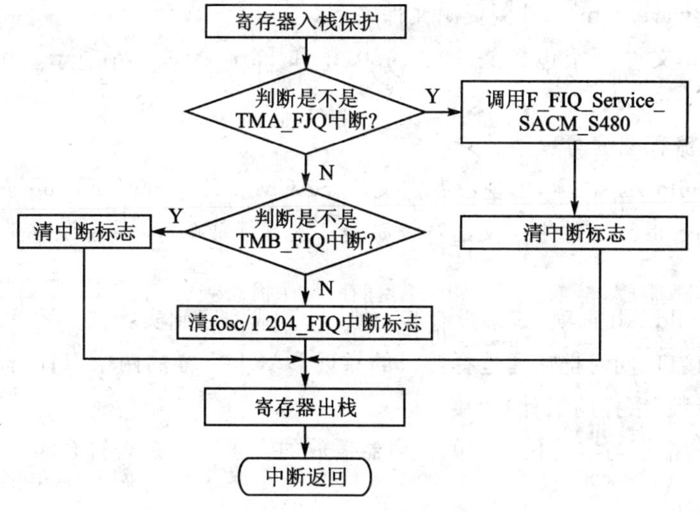

图 5-43 中断服务程序流程图

5.4.4 训练提示

【实训目的】

① 了解凌阳 SACM_S480 语音算法及其语音库。

② 熟悉 SACM_S480 语音算法的头文件和 API 函数。

③ 掌握用 SACM_S480 算法手动播放语音的方法及其编程方法。

【实训设备】

① 装有 Windows 系统和 μ'nSP™ IDE 集成开发环境的 PC 机 1 台，SPCE061A 实验仪1 套。

② 本实训用到的实验仪硬件模块为 CPU 区电路模块、供电电路模块、下载模式选择电路模块、DAC 输出电路模块。

【实训步骤】

① 新建一个工程 ex4_S480_ Manual，在工程里新建 main. c 文件和 isr. asm 文件。

② 复制头文件：把 s480. h 和 s480. inc 两个文件复制到 ex4_S480_ Manual 工程文件夹下。

③ 复制支持文件：把 hardware. h、hardware. inc 两个头文件和 hardware. asm 汇编语言文件复制到 ex4_S480_ Manual 工程文件夹下。

④ 复制库文件：把 sacmv26e 语音库文件(文件名为：sacmv26e. lib)复制到 ex4_S480_ Manual 工程文件夹下。

⑤ 复制资源文件：可以在 C:\Program Files\Sunplus\unSP IDE Common\Example\SPCE061A\example\VoiceExa\ex3_S480_Manual\Voice 中找到语音资源，把 3 个语音资源文件复制到 ex3_S480_Auto 工程文件夹下。

⑥ 在工程文件夹当中，添加刚刚复制的 3 个语音资源文件到 ex3_S480_Auto 工程中。

⑦ 包含 sacmv26e. lib 库到 ex4_S480_ Manual 工程中。

⑧ 添加 hardware. asm 文件到资源文件夹下。

⑨ 在 main. c 文件开始包含头文件 s480. h 和 hardware. h，在 isr. asm 文件开始包含 s480. inc 和 hardware. inc。

⑩ 按照程序流程图编写程序。

⑪ 选择 Rebuild All 选项，出现没有定义 T_SACM_S480_SpeechTable 的错误。

⑫ 在 resource. asm 文件中定义语音资源表和语音播放顺序(或者说定义语音索引号)(同 5.3 节实训)。

⑬ 选择 Rebuild All 选项，如果没有其他错误，下载程序到实验仪。注意把扬声器接在上面的一个扬声器接口，同时把通道选择接口的靠近 DAC1 字样的两个引针(标有“DAC1”字样的引针和标有“音频”字样的引针)短接。

⑭ 运行程序，根据与实验仪连接的扬声器播放的音乐判断是否符合实训要求。

5.4.5 拓展训练

编写一个利用 SACM_ S480 格式手动播放语音的程序，主程序利用 C 语言编写，键盘程序也用 C 语言编写，中断服务程序利用汇编语言编写，要求利用 8 个键盘控制两段语音(可以用本实训中用到的两个语音资源)的播放，其中 8 个键盘各自的功能如下：

- K1：播放。
- K2：停止。
- K3：暂停。

➤ K4：暂停后恢复播放。

➤ K5：音量增大。

➤ K6：音量减小。

➤ K7：播放下一首(注：最后一首的下一首是第一首)。

➤ K8：播放前一首(注：第一首的前一首是最后一首)。

5.5 实训五 SACM_A2000与SACM_S480混合播放

5.5.1 实训内容

① 编程要求：主程序和键盘程序利用C语言编写，中断服务程序利用汇编语言编写。

② 实现功能：播放已经提供的几段语音中1段A2000格式语音和2段S480格式语音，(所选的语音总大小不能超过32K字，自选3段语音)，要求用键盘控制这几段语音的播放，各个键盘的功能如下：

➤ K1：播放A2000格式语音。

➤ K2：播放S480格式语音。

➤ K3：暂停当前播放A2000格式或者S480格式语音。

➤ K4：恢复播放暂停的A2000格式或者S480格式语音。

➤ K5：音量增大。

➤ K6：音量减小。

➤ K7：播放下一段A2000格式或者S480格式语音。

➤ K8：播放前一段A2000格式或者S480格式语音。

5.5.2 知识要点

SACM_A2000和SACM_S480语音算法的API函数和它们的语音播放原理在5.1节实训和5.2节实训都有详细说明，不再赘述。

当语音资源中既有A2000格式，也有S480格式时，可以设置两个播放标志：A2000语音播放标志和S480语音播放标志。播放A2000格式语音时，把A2000语音播放标志设为1，S480语音播放标志设为0；播放S480格式语音时，把A2000语音播放标志设为0，S480语音播放标志设为1。这样，当播放A2000格式语音文件时，直接调用SACM_A2000语音播放程序播放语音；播放S480格式语音文件时，直接调用SACM_S480语音播放程序播放语音即可。

5.5.3 软件流程

1. 主程序流程图

主程序流程图如图5-44所示，定义A2000格式的语音索引号和S480格式的语音索引号，定义初始音量，扫描键盘取键值。K1键按下时，播放A2000格式语音；K2键按下时，播放S480格式语音；K3键按下时，暂停播放正在播放的语音；K4键按下时，恢复播放暂停的语音；

K5 键按下时，增大音量；K6 键按下时，减小音量；K7 键按下时，根据 A2000 语音播放标志和 S480 语音播放标志判断播放类型，根据判断结果播放下一段 A2000 格式语音或者 S480 格式语音；K8 键按下时，根据 A2000 语音播放标志和 S480 语音播放标志判断播放类型，根据判断结果播放前一段 A2000 格式语音或者 S480 格式语音。

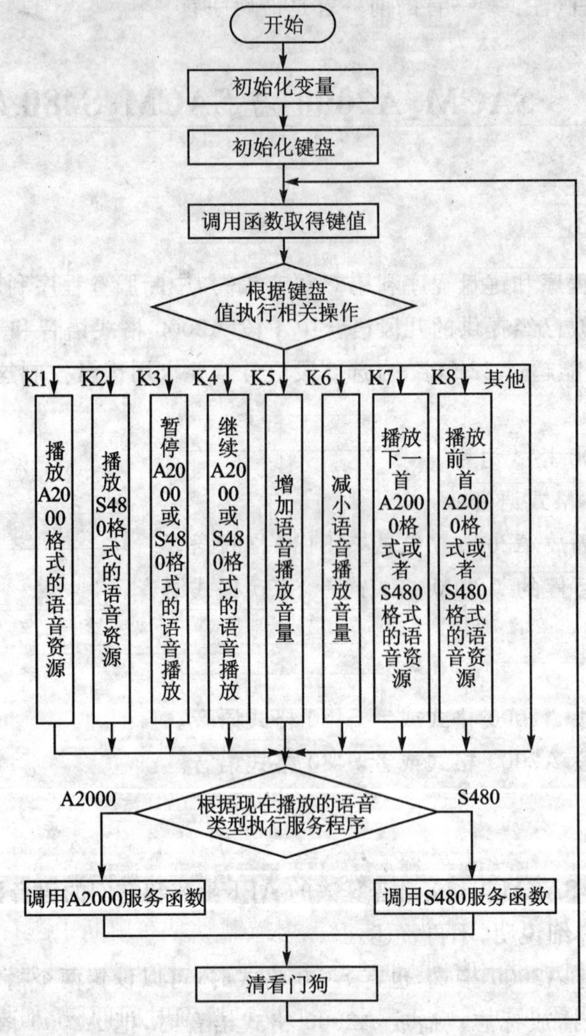

图 5-44　主程序流程图

注意： SACM_A2000 和 SACM_S480 的语音播放过程和 5.1 节实训和 5.2 节实训相同。

2. 键盘程序流程图

本实训是在中断中扫描键盘的。同样是利用延时的方法进行去抖处理，只不过延时的过程在本实训为响应多少次 128 Hz 中断的过程。键盘程序流程图如图 5-45～图 5-47 所示。

键盘初始化流程图如图 5-45(a)所示。初始化操作主要包含各定义寄存器清零，初始化 I/O 口，设置 IOA8(即 1×8 键盘的公共端 ROW)为同相高电平输出口，设置时基频率和开 128 Hz 中断操作。其中的扫描计数器是为了进行去抖处理而设置的，键值保存器是用来保存键值的，因为在以前的键盘去抖原理中提到，并不是立即返回从I/O口取得的键值，而要进行去抖，所以要先把取得的键值保存起来。键盘抬起确认寄存器也是为去抖而设置的另一个寄存器。键盘扫描程序流程图如图5-45(b)所示。键盘扫描程序事实上就是一个去抖程序。从图中可以看出，先判断是否有键按下，如果有的话，判断键值和上次扫描到的键值是否相同，如果相同，扫描计数器加1，也就是延时；如果不同，扫描计数器赋1，保存键值以便和下次扫描键值比较。如果没有键按下，认为键盘已经抬起。

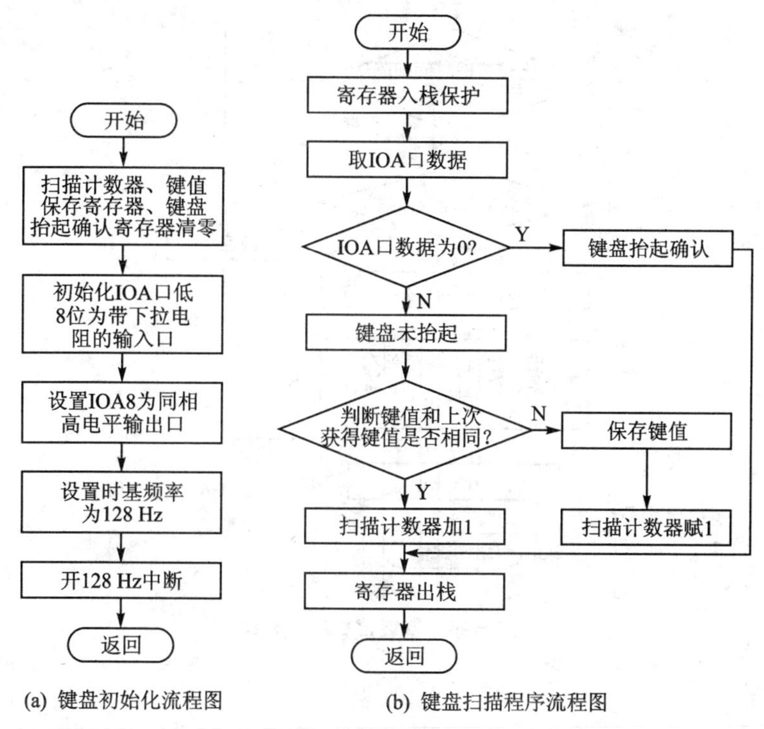

图5-45 键盘初始化及键盘扫描程序流程图

取键值程序流程图如图5-46所示。由于扫描键盘是在中断中进行的，所以取键值时要先关中断，判断是否延时到设定时间，即是否扫描了4次键值都相等，如果是，比较按键的时间间隔是否小于0.5 s，比较时间间隔主要是为了设定按键时间间隔，如果按键时间间隔大于0.5 s而且键盘确认抬起，键值就是键值保存寄存器的值；否则，键值为0；开中断后，返回键值。

如图5-47所示，在128 Hz中断中调用扫描键盘程序。

3. FIQ中断服务程序流程图

FIQ中断服务程序流程图如图5-48所示。由于语音播放中断服务子程序必须放在TMA_FIQ中断源上。进入中断服务程序必须先保护寄存器，接着判断是不是TMA_FIQ中断，是TMA_FIQ中断，则判断A2000语音播放标志是不是1，是1，则调用F_FIQ_Service_SACM_ A2000，不是1，则判断S480语音播放标志是不是为1，是1，则调用F_FIQ_Service_SACM_ S480，清中断标志，寄存器出栈，中断返回；不是1，则直接清中断标志，寄存器出栈，中

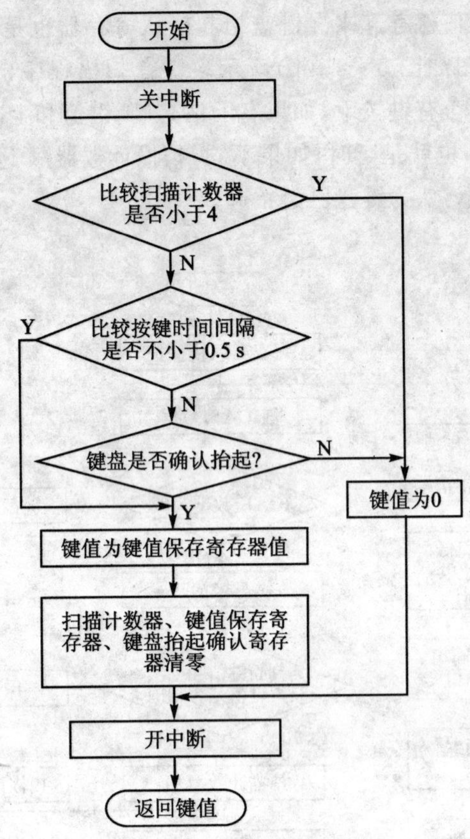

图 5-46　取键值程序流程图

断返回。

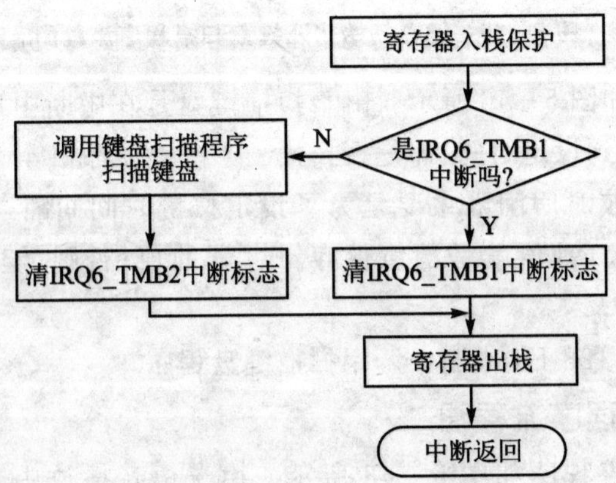

图 5-47　键盘中断服务程序流程图

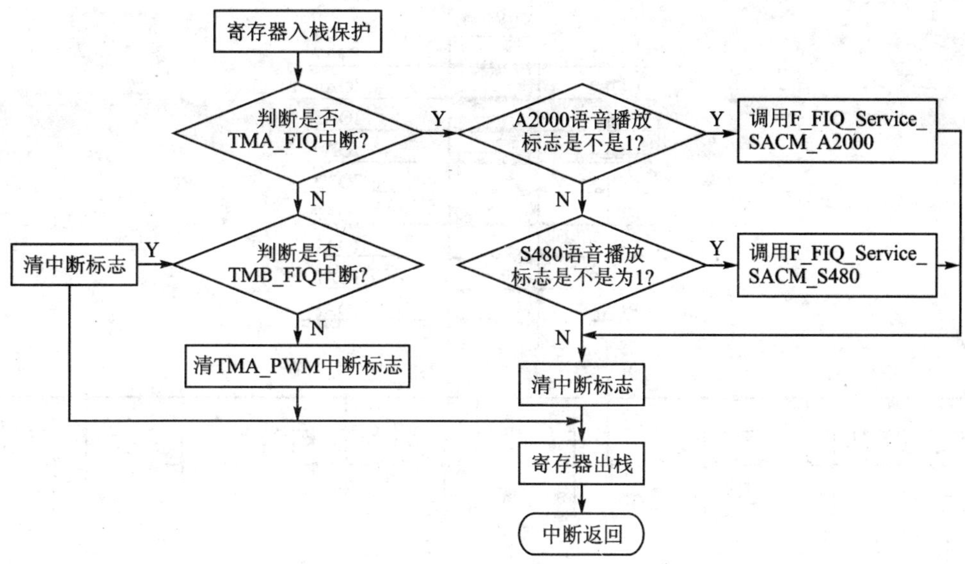

图 5-48 中断服务程序流程图

5.5.4 训练提示

【实训目的】

① 熟悉 SACM_A2000 与 SACM_S480 语音算法的头文件和 API 函数。

② 进一步掌握利用 SACM_A2000 或者 SACM_S480 语音格式播放语音的方法。

③ 掌握利用 SACM_A2000 和 SACM_S480 混合语音格式播放语音的方法及其编程方法。

【实训设备】

① 装有 Windows 系统和 μ'nSP™ IDE 集成开发环境的 PC 机 1 台,SPCE061A 实验仪1 套。

② 本实训用到的实验仪硬件模块为 CPU 区电路模块,供电电路模块,下载模式选择电路模块,I/O 口引出接口模块,1×8 键盘电路,DAC 输出电路模块。

【硬件连接】

硬件连接图如图 5-49 所示,IOA7~IOA0 连接 1×8 键盘 KEYPAD 的 COL1~COL8,IOA8 连接键盘的公共端 ROW,以设置键盘的公共端,即把 KEYPAD 的左右两排引针用跳线短接。

- K1:播放 A2000 格式语音。
- K2:播放 S480 格式语音。
- K3:暂停当前播放 A2000 格式或者 S480 格式语音。
- K4:恢复播放暂停的 A2000 格式或者 S480 格式语音。
- K5:音量增大。
- K6:音量减小。
- K7:播放下一段 A2000 格式或者 S480 格式语音。

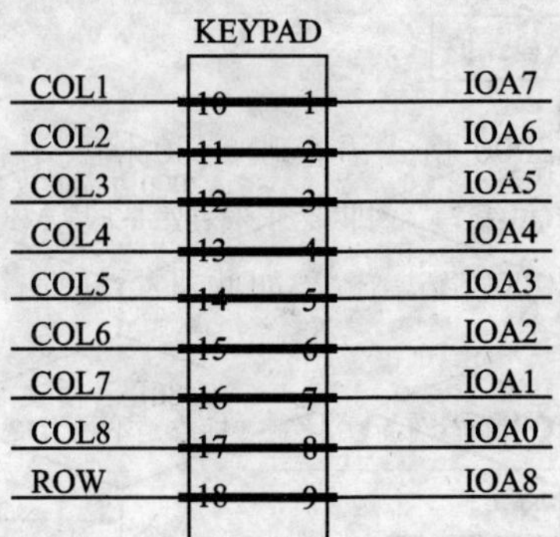

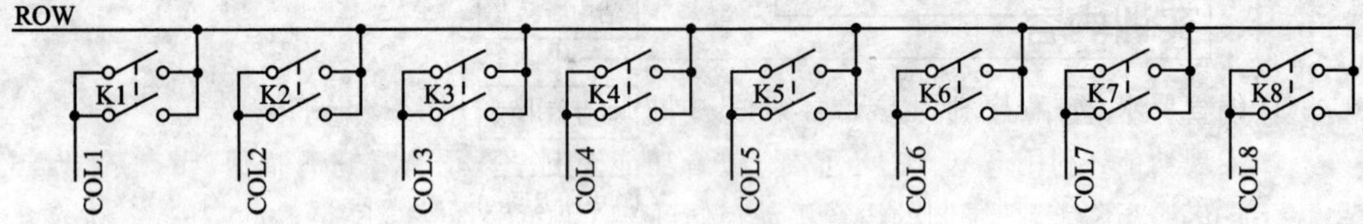

图 5-49 硬件连接图

➤ K8：播放前一段 A2000 格式或者 S480 格式语音。

【实训步骤】

① 新建一个工程 ex5_A2000_S480，在工程里新建 main.c 文件和 isr.asm 文件。

② 复制头文件：把 a2000.h、a2000.inc、s480.h、s480.inc 4 个文件复制到 ex5_A2000_S480 工程文件夹下。

③ 复制支持文件：把 hardware.h、hardware.inc 两个头文件和 hardware.asm 汇编语言文件复制到 ex5_A2000_S480 工程文件夹下。

④ 复制库文件：把 sacmv26e 语音库文件(文件名为：sacmv26e.lib)复制到 ex5_A2000_S480 工程文件夹下。

⑤ 复制资源文件：把 1 个 A2000 格式、2 个 S480 格式的语音资源文件复制到 ex5_A2000_S480 工程文件夹下。

⑥ 添加刚刚复制的 3 个语音资源文件到 ex5_A2000_S480 工程中。

⑦ 包含 sacmv26e.lib 库到 ex5_A2000_S480 工程中。

⑧ 添加 hardware.asm 文件到资源文件夹下。

⑨ 在 main.c 文件开始包含头文件 a2000.h、s480.h 和 hardware.h，在 isr.asm 文件开始包含文件 a2000.inc、s480.inc 和 hardware.inc。

⑩ 按照程序流程图编写程序。

⑪ 选择 Rebuild All 选项，出现没有定义 T_SACM_S480_SpeechTable 和没有定义 T_SACM_A2000_SpeechTable 的错误。同时把通道选择接口的靠近 DAC1 字样的两个引针(标有“DAC1”字样的引针和标有“音频”字样的引针)短接。

⑫ 根据与实验仪连接的扬声器播放的音乐判断是否符合实训要求。

⑬ 运行程序，按 K1～K8 键，根据与实验仪连接的扬声器播放的音乐判断是否符合实训要求。

5.5.5 拓展训练

编写程序实现间隔播放 A2000 格式语音和 S480 格式语音，主程序要求利用 C 语言编写，中断服务程序要求利用汇编语言编写。即要求播放一段 A2000 格式语音后，播放一段 S480 格式语音，接着再播放一段 A2000 格式语音，如此进行。所有语音要求只播放一遍。

5.6 实训六 SACM_DVR

5.6.1 实训内容

① 编程要求：主程序利用 C 语言编写，中断服务程序利用汇编语言编写。

② 实现功能：利用 SACM_DVR 录/放音功能录制一段语音并进行播放（录制的语音总大小不能超过 32K 字，把录制的语音手动存储到 SPCE061A 的 32 K 字 Flash 中）。

5.6.2 知识要点

1. SACM_DVR

SACM_DVR 具有录音和放音功能，采用 SACM_ A2000 压缩算法。录音时采用 16Kbits/s 采样率及 8Kbits/s 采样率获取语音资源，经过 SACM_A2000 压缩后手动地存储在 SPCE061A 的 32K 字 Flash 里面。

2. 利用 SACM_DVR 的录/放音过程

和所有的录/放音相同，利用 SACM_DVR 的录/放音过程包括录音和放音两个过程。

录音就是从语音采样、压缩编码到存储的过程。利用 SACM_DVR 的录音过程如图 5-50

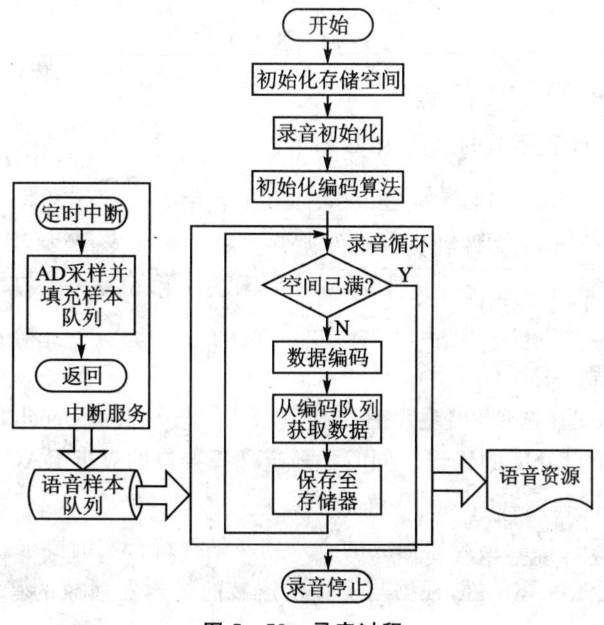

图 5-50 录音过程

所示，先进行存储器初始化和录音初始化，初始化存储器准备存储录制语音，初始化录音为手动方式，再进行初始化编码算法。

进入录音循环，如果存储器空间还没有满，则继续录入语音数据并进行编码，保存到存储器中；如果存储器空间已满，则停止录音。

放音就是从取存储器语音数据、译码到输出播放的过程。利用 SACM_DVR 放音过程如图 5-51 所示，和 SACM_A2000 播放语音的过程类似，初始化播放为手动方式，初始化解码队列和解码算法；进入放音循环，判断是否播放结束，没有，继续填充语音队列，译码播放；播放结束，则停止播放。

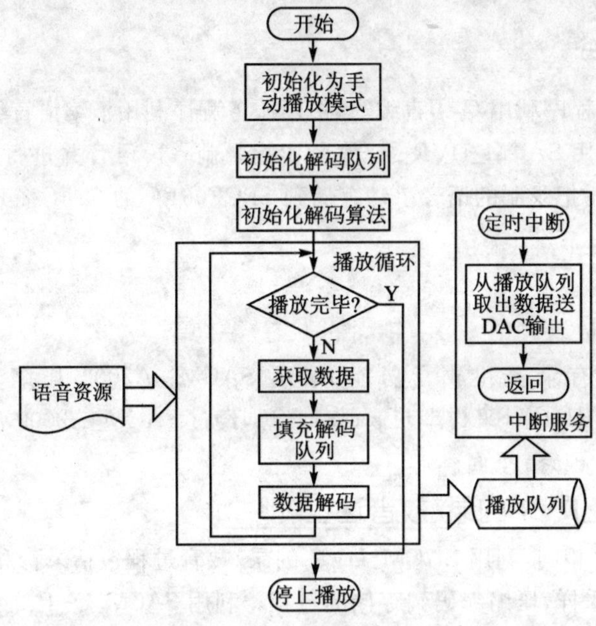

图 5-51 放音过程

3. SACM_DVR 的 API 函数

SACM_DVR 录/放音相关的 API 函数如下：

```
int SACM_DVR_Initial(int Init_Index)                                //初始化
unsigned int SACM_DVR_Status(void)                                  //获取 SACM_DVR 模块的状态
void SACM_ DVR _InitEncoder(int RceMonitorStatus,ADC_Channel)       //初始化编码器
void SACM_ DVR _Encoder(void)                                       //编码
void SACM_ DVR _StopEncoder(void)                                   //停止编码
void SACM_ DVR _Stop(void)                                          //停止录音
void SACM_ DVR _ InitDecoder(int Channel)                           //初始化译码器
void SACM_ DVR _Decoder(void)                                       //译码
void SACM_ DVR _InitQueue(void)                                     //初始化队列
unsigned int SACM_ DVR _TestQueue(void)                             //获取语音队列状态
int SACM_ DVR _FetchQueue(void)                                     //获取录音编码数据
void SACM_ DVR _FillQueue(unsigned int encoded - data)              //填充队列
```

这些函数的详细说明如下：

(1)【API 格式】

C：int SACM_DVR_Initial(int Init_Index)

ASM：R1=[Init_Index]

Call F_ SACM_DVR_Initial

【功能说明】 SACM_ DVR 语音播放之前的初始化：设置中断源、定时器以及播放方式(自动、手动)。

【参数】 Init_Index=0 表示手动方式；Init_Index=1 则表示自动方式。

【返回值】

0：代表语音模块初始化失败；

1：代表初始化成功。

【备注】 录/放音的格式采用 SACM_A2000。

(2)【API 格式】

C：unsigned int SACM_DVR_Status(void)

ASM：Call F_ SACM_DVR_Status

【返回值】 R1。

【功能说明】 获取 SACM_ DVR 模块的状态。

【参数】 无。

【返回值】 SACM_ DVR 模块的状态返回值如图 5-52 所示。

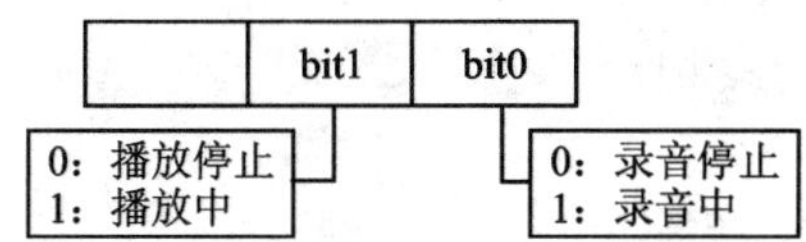

图 5-52 SACM_DVR 状态返回值

【备注】 该函数仅用于 DVR 的手动方式下。

(3)【API 格式】

C：void SACM_ DVR _InitEncoder(int RceMonitorStatus,int ADC_Channel)

ASM：R1= RceMonitorStatus

R2 = ADC_Channel

Call F_SACM_ DVR_InitEncoder

【功能说明】 初始化编码器。

【参数】

RceMonitorStatus：0 表示 RceMonitor 关闭；1 表示 RceMonitor 打开。

ADC_Channel：0 表示使用 SPCE061A；1 表示使用 SPCE500。

【返回值】 无。

【备注】 只能通过非自动方式对语音资料解压缩。

(4)【API 格式】

C：void SACM_ DVR _Encoder(void)

ASM：Call F_ SACM_ DVR _Encoder

【功能说明】 开始以手动方式对录制声音进行编码。

【参数】 无。

【返回值】 无。

(5)【API 格式】

C：void SACM_ DVR _Stop(void)

ASM：Call F_ SACM_ DVR _Stop

【功能说明】 停止录音。

【参数】 无。

【返回值】 无。

(6)【API 格式】

C：void SACM_DVR _InitDecoder(int Channel)

ASM：R1 = Channel

Call F_SACM_DVR _InitDecoder

【功能说明】 初始化译码器。

【参数】

Channel = 1 表示用 DAC1 通道播放。

Channel = 2 表示用 DAC2 通道播放。

Channel = 3 表示用 DAC1 和 DAC2 双通道播放。

【返回值】 无。

【备注】 该函数仅用于手动方式。

(7)【API 格式】

C：void SACM_DVR _Decoder(void)

ASM：Call F_SACM_ DVR _Decoder

【功能说明】 从语音队列里获取的 SACM_ DVR 语音资料，并进行译码，然后通过中断服务子程序将其送入 DAC 通道播放。

【参数】 无。

【返回值】 无。

【备注】 该函数仅用于手动方式对语音资源进行译码。

(8)【API 格式】

C：void SACM_ DVR _InitQueue(void)

ASM：Call F_ SACM_ DVR _InitQueue

【功能说明】 初始化队列。

【参数】 无。

【返回值】 无。

【备注】 该函数仅用于手动方式。

(9)【API 格式】

C：unsigned int SACM_ DVR _TestQueue(void)

ASM：Call F_ SACM_ DVR _TestQueue

【返回值】 R1。

【功能说明】 获取语音队列状态。

【参数】 无。

【返回值】

R1 = 0,语音队列不空不满。

R1 = 1,语音队列满。

R1 = 2,语音队列空。

【备注】 用户仅能通过手动方式测试语音队列状态。

(10)【API 格式】

C：int SACM_DVR _FetchQueue(void)

ASM：Call F_SACM_DVR _FetchQueue

【返回值】 R1。

【功能说明】 获取录音编码数据。

【参数】 无。

【返回值】 16 位录音数据。

【备注】 仅用于手动方式下。

(11)【API 格式】

C：void SACM_ DVR _FillQueue(unsigned int encoded—data)

ASM：R1 =[语音编码资料]

Call F_ SACM_ DVR _TestQueue

【功能说明】 填充 SACM_A2000 语音资源到 DVR 译码器等待播放。

【参数】 encoded-data 为语音编码资料。

【返回值】 无。

【备注】

① 语音资料格式为 SACM_ A2000 编码格式；

② 从语音队列里至少每 48 ms 获取 48 字的资料(16 K 资料采样率)；

③ 仅用于非自动方式下。

(12) ASM：Call F_ FIQ_ Service_SACM_ DVR

【功能说明】 用作 SACM_ DVR 语音背景程序的中断服务子程序。通过前台子程序(手动方式的 SACM_ DVR_Decoder)对语音资料进行译码。然后将其送入 DAC 通道播放。即 FIQ 中断服务子程序用于声音播放的背景程序;同时 FIQ 中断服务子程序也用于声音录制的背景程序。

【参数】 无。

【返回值】 无。

【备注】 SACM_DVR 语音背景子程序只有汇编指令形式,且应将此子程序安置在 TMA_FIQ 中断源上。

5.6.3 软件流程

根据实训原理,利用 SACM_DVR 进行语音录放分为录音和放音的过程,而且在录音和放音的过程中还要存储数据和读取数据(由于在4.21节已经掌握,这里直接提供写Flash一个字的程序和读Flash一个字的程序)。为了程序的模块化,工程程序分为以下几个模块进行编写:主程序模块,录音程序模块、放音程序模块。

1. 主程序流程图

在主程序里,调用录音程序进行录音,调用放音程序进行放音。主程序流程图如图5-53所示。

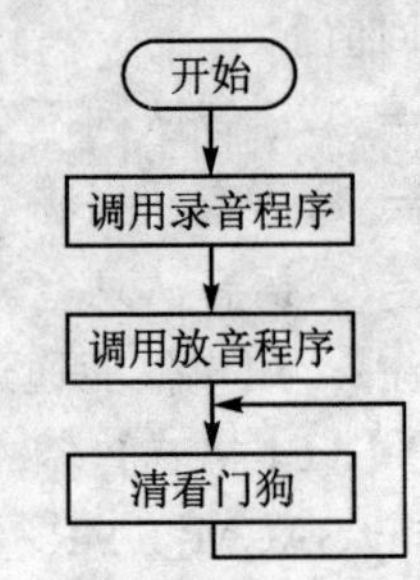

图5-53 主程序流程图

2. 录音程序模块

录音程序流程图如图5-54所示。由于要把录制的语音放到Flash存储器中,所以需要先擦除Flash,初始化录音、编码器及队列,指定存储语音资源的起始地址,设置录音状态标志为1,进入录音循环。如果录音状态标志为1,判断是否到录音的结束地址,否则继续录音编码,把编码数据存储到Flash;是则停止录音,设置录音状态标志为0。如果录音状态标志为0,返回到主程序。

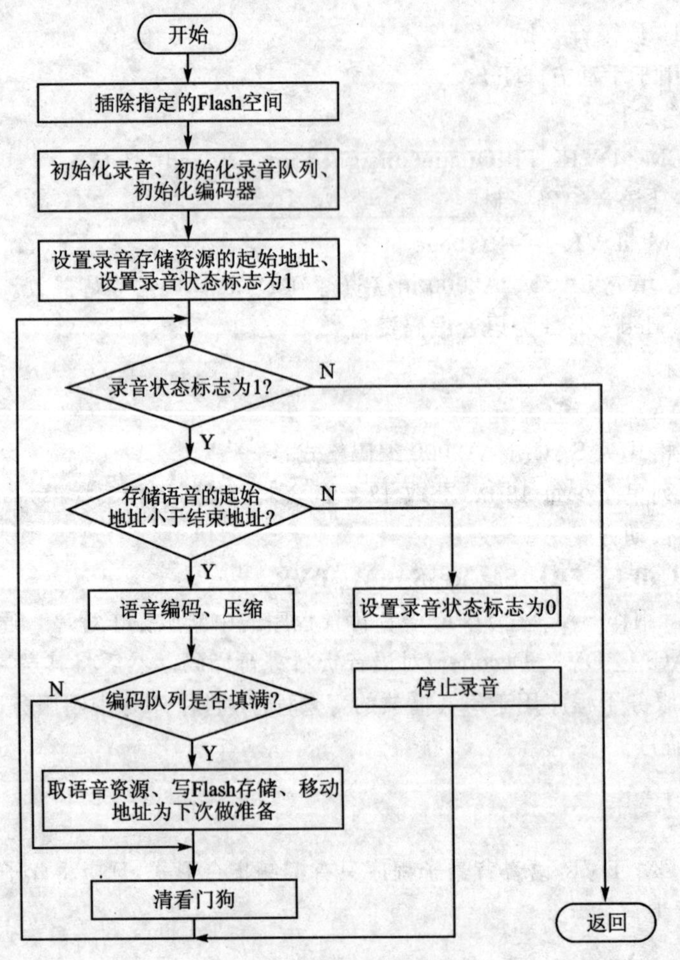

图5-54 录音程序流程图

3. 放音程序模块

放音程序流程图如图 5－55 所示，放音过程是录音过程的反过程。同样先初始化录音、队列和译码器，指定语音资源的起始地址，判断译码队列是否填满，没填满，则判断是否为语音资源的结束地址，否则从 Flash 取数据，填充队列。判断译码队列是否为空，否则继续译码放音；是则停止播放，返回主程序。

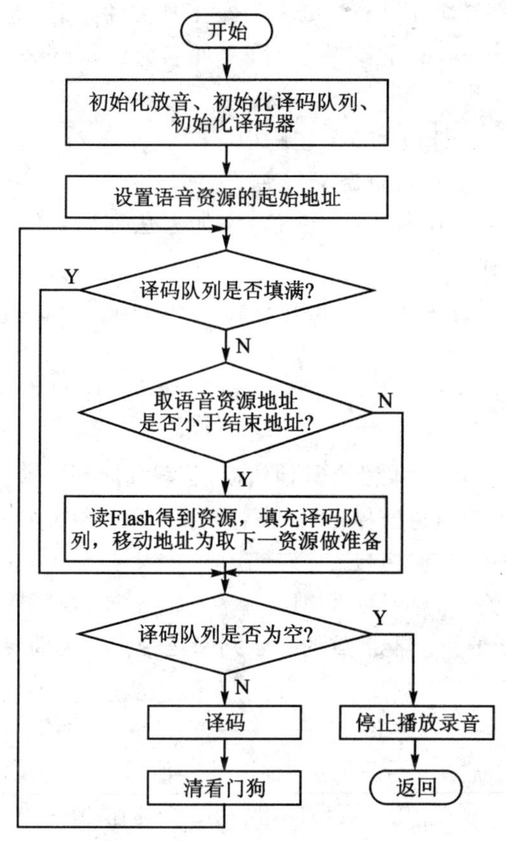

图 5－55　放音程序流程图

5.6.4　训练提示

【实训目的】

① 熟悉 SACM_ DVR 的录/放音原理和 SACM_ DVR 的 API 函数。

② 掌握利用 SACM_ DVR 功能进行录/放音的方法及其编程方法。

【实训设备】

① 装有 Windows 系统和 μ'nSP™ IDE 集成开发环境的 PC 机 1 台，SPCE061A 实验仪1 套。

② 本实训用到的实验仪硬件模块为 CPU 区电路模块，供电电路模块，下载模式选择电路模块，音频 MIC 输入、DAC 输出电路模块。

【实训步骤】

① 建立一个新工程 ex6_Dvr。在这个工程中建立一个新的 C 语言文件，文件名为 main；建立一个新的汇编语言文件，文件名为 isr。

② 复制头文件：把 dvr. h 和 dvr. inc 两个文件复制到 ex6_Dvr 工程文件夹下。

③ 复制支持文件：把 hardware. h、hardware. inc 两个头文件和 hardware. asm、flash. asm、sram. asm 3 个汇编语言文件复制到 ex6_Dvr 工程文件夹下。

④ 复制库文件：把 sacmv26e 语音库文件（文件名为：sacmv26e. lib）复制到 ex6_Dvr 工程文件夹下。

⑤ 包含 sacmv26e. lib 库到 ex6_Dvr 工程中。

⑥ 添加 hardware. asm 文件到资源文件夹下。

⑦ 添加提供已经提供的 flash. asm 文件，添加方法和添加 hardware. asm 文件的方法相同。

⑧ 在 main. c 文件开始包含头文件 dvr. h 和 hardware. h，在 isr. asm 文件开始包含文件 hardware. inc 和 dvr. inc。

⑨ 按照程序流程图在 main 文件里编写主程序、录音程序和放音程序；在 isr 文件里编写中断服务程序。

⑩ 选择 Rebuild All 选项，如果没有其他错误，下载程序到实验仪。注意把扬声器接在上面的一个扬声器接口，同时把通道选择接口的靠近 DAC1 字样的两个引针（标有“DAC1”字样的引针和标有“音频”字样的引针）短接。

⑪ 运行程序，通过实验仪的小麦克（MIC）录音。

⑫ 根据与实验仪连接的扬声器播放的音乐判断是否符合实训要求。

5.6.5 拓展训练

编写程序实现分段录/放音：分别录入“你”“我”“他”，把这 3 段语音分别存储在 Flash 的不连续区域里（例如“你”存放在前 20 页空间里，“我”存储在 40～60 页空间里），并能把这些语音播放出来。

5.7 实训七 SACM_MS01

5.7.1 实训内容

① 编程要求：主程序利用 C 语言编写，中断服务程序利用汇编语言编写。

② 实现功能：利用 SACM_MS01 算法播放已经提供的 4 段乐曲，要求用键盘控制这 4 段乐曲的播放，各个按键的功能分别如下：

- K1：播放。
- K2：停止播放。
- K3：暂停当前播放乐曲。
- K4：恢复播放暂停的乐曲。

➤ K5：音量增大。
➤ K6：音量减小。
➤ K7：播放下一段乐曲。
➤ K8：播放前一段乐曲。

5.7.2 知识要点

1. SACM_MS01 音频算法

SACM_MS01 是 FM 音乐合成方法。遵照 SPCE061A 编曲格式，用 DTM&MIDI(音源＋MIDI 键盘＋作曲软件)的方法演奏自动生成 *.mid 文件，再用凌阳 MIDI2POP.EXE 转成 *.POP 文件。对于一般用户来说，只需了解一般的放音功能即可。本实训中提供已经处理好的乐曲资源。

2. SACM_MS01 算法的 API 函数

SACM_MS01 相关的 API 函数如下：

```
int SACM_MS01_Initial(int Init_Index,int Mode)                        //初始化
void SACM_MS01_ServiceLoop(void)                                      //获取语音资
料,填入译码队列
void SACM_MS01_Play(int Speech_Index,int Channel,int Ramp_Set)        //播放
void SACM_MS01_Stop(void)                                             //停止播放
void SACM_MS01_Pause  (void)                                          //暂停播放
void SACM_MS01_Resume(void)                                           //暂停后恢复
void SACM_MS01_Volume(Volume_Index)                                   //音量的控制
unsigned int SACM_MS01_Status(void)                                   //获取模块的
状态
void SACM_MS01_ChannelOn(int Channel)                                 //接通通道
void SACM_MS01_ChannelOff  (int Channel)                              //关闭通道
void SACM_MS01_SetInstrument(Channel,Instrument,Mode)                 //设置乐曲配
器类型
```

中断服务函数为：

```
Call F_FIQ_Service_SACM_MS01
Call F_IRQ2_Service_SACM_MS01
Call F_IRQ4_Service_SACM_MS01
```

各函数具体内容如下：

(1)【API 格式】

C：int SACM_MS01_Initial(int Init_Index,int Mode)

ASM：R1 = [Init_Index]

R2 = [Mode]

Call F_SACM_MS01_Initial

【功能说明】 SACM_MS01 乐曲播放之前的初始化。

【参数】

Init_Index：

0：代表 PWM 音频输出方式；

1：DAC 音频输出方式下 24Kbits/s 的播放率。

2：DAC 音频输出方式下 20Kbits/s 的播放率。

3：DAC 音频输出方式下 16Kbits/s 的播放率。

Mode：

0：手动播放模式；

1：自动播放模式。

【返回值】

0：代表语音模块初始化失败。

4：代表 SACM_MS01 初始化成功。

【备注】

① 该函数初始化 MS01 的译码器，以及系统时钟（System clock）TimerA、TimerB、DAC，并且以 16/20/24 kHz 采样率触发 FIQ_TMA 中断。

② 初始化后会接通所有播放通道（0～5）。

③ 对于 SACM_MS01 模块，FIQ 中断服务子程序用于从前台程序（SACM_MS01_ServiceLoop()）的执行过程中获取乐曲译码资料；若未来事件不是音符而是由鼓点节奏引起，则其自适应音频脉冲编码方式（ADPCM）资料将被传入 IRQ2 进行译码，然后将二者混合在一起送出 DAC 通道播放。

(2)【API 格式】

C：void SACM_MS01_ServiceLoop(void)

ASM：Call F_SACM_MS01_ServiceLoop

【功能说明】 从资源中获取 SACM_MS01 语音资料，并将其填入解码队列自动译码。

【参数】 无。

【返回值】 无。

(3)【API 格式】

C：void SACM_MS01_Play(int Speech_Index,int Channel,int Ramp_Set)

ASM：R1 = [Speech _Index]

R2 = [Channel]

R3=[Ramp_Set]

Call SACM_MS01_Play

【功能说明】 开始播放一种 SACM_MS01 音调。

【参数】 Speech _Index 表示语音索引号。

Channel：1 表示通过 DAC1 通道播放。

2 表示通过 DAC2 通道播放。

3 表示通过 DAC1 和 DAC2 双通道播放。

Ramp_Set：0 表示禁止声音淡入淡出效果。

1 表示仅允许声音淡入。

2 表示仅允许声音淡出。

3 表示允许声音淡入/淡出。

【返回值】 无。

【备注】

① SACM_MS01 的数据率有 16 Kbits/s，20 Kbits/s，24 Kbits/s 3 种，可在同一模块的几种算法中自动选择一种。

② Speech_Index 是定义在 resource. inc 文件中资源表（T_SACM_MS01_SpeechTable）的偏移地址。

③ 中断服务子程序中 F_FIQ_Service_SACM_MS01 必须放在 TMA_FIQ 中断向量上（参见 SPCE 的中断系统）。

④ 函数允许 TimerA 以所选的数据采样率（计数溢出）中断。

(4)【API 格式】

C：void SACM_MS01_Stop(void)

ASM：Call F_SACM_MS01_Stop

【功能说明】 停止播放 SACM_MS01 乐曲。

【参数】 无。

【返回值】 无。

(5)【API 格式】

C：void SACM_MS01_Pause （void)

ASM：Call F_SACM_MS01_Pause

【功能说明】 暂停播放 SACM_MS01 乐曲。

【参数】 无。

【返回值】 无。

(6)【API 格式】

C：void SACM_MS01_Resume(void)

ASM：Call F_SACM_MS01_Resume

【功能说明】 恢复暂停播放的 SACM_MS01 语音或乐曲。

【参数】 无。

【返回值】 无。

(7)【API 格式】

C：void SACM_MS01_Volume(Volume_Index)

ASM：R1=[Volume_Index]

Call F_SACM_MS01_Volume

【功能说明】 在播放 SACM_MS01 语音时改变主音量。

【参数】 Volume_Index 为音量数，音量从最小到最大可在 0～15 之间选择。

【返回值】 无。

(8)【API 格式】

C：unsigned int SACM_MS01_Status(void)

ASM：Call F_SACM_MS01_Status

【返回值】 R1。

【功能说明】 获取 SACM_MS01 乐曲播放的状态。

【参数】 无。

【返回值】 R1 的值 bit0＝0 时，表示乐曲播放结束；当 R1 的值 bit0＝1 时，表示乐曲在播放中。其他状态位(bit8～bit13)如图 5－56 所示。

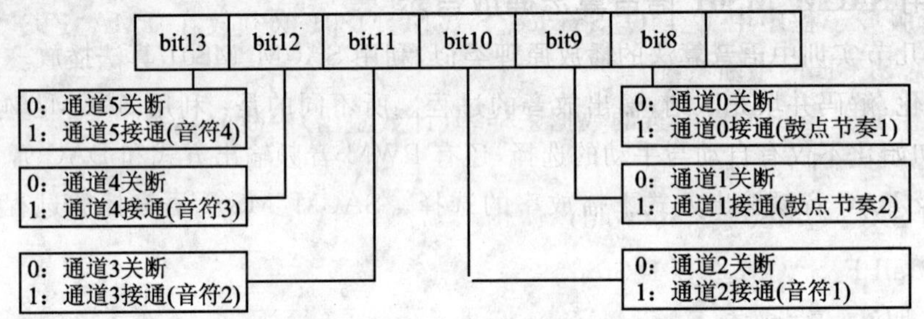

图 5－56 SACM_MS01 部分状态返回值

(9)【API 格式】

C：void SACM_MS01_ChannelOn(int Channel)

ASM：R1 ＝［Channel］

Call F_SACM_MS01_ChannelOn

【功能说明】 将 SACM_MS01 乐曲播放通道之一接通。

【参数】 Channel 为 0～5 之间整数，其中 0，1 代表鼓点节奏通道，2～5 则代表音符通道。

【返回值】 无。

(10)【API 格式】

C：void SACM_MS01_ChannelOff(int Channel)

ASM：R1 ＝［Channel］

Call F_SACM_MS01_ChannelOff

【功能说明】 将 SACM_MS01 乐曲播放通道之一关断。

【参数】 Channel 为 0～5 之间整数，其中 0，1 代表鼓点节奏通道，2～5 则代表音符通道。

【返回值】 无。

(11)【API 格式】

ASM：Call F_FIQ_Service_SACM_MS01

ASM：Call F_IRQ2_Service_SACM_MS01

ASM：Call F_IRQ4_Service_SACM_MS01

【功能说明】 SACM_MS01 模块，FIQ 中断服务子程序用于从前台程序(SACM_MS01_ServiceLoop())的执行过程中获取乐曲译码资料；若未来事件不是音符而是由鼓点节奏引起，则其自适应音频脉冲编码方式(ADPCM)资料将被传入 IRQ2 进行译码，然后将二者混合在一起送出 DAC 通道播放。

【参数】 无。

【返回值】 无。

【备注】

① SACM_MS01 中断服务子程序只有汇编指令形式。

② F_FIQ_Service_SACM_MS01 中断服务子程序必须放在 TMA_FIQ 中断源上；而 F_IRQ2_Service_SACM_MS01 和 F_IRQ4_Service_SACM_MS01 应分别安置在 IRQ2_TMB 和 IRQ2_1K 中断源上。

3. 利用 SACM_MS01 语音算法播放音乐

和前面几节实训中语音算法的播放原理类似，利用 SACM_MS01 算法播放一段乐曲也是要经过初始化，解码并填充队列，输出放音的过程。所不同的是：利用 SACM_MS01 算法播放乐曲时，初始化不仅有自动与手动的选择，还有 PWM 音频输出方式和 DAC 音频输出方式的选择，以及 DAC 音频输出方式下播放率的选择。SACM_MS01 语言播放过程如图 5-57 所示。

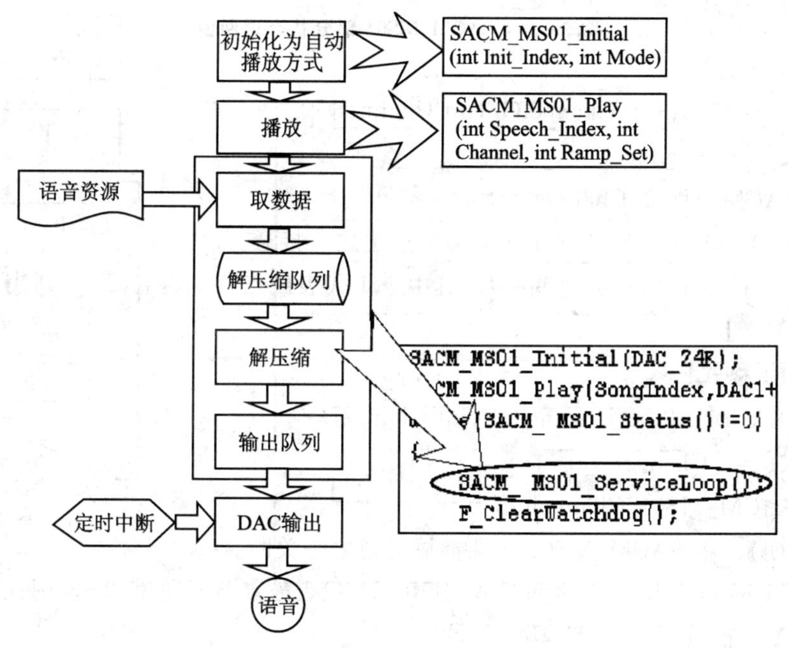

图 5-57　SACM_MS01 语音播放过程

5.7.3　软件流程

1. 主程序流程图

主程序流程图如图 5-58 所示，初始化 IO 口，并初始化播放程序，即初始化为 DAC 音频输出方式下 24 K 的播放率，并以双通道、声音可增减的方式播放。接着进入扫键及键值处理主循环：当 K1 键按下时，播放乐曲；K2 键按下时，停止播放；K3 键按下时，暂停播放；K4 键按下时,继续暂停前的播放;K5 键按下时,音量增大;K6 按下时,音量减小;K7 按下时,播放下一段乐曲;K8 按下时,播放前一段乐曲。

2. 键盘程序流程图

本实训中采用延时取键值的方法进行去抖处理。注意在程序中先把 IOA8 设置为高电平,键盘程序流程图如图 5-59 所示。

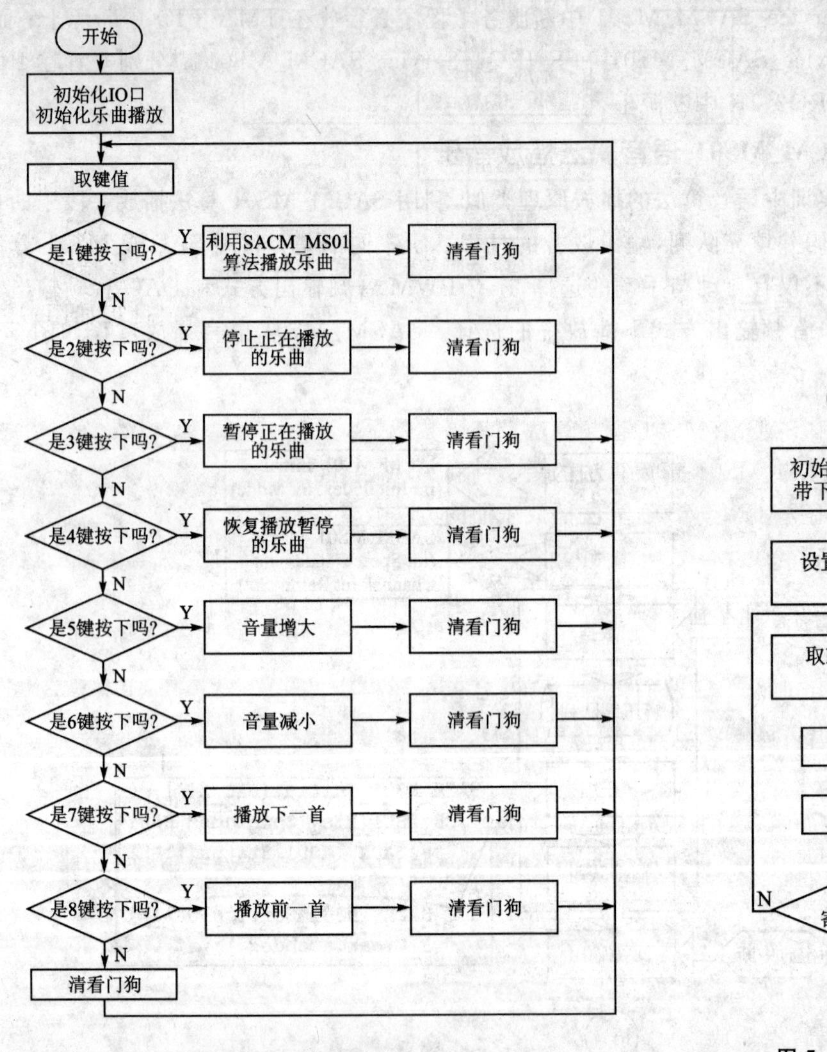

图 5-58 主程序流程图

图 5-59 键值程序

3. 中断服务程序流程图

中断服务程序流程图如图 5-60 所示。在实训原理中已经说明,中断服务子程序必须放在 TMA_FIQ 中断源上。而且由于 F_FIQ_Service_SACM_MS01(本实训用此函数)、F_IRQ2_Service_SACM_MS01、F_IRQ4_Service_SACM_MS01 3 个函数都会破坏 R1~R5 寄存器,所以进入中断服务程序必须先保护寄存器。接着判断是不是 TMA_FIQ 中断,是则调用 F_FIQ_Service_SACM_MS01,清中断标志,寄存器出栈,中断返回;否则直接清中断标志,寄存器出栈,中断返回。

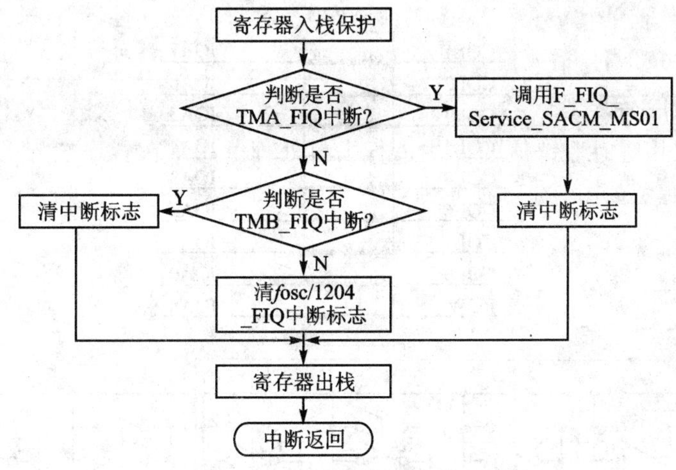

图 5-60　中断服务程序流程图

5.7.4　训练提示

【实训目的】

① 了解凌阳 SACM_MS01 音频算法及其函数库。

② 熟悉 SACM_MS01 音频算法的头文件和 API 函数。

③ 掌握利用 SACM_MS01 算法播放乐曲的方法及其编程方法。

【实训设备】

① 装有 Windows 系统和 μ'nSP™ IDE 集成开发环境的 PC 机 1 台，SPCE061A 实验仪1 套。

② 本实训用到的实验仪硬件模块为 CPU 区电路模块，供电电路模块，下载模式选择电路模块，I/O 口引出接口模块，1×8 键盘电路，DAC 输出电路模块。

【硬件连接】

硬件连接图如图 5-61 所示，IOA7～IOA0 连接 1×8 键盘 KEYPAD 的 COL1～COL8，IOA8 连接键盘的公共端 ROW，以设置键盘的公共端，即把 KEYPAD 的左右两排引针用跳线短接。

- K1：播放。
- K2：停止播放。
- K3：暂停播放。
- K4：恢复暂停播放。
- K5：音量增大。
- K6：音量减小。
- K7：播放下一段乐曲。
- K8：播放前一段乐曲。

【实训步骤】

① 新建一个工程 ex7_ms01，在工程里新建 C 语言文件 main.c 和汇编语言文件 isr.asm。

② 复制头文件：把 ms01.h 和 ms01.inc 两个头文件复制到 ex7_ms01 工程文件夹下。

③ 复制支持文件：把 hardware.h、hardware.inc 两个头文件和 hardware.asm 汇编语言

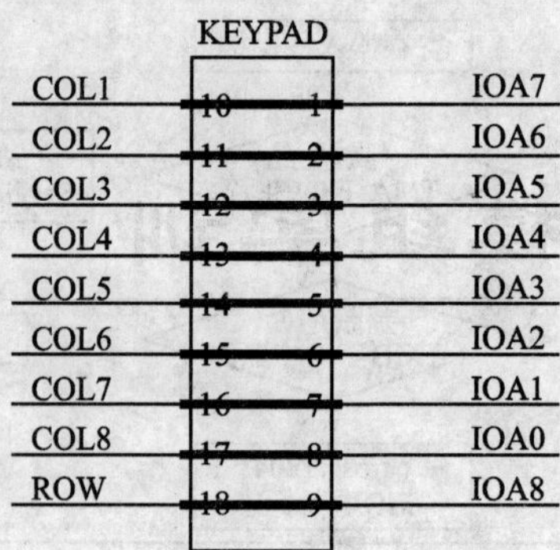

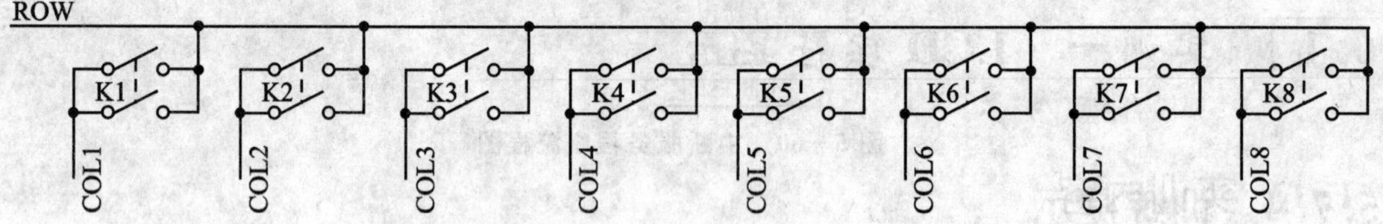

图 5-61　硬件连接图及各个键的功能

文件复制到 ex7_ms01 工程文件夹下。

④ 复制库文件：把 sacmv26e 语音库文件(文件名为：sacmv26e. lib)复制到 ex7_ms01 工程文件夹下。

⑤ 复制资源文件：可以在 C:\Program Files\Sunplus\unSP IDE Common\Example\SPCE061A\example\VoiceExa\ex7_MS01\SONG 以及 DRUM 文件夹当中找到乐曲资源，把乐曲资源文件复制到 ex7_ms01 工程文件夹下。

⑥ 添加乐曲资源文件到 ex7_ms01 工程中。

⑦ 包含 sacmv26e. lib 库到 ex7_ms01 工程中。

⑧ 添加 hardware. asm 文件到资源文件夹下。

⑨ 在 main. c 文件开始包含头文件 ms01. h 和 hardware. h，在 isr. asm 文件开始包含文件 ms01. inc 和 hardware. inc。

⑩ 按照程序流程图编写程序。

⑪ 选择 Rebuild All 选项，出现"没有定义 T_SACM_MS01_SongTable 和 T_SACM_MS01_DrumTable"的错误。

⑫ 在 resource. asm 文件中定义语音资源表和语音播放顺序(或者说定义语音索引号)。(同 5.6 节实训)

⑬ 选择 Rebuild All 选项，如果没有其他错误，下载程序到实验仪。注意把扬声器接在上面的一个扬声器接口，同时把通道选择接口的靠近 DAC1 字样的两个引针(标有"DAC1"字样的引针和标有"音频"字样的引针)短接。

⑭ 运行程序，根据与实验仪连接的扬声器播放的音乐判断是否符合实训要求。

5.7.5　拓展训练

编写程序实现利用 SACM_MS01 算法的顺序循环播放。要求：主程序利用 C 语言编写，中断服务程序利用汇编语言编写，从提供的语音资源中选择 5 段以上的音乐，按照顺序循环播放。

第6章 分立模组实训

6.1 实训一 LCD 字符显示

6.1.1 实训内容

① 编程要求：主程序利用 C 语言编写，调用驱动程序（驱动程序已提供在 C:\Program Files\Sunplus\unSP IDE Common\Example\SPCE061A\example\model_Exa\driver\SPLC501driver 中）。

② 实现功能：在 LCD 显示器上显示字符串“Sunplus”、“Technology for ”和“Easy Living”，这 3 个字符串分 3 行显示。

③ 实验现象：清屏，延时，显示“Sunplus”，延时，显示“Technology for”和“ Easy Living”，延时；再次清屏，延时，显示“Sunplus”，延时，显示“Technology for”和“ Easy Living”，延时；如此循环。

6.1.2 知识要点

1. SPLC501 液晶显示模组工作原理

SPLC501 液晶显示模组采用的驱动控制芯片为凌阳科技的 SPLC501A 芯片。SPLC501A 为液晶显示控制驱动器，采用单芯片液晶驱动，可以直接与其他微控制器接口总线相连。微控制器可以将显示数据通过 8 位数据总线或者串行接口写到 SPLC501A 的显存中。

SPLC501A 内置 8580 位显示 RAM。RAM 中的 1 位数据控制液晶屏上的 1 个像素点的亮、暗状态：“1”亮，“0”暗。具有 65 行驱动输出和 132 列驱动输出（注：模组中的液晶显示面板仅为 64 行、128 列）。SPLC501 液晶显示模组的显示器上的显示点与驱动控制芯片中的显示缓存 RAM 是一一对应的，SPLC501A 芯片中共有 65(8 页×8 位+1)×132 位的显示 RAM 区，而显示器的显示点阵大小为 64×128 点，所以实际上在 SPLC501 液晶显示模组中有用的显示 RAM 区为 64×128 位，按字节为单位划分，共分为 8 个页，每个 Page 为 8 行，而每 1 行有 128 位（即 128 列）。

如要点亮 LCD 屏上的某一个点时，实际上就是对该点所对应的显示 RAM 区中的某一位进行置 1 操作，所以就要确定该点所处的行地址、列地址。SPLC501 液晶显示模组的行地址实际上就是页的信息，每 1 个页应有 8 行，而列地址则表示该点的横坐标，在屏上为从左到右排列，页中的 1 个字节对应的是 1 列（8 行，即 8 个点），共 128 列。可以根据这样的关系在程序中控制LCD显示屏的显示。

2. SPLC501液晶显示模组驱动程序及英文字符显示API函数介绍

凌阳大学计划为SPLC501液晶显示模组提供了显示驱动程序。该程序由5个文件组成，包括底层驱动程序文件SPLC501Driver_IO.inc、SPLC501Driver_IO.asm，以及用户API功能接口函数文件SPLC501User.h、SPLC501User.c、DataOSforLCD.asm。

其中，在SPLC501User.c文件中定义了丰富易用的API函数，在SPLC501User.h文件中对这些函数进行了申明。SPLC501液晶显示模组英文字符显示相关的API函数如下：

```
void LCD501_Init(unsigned int InitialData)                    //初始化液晶显示
void LCD501_ClrScreen(unsigned int Mode)                       //点亮屏幕或清屏
void LCD501_SetPaintMode(unsigned int ModeCode)                //设置图形显示模式
unsigned int LCD501_GetPaintMode(void)                         //获取图形显示模式
void LCD501_FontSet(unsinged int Font)                         //选择显示字符的字体大小
unsigned int LCD501_FontGet(void)                              //获得显示字符的字体大小
void LCD501_Char(int x,int y,unsigned int a)                   //显示字符
void LCD501_PutString(int x,int y,unsigned int a)              //显示字符串
```

这些函数的详细说明如下：

(1)【API格式】

C：void LCD501_Init(unsigned int InitialData)

【功能说明】 液晶显示初始化。

【参数】 InitialData初始化显示的字，低8位有效。

InitialData=0x00：表示全屏不显示；

InitialData=0xFF：表示全屏显示。

【返回值】 无。

【备注】 在使用LCD前，首先应执行该函数，使LCD处于可以正常显示的状态。

(2)【API格式】

C：void LCD501_ClrScreen(unsigned int Mode)

【功能说明】 液晶整屏清屏函数。

【参数】 清屏类型。Mode=1：表示全屏点亮；Mode=0：表示全屏清零。

【返回值】 无。

(3)【API格式】

C：void LCD501_SetPaintMode(unsigned int ModeCode)

【功能说明】 设置图形显示模式。

【参数】 ModeCode选择图形显示模式，可以是下列数值之一：

0：PAINT_COVER，覆盖显示。图形所在位置的原有显示内容将被覆盖掉。

1：PAINT_SET，叠加显示。图形所在位置中原有的黑色点将被保留。

2：PAINT_CLR，擦除显示。图形反色显示，但图形所在位置中原有的白色点将被保留。

3：PAINT_REV，"异或"显示。图形中每一个点与原有的点做"异或"，即如果图形中某点的颜色与其所在位置原有的颜色相同，则该点显示白色；如果新颜色与原来颜色不同，则该点显示黑色4 PAINT_RECO取反并覆盖显示。原始图像数据取反，然后图形所在

位置的原有显示内容将被覆盖掉。

【返回值】 无。

(4)【API 格式】

C：unsigned int LCD501_GetPaintMode(void)

【功能说明】 获得图形显示模式。

【参数】 无。

【返回值】 ModeCode 图形显示模式，可以是下列数值之一：

0：PAINT_COVER，覆盖显示。图形所在位置的原有显示内容将被覆盖掉。

1：PAINT_SET，叠加显示。图形所在位置中原有的黑色点将被保留。

2：PAINT_CLR，擦除显示。图形反色显示，但图形所在位置中原有的白色点将被保留。

3：PAINT_REV，"异或"显示。图形中每一个点与原有的点做"异或"，即如果图形中某点的颜色与其所在位置原有的颜色相同，则该点显示白色；如果新颜色与原来颜色不同，则该点显示黑色 4 PAINT_RECO 取反并覆盖显示。原始图像数据取反，然后图形所在位置的原有显示内容将被覆盖掉。

(5)【API 格式】

C：void LCD501_FontSet(unsinged int Font)

【功能说明】 选择显示 ASCII 字符的大小类型

【参数】 Font 表示选择 ASCII 字符的大小。

Font=1，表示字体大小为 8×16。

Font=0，表示字体大小为 6×8。

【返回值】 无。

(6)【API 格式】

C：unsigned int LCD501_FontGet(void)

【功能说明】 获取当前显示 ASCII 字符的大小类型。

【参数】 无。

【返回值】 选择 ASCII 字符的大小。

1：表示字体大小为 8×16；

0：表示字体大小为 6×8。

(7)【API 格式】

C：void LCD501_Char(int x，int y，unsigned int a)

【功能说明】 显示单个 ASCII 字符。

【参数】

x 表示显示字符的起始列，x 的范围为 0～127。

y 表示显示字符的起始行，y 的范围为 0～63。

a 表示字符的 ASCII 码。

【返回值】 无。

(8)【API 格式】

C：void LCD501_PutString(int x，int y，unsigned int a)

【功能说明】 显示 ASCII 字符串。

【参数】

x表示显示字符的起始列，x的范围为0～127。

y表示显示字符的起始行，y的范围为0～63。

a表示字符串的首地址送到指针变量a。

【返回值】 无。

3. SPLC501液晶显示模组显示英文字符

利用SPLC501液晶显示模组显示英文(ASCII)字符时，需要对LCD进行初始化操作，以初始化LCD内部的供电方式、驱动设置等。在凌阳大学计划提供的SPLC501液晶显示模组的驱动程序中，提供了对SPLC501液晶显示模组的初始化程序，除了完成前面所述的操作外，该函数还可以初始化液晶的显示。初始化SPLC501液晶显示模组后，驱动程序默认设置图形显示模式为覆盖模式，ASCII字符的字型默认为8×16的大小。如果需要修改这些参数，可以调用对应的函数进行设置。

SPLC501液晶显示模组在完成初始化后，就可以调用单个ASCII字符显示或者ASCII字符串显示函数进行字符显示了。另外，驱动程序中还提供了多种图形显示模式，可以选择不同的图形显示模式来达到不同的显示效果。其程序如图6-1所示。

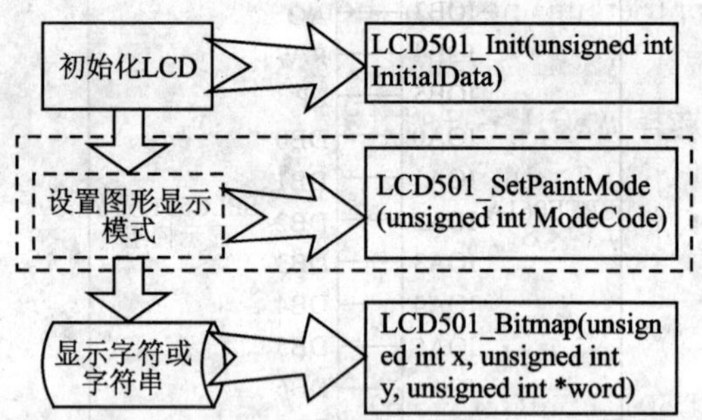

注：虚线框内表示这项可有可无，如果不调用这个函数设置图形显示模式，则默认设置图形显示模式为覆盖模式。

图6-1 SPLC501液晶显示模组显示英文字符的过程

6.1.3 软件流程

主程序流程图如图6-2所示。按照原理中讲的利用SPLC501液晶显示模组显示英文字符过程：初始化LCD，全屏点亮；进入显示字符循环，清屏后显示“Sunplus”，显示字号为8×16大小，显示在(30,3)坐标开始的位置；延时；分别显示“Technology for ”和“Easy Living”，显示字号为6×8大小，“Technology for ”显示在(0,40)坐标开始的位置，“Easy Living”显示在(50,50)坐标开始的位置；延时。这里两次延时只是为了能看清实训现象，没有其他特别的作用。

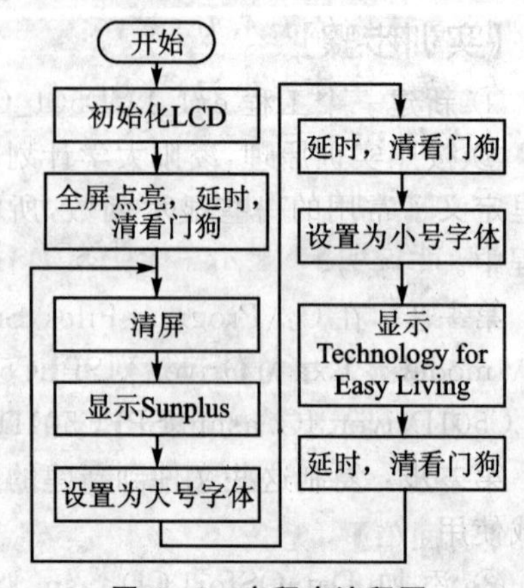

图6-2 主程序流程图

6.1.4 训练提示

【实训目的】

① 了解 SPLC501 液晶显示器的工作原理。

② 熟悉 SPCE061A 与 LCD 显示器的接口原理、控制方法。

③ 掌握利用液晶显示器显示字符的方法。

【实训设备】

① 装有 Windows 系统和 μ'nSP™ IDE 集成开发环境的 PC 机 1 台，SPCE061A 实验仪1 套。

② 本实训用到的实验仪硬件模块为 CPU 区电路模块，供电电路模块，下载模式选择电路模块，LCD 显示电路模块。

【硬件连接】

硬件连接图如图 6-3 所示。分别用跳线连接 IOB3 与 AO、IOB4 与 R/W、IOB5 与 EP、IOB2 与$\overline{CS}$、IOA0～IOA7 分别与 DB0～DB7，即用跳线把实验仪 LCD(＊)的所有引针全部短接。

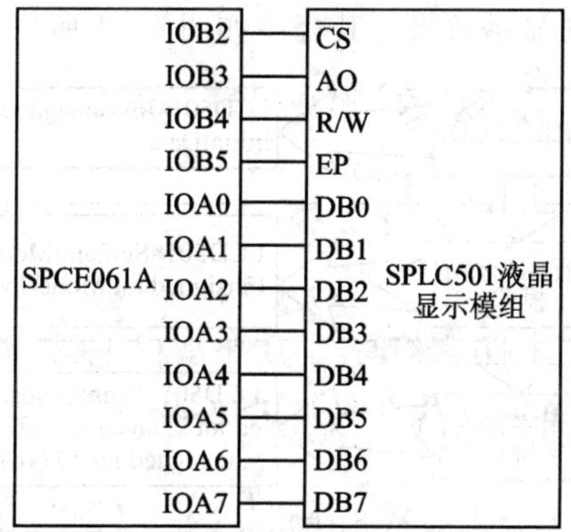

＊注：本书中以 v2.0.2 版本实验仪的标号为准，如果读者使用其他版本的实验仪，以硬件连接图为准。

图 6-3 硬件连接框图

【实训步骤】

① 新建一个工程 ex1_LCD501_Character，在工程中新建一个 C 语言文件 main.c。

② 按照实训原理，凌阳大学计划为 SPLC501 液晶显示模组提供了显示驱动程序，驱动程序里定义了常用的一些显示函数，所以这里先复制驱动程序文件到 ex1_LCD501_Character 工程中。

第一步：在 C:\Program Files\Sunplus\unSP IDE Common\Example\SPCE061A\example\ model _ Exa \ Driver \ SPLC501driver 下找到驱动文件 DataOSforLCD.asm 、SPLC501Driver_IO.asm 、SPLC501Driver_IO.inc 、SPLC501User.c 和 SPLC501User.h。

第二步：复制这些文件到新建的工程文件夹 ex1_LCD501_Character 下，以方便新建工程加载使用。

③ 添加 DataOSforLCD.asm、SPLC501Driver_IO.asm 和 SPLC501User.c 文件到"Source Files"文件夹下，添加 SPLC501Driver_IO.inc 和 SPLC501User.h 文件到"Head Files"文件夹下。添加方法和 5.1 节实训中添加"hardware.asm"文件方法一样，添加之后，在

编写程序时就可以直接使用其中的 API 函数了。

④ 按照实训原理，常用的 API 函数是在 SPLC501User.h 头文件中声明的，所以这里需要在 main.c 文件开始包含头文件 SPLC501User.h。

⑤ 按照程序流程图，在 main.c 文件里编写 C 语言程序，程序里调用 SPLC501 驱动程序中的子函数，控制 LCD 显示。

⑥ 选择 Rebuild All 选项。

⑦ 按照硬件连接图连接硬件。

⑧ 下载程序到实验仪，运行程序。

⑨ 观察实验仪 SPLC501 液晶显示模组的显示情况，分析是否和实训要求统一。

6.1.5 拓展训练

编写程序在 SPLC501 液晶显示器上显示一段英文文字(50 字符左右)，要求利用 2 个键盘控制显示。这 2 个键盘的功能如下：

- K1：下移，即如果按 K1 键，所有字符下移。
- K2：上移，即如果按 K2 键，所有字符上移。

6.2 实训二 LCD 汉字显示

6.2.1 实训内容

① 编程要求：主程序利用 C 语言编写，调用驱动程序(驱动程序已提供在 C:\Program Files\Sunplus\unSP IDE Common\Example\SPCE061A\example\model_Exa\driver\SPLC501driver 中)。

② 实现功能：在 LCD 显示器上显示 8 个汉字"凌"、"阳"、"科"、"技"、"落"、"实"、"生"、"活"，这 8 个字分 4 行显示，"凌"、"阳"两个字在同一行显示，"科"、"技"两个字在同一行显示，"落"、"实"两个字在同一行显示，"生"、"活"两个字在同一行显示。

③ 实验现象：清屏，持续一段时间，在第一行显示"凌"和"阳"；持续一段时间，在第二行显示"科"和"技"；持续一段时间，在第三行显示"落"和"实"；持续一段时间，在第四行显示"生"和"活"；持续一段时间，循环显示。

6.2.2 知识要点

1. DM Tool 字模提取工具

与显示英文字符(ASCII 码)不同，汉字不能直接显示在点阵的 LCD 显示器上，而是要借助一个工具，先把汉字转换成 LCD 显示器能显示的形式。凌阳科技教育推广中心提供了针对 μ'nSP™ 系列 16 位单片机的字模数据提取工具——DM Tool，可以利用此工具提取汉字字模、BMP 位图字模，还可以很方便地提取 ASCII 码字模。DM Tool 在凌阳大学计划网站 SPLC501 液晶模组资料里提供。

下面介绍利用 DM Tool 字模提取工具提取汉字字模的步骤。

第一步：安装好 DM Tool 后，在开始→程序→sunplus→DM Tool 选项打开 DM Tool 工

具栏，弹出如图 6-4 所示界面。

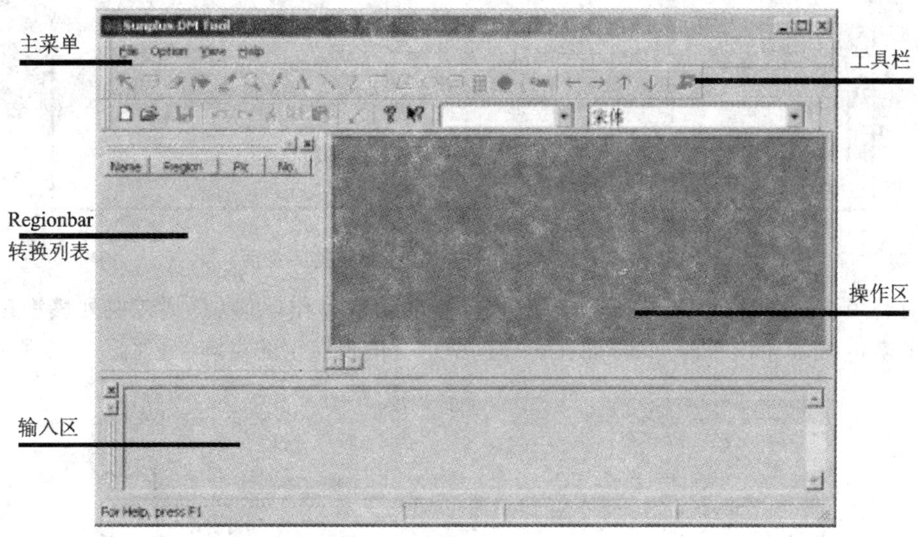

图 6-4　DM Tool 界面

第二步：选择 File→New 菜单项，新建工程，如图 6-5 所示。

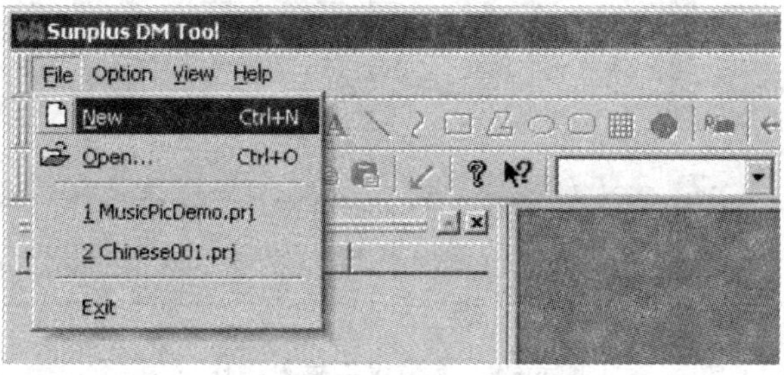

图 6-5　新建工程

选择后，即新建了一个工程，如图 6-6 所示。用户可以选择 File 菜单中的 Save 菜单项来保存工程，也可以直接对工程进行操作，进行字模数据提取的操作。

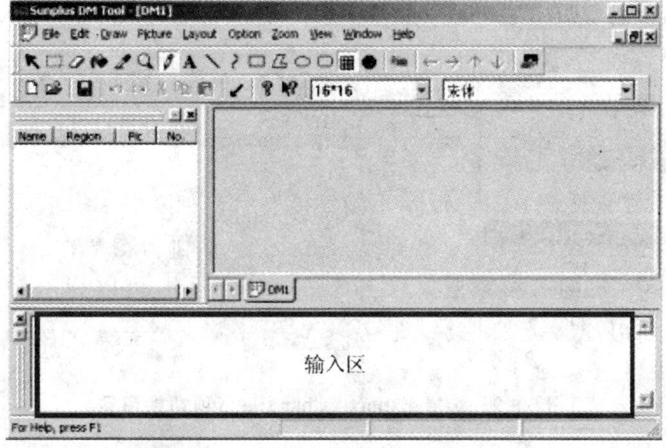

图 6-6　新建工程后的界面

第三步：在输入区中输入汉字“凌阳科技落实生活”，如图 6-7 所示。

图 6-7 在输入区中输入“凌阳科技落实生活”

这时利用快捷键组合“Ctrl＋Enter”完成汉字的输入操作，可以看到转换列表中出现“凌阳科技落实生活”4 个汉字的列表，而在操作区中也会出现汉字的点阵图，如图 6-8 所示。

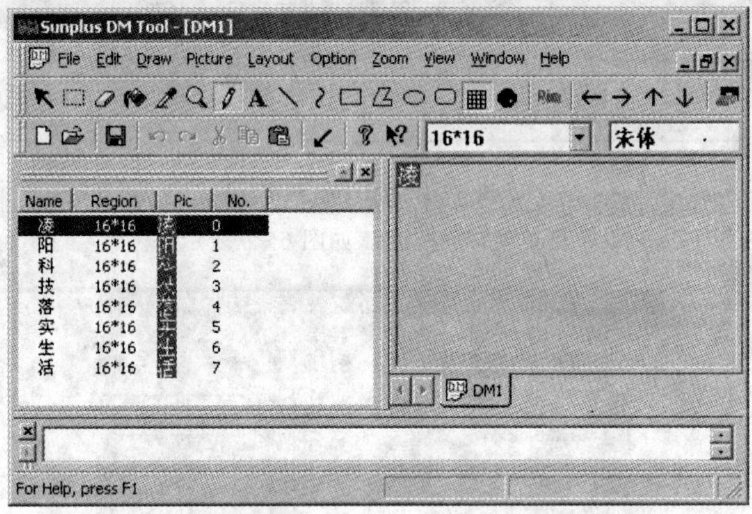

图 6-8 完成汉字输入操作

第四步：进行字模数据的提取。选择菜单 File 中的 Export CChar file 菜单项，或者直接用工具栏最右边的 Export 工具，如图 6-9 所示，打开字模数据生成窗口 Edit and Export CChar file，如图 6-10 所示。

图 6-9 选择 Export CChar file 选项切换窗口

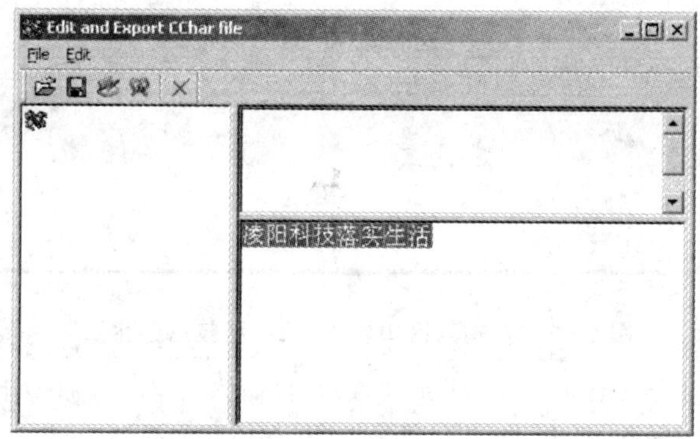

图 6-10 字模数据生成窗口

第五步：在字模数据生成窗口中，选择 File 菜单中的 Export CChar file 菜单项或工具栏中的 Export CChar file 工具，开始生成数据，即打开了 Export CChar file 对话框，如图 6-11 和图 6-12 所示。

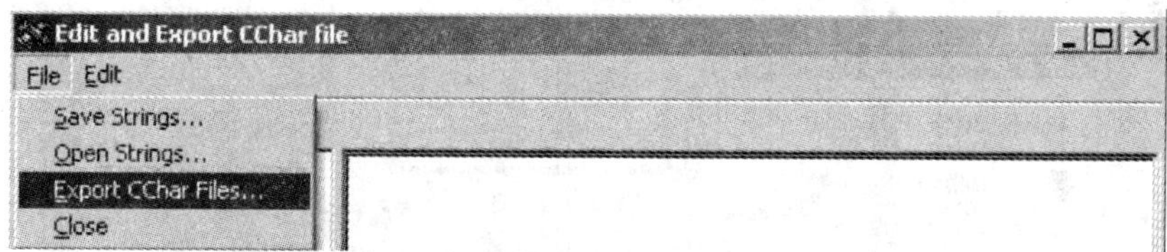

图 6-11 选择 Export CChar file 选项打开对话框

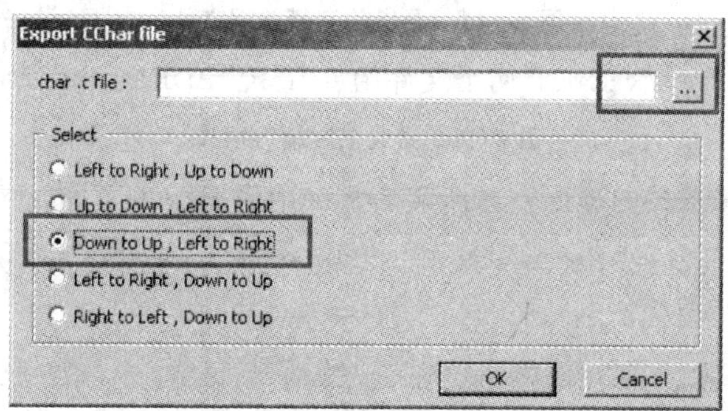

图 6-12 Export CChar file 对话框

第六步：在对话框的 Select 选项中，选择 Down to Up，Left to Right 选项；单击 char .c file：输入框的右边的工具，可以选择导出文件的路径和文件名，这里保存在“我的文档”中，文件名为 Mychar，如图 6-13 所示，然后单击“保存”按钮，返回 Export CChar file 对话框，再在 Export CChar file 中单击 OK 按钮，即可生成保存有字模数据的两个文件：Mychar. c 和 Mychar. h，如图 6-14 所示。

这时，汉字字模数据的生成操作已完成，已经生成了所需的字模数据文件：Mychar. c 和 Mychar. h。

导出文件后，用户可以关闭字模数据生成窗口，返回到 DM Tool 软件的主窗口，以便进行其他操作，DM Tool 软件的使用方法可以参考 DM Tool 的用户手册。

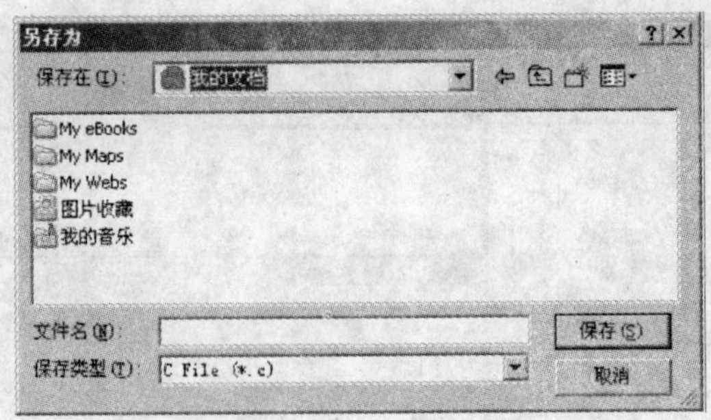

另存为
保存在(I): 我的文档
My eBooks
My Maps
My Webs
图片收藏
我的音乐
文件名(N):
保存(S)
保存类型(T): C File (*.c)
取消

图 6-13　选择路径和保存文件名

我的文档
文件(F) 编辑(E) 查看(V) 收藏(A) 工具(T) 帮助(H)
后退
搜索
文件夹
地址(D) 我的文档
转到
文件和文件夹任务
创建一个新文件夹
将这个文件夹发布到 Web
共享此文件夹
其它位置
My Webs
LotusInstall
111
Mychar
Mychar
图片收藏
我的音乐

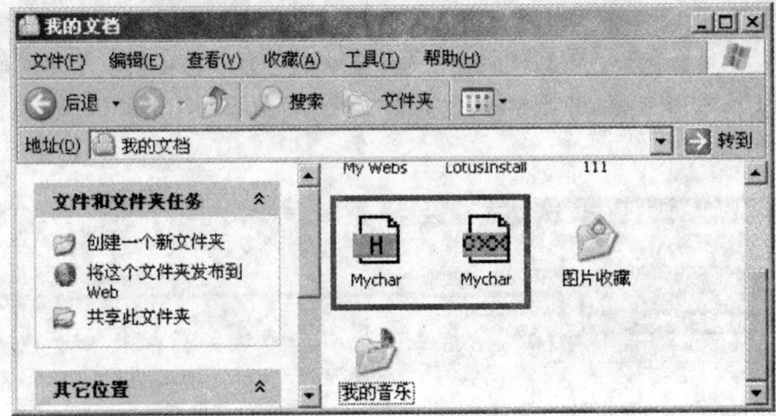

图 6-14　导出的字模数据文件

生成的 Mychar. c 和 Mychar. h 两个文件用 μ'nSP™ IDE 打开后，如图 6-15 和图 6-16 所示。

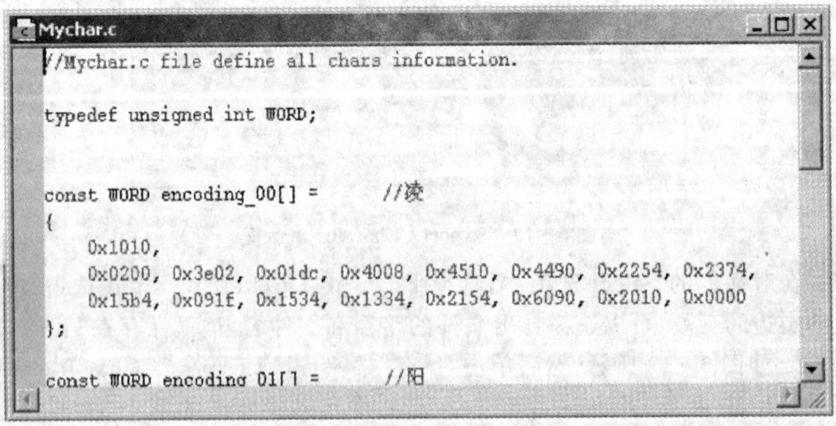

Mychar.c
//Mychar.c file define all chars information.
typedef unsigned int WORD;
const WORD encoding_00[] =   //凌
{
0x1010,
0x0200, 0x3e02, 0x01dc, 0x4008, 0x4510, 0x4490, 0x2254, 0x2374,
0x15b4, 0x091f, 0x1534, 0x1334, 0x2154, 0x6090, 0x2010, 0x0000
};
const WORD encoding_01[] =   //阳

图 6-15　生成的. c 文件

从图中可见，导出的字模数据以数组的形式保存，可以直接包含到工程中进行引用。

2. SPLC501 液晶显示模组汉字显示 API 函数介绍

驱动程序文件 SPLC501User. c 同样定义了显示汉字的 API 函数，在 SPLC501User. h 文

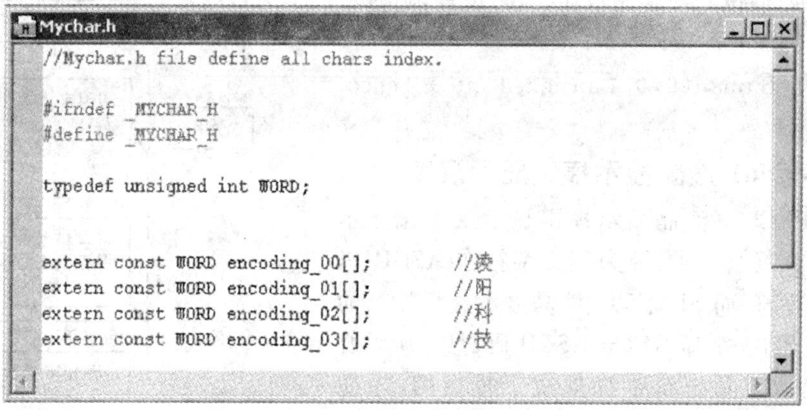

```
//Mychar.h file define all chars index.

#ifndef _MYCHAR_H
#define _MYCHAR_H

typedef unsigned int WORD;


extern const WORD encoding_00[];        //凌
extern const WORD encoding_01[];        //阳
extern const WORD encoding_02[];        //科
extern const WORD encoding_03[];        //技
```

图 6-16 生成的.h头文件

件里也对这些函数进行了申明。SPLC501 液晶显示模组英文字符显示相关的 API 函数如下：

```
void LCD501_Init(unsigned int InitialData)                                   //初始化液晶显示
void LCD501_ClrScreen(unsigned int Mode)                                     //点亮屏幕或清屏
void LCD501_SetPaintMode(unsigned int ModeCode)                              //设置图形显示模式
unsigned int LCD501_GetPaintMode(void)                                       //获取图形显示模式
void LCD501_Bitmap(unsigned int x,unsigned int y,unsigned int * word)        //显示汉字或者位图的字模数据
```

前面 4 个函数在 6.1 节实训中已经有详细说明，这里只介绍最后 1 个函数：

【API 格式】

C：void LCD501_Bitmap(unsigned int x,unsigned int y,unsigned int * word)

【功能说明】 显示汉字或者位图的字模数据。

【参数】

x 表示显示字符的起始列(0～128)。

y 表示要显示字模的起始行(0～64)。

* word 表示要显示汉字字模的数据首地址。

【返回值】 无。

【备注】 只显示用 DM Tool 取字模软件所取的汉字字模数据，该函数可以在指定位置显示位图。

参数 x 和 y 是位图的左上角坐标。word 是“位图数据”的起始地址。“位图数据”的第一个 word 声明了位图的大小，低 8 位代表位图宽度，高 8 位代表位图高度。如 0x172B 表示位图的宽为 43 像素，高为 23 像素。从第二个 word 开始描述位图每个点的颜色(1—黑色，0—白色)。点对应每个数据位的情况为：从下到上，自左到右，以 word(16 位)为存储单位，不足 16 位的补 0。可以利用凌阳大学计划提供的 DM Tool 字模提取工具提取出汉字或 BMP 图像的字模数据，然后直接引用由其生成的字模数组。

如果在 SPLC501 液晶显示模块上显示前面利用 DM Tool 生成的“凌”的字模数据，可以调用 LCD501_Bitmap 函数显示，可以看到，生成的 Mychar.c 文件中，“凌”字的字模数组为

encoding_00。假设“凌”字显示在(0,0)位置,则显示“凌”字的代码如下:

LCD501_Bitmap(0,0,(unsigned int *)encoding_00)。

3. SPLC501 液晶显示模组显示汉字

利用SPLC501液晶显示模组显示汉字比显示英文字符稍微复杂一点,因为英文字符在ASCII码中都有对应字符,而SPLC501液晶显示模组显示的都是ASCII码,汉字却不能与ASCII码对应,所以要先用字模提取工具把汉字提取成字模数据,才能显示。

利用SPLC501液晶显示模组显示汉字需要图6-17的操作过程。新建一个工程。利用字模提取工具提取字模数据,把字模数据文件保存在工程文件夹下,以方便工程调用。添加字模数据文件到工程中,程序可以直接使用这些字模数据。复制并添加驱动程序文件,编写程序,运行显示。

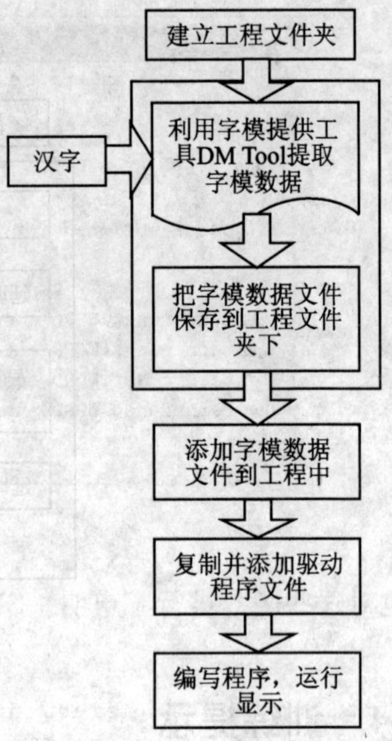

图6-17 利用SPLC501液晶显示模组显示汉字需要的操作过程

利用SPLC501液晶显示模组显示汉字的过程如图6-18所示,和显示英文字符的方法类似,所不同的是显示汉字的API函数为LCD501_Bitmap(unsigned int x,unsigned int y,unsigned int * word)。

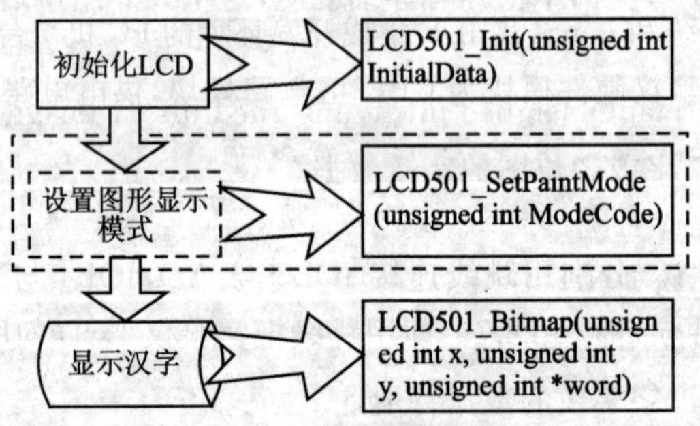

图6-18 SPLC501液晶显示模组显示汉字的过程

6.2.3 软件流程

主程序流程图如图6-19所示。和上面显示英文字符类似,初始化LCD,进入显示汉字循环:清屏,延时;显示“凌”“阳”,“凌”显示在(0,0)位置,“阳”显示在(16,0)位置,延时;显示“科”“技”,“科”显示在(32,16)位置,“技”显示在(48,16)位置,延时;显示“落”“实”,“落”显示在(64,32)位置,“实”显示在(80,32)位置,延时;显示“生”“活”,“生”显示在(96,48)位置,“活”显示在(112,48)位置,延时。

实训中的几次延时同样是为了看清楚实验现象,同时符合实训要求,没有其他特别的功能。

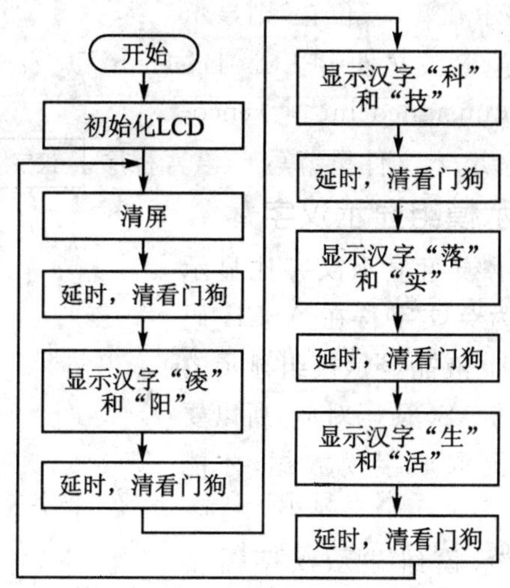

图6-19 主程序流程图

6.2.4 训练提示

【实训目的】

① 掌握DM Tool字模提取工具的使用方法。

② 掌握利用SPLC501液晶显示模组显示汉字的方法。

【实训设备】

① 装有Windows系统和μ'nSP™ IDE集成开发环境的PC机1台，SPCE061A实验仪1套。

② 本实训用到的实验仪硬件模块为CPU区电路模块，供电电路模块，下载模式选择电路模块，LCD显示电路模块。

【硬件连接】

硬件连接图同图6-3。分别用跳线连接IOB3与AO，IOB4与R/W，IOB5与EP，IOB2与$\overline{CS}$，IOA0～IOA7分别与DB0～DB7。即用跳线把实验仪LCD的所有引针全部短接。

【实训步骤】

① 新建一个工程ex2_LCD501_Chinese，在工程中新建一个C语言文件main.c。

② 利用字模提取工具提取“凌阳科技落实生活”8个字的字模数据，把字模数据文件（命名为Chinese_Table）保存在ex2_LCD501_Chinese工程文件夹下。

③ 添加Chinese_Table.c文件到ex2_LCD501_Chinese工程的“Source Files”文件夹中，添加Chinese_Table.h文件到工程的“Head Files”文件夹下。添加方法和添加文件“hardware.asm”相同。

④ 复制DataOSforLCD.asm、SPLC501Driver_IO.asm、SPLC501Driver_IO.inc、SPLC501User.c和SPLC501User.h驱动程序文件到ex1_LCD501_Character工程中，复制方法同6.1节实训。

⑤ 添加DataOSforLCD.asm、SPLC501Driver_IO.asm和SPLC501User.c文件到“Source Files”文件夹下，添加SPLC501Driver_IO.inc和SPLC501User.h文件到“Head

Files"文件夹下。

⑥ 在 main.c 文件开始包含头文件 SPLC501User.h，以及字模数据文件的头文件 Chinese_Table.h。

⑦ 按照程序流程图在 main.c 文件里编写 C 语言程序。

⑧ 选择 Rebuild All 选项。

⑨ 按照硬件连接图连接硬件。

⑩ 下载程序到实验仪上，运行程序。

⑪ 观察实验仪 SPLC501 液晶显示模组的显示情况，分析是否和实训要求统一。

6.2.5 拓展训练

编写程序在 SPLC501 液晶显示器上显示一段汉字(20 个字左右，写什么字自行定义)，要求利用 2 个键盘控制显示。两个键盘的功能如下：

➤ K1：下移，即如果按 K1 键，所有汉字下移。

➤ K2：上移，即如果按 K2 键，所有汉字上移。

6.3 实训三 LCD 动态图片显示

6.3.1 实训内容

① 编程要求：主程序和中断服务程序都利用 C 语言编写，调用驱动程序(驱动程序已提供在 C:\Program Files\Sunplus\unSP IDE Common\Example\SPCE061A\example\model_Exa\driver\SPLC501driver 中)。

② 实现功能：在液晶显示器上动态显示已经提供的图片，这里显示凌阳科技的标识(sunplus 的所有 9 张图片)。(提供路径为 C:\Program Files\Sunplus\unSP IDE Common\Example\SPCE061A\example \model_Exa\ex3_LCD501_Graphic\picture\sunplus)。从第 1 张图像依次显示到第 9 张图像之后，再从第 9 张图像依次显示到第 1 张图像，每张图像显示刷新时间为 0.2 s。也就是说，图像显示的顺序为：

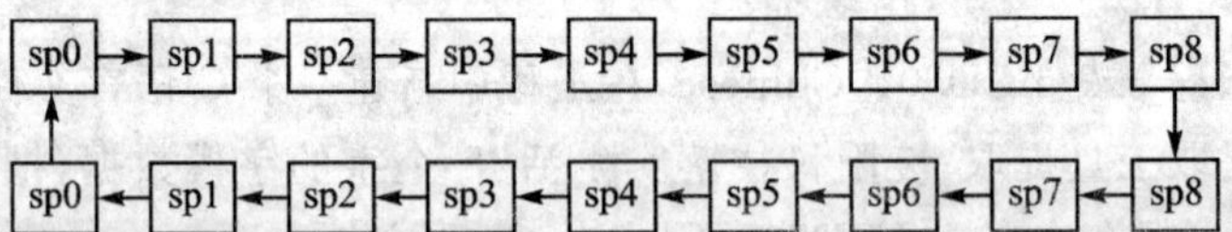

0.2 s 的刷新时间要求利用 IRQ4_1 kHz 中断实现。把每一个图像显示称为 1 帧图像显示，则根据实训要求，在显示一个完整的凌阳标识的旋转时需要显示 18 帧图像。其为图像帧显示的顺序为：

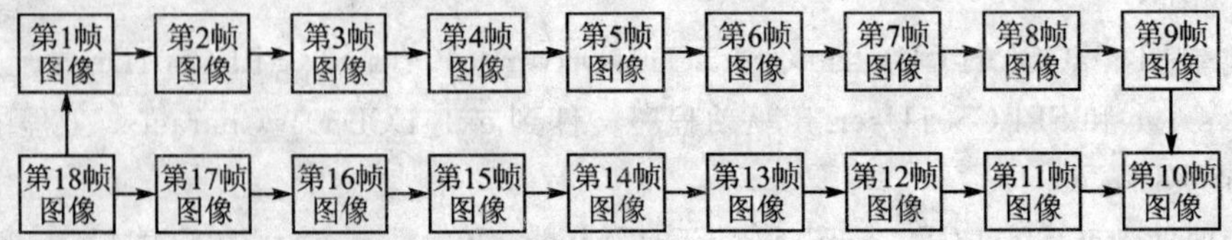

③ 实验现象：凌阳科技的标识在屏幕内旋转。

6.3.2 知识要点

1. DM Tool 字模提取工具

6.2 节实训中介绍了利用 DM Tool 提取汉字的字模数据的方法，这里介绍利用此工具提取 BMP 位图字模数据的方法。和提取汉字字模数据类似，利用 DM Tool 字模提取工具提取 BMP 位图字模的步骤如下：

第一步，导入图片：打开 DM Tool 工具，新建一个 DM Tool 的工程，在“Picture”的下拉菜单单击 Import Pictures 选项，如图 6－20 所示。

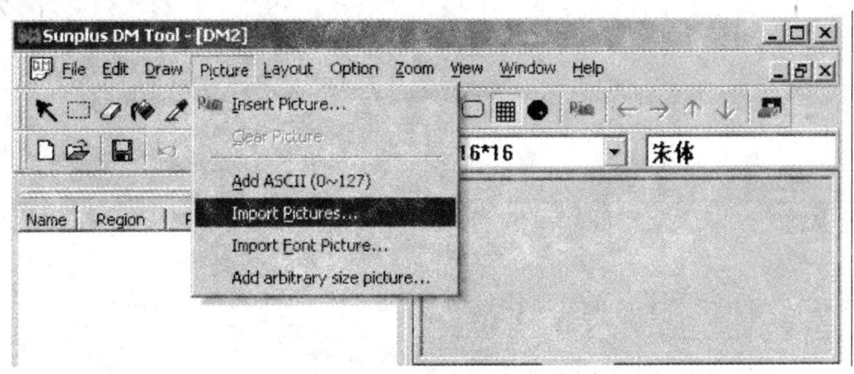

图 6－20 导入图片第一步

单击 Import Pictures 选项后出现如图 6－21 的对话框，在 C:\Program Files\Sunplus\unSP IDE Common\Example\SPCE061A\example\model_Exa\ex3_LCD501_Graphic\picture\sunplus 中找到我们要提取的图片 sp1，如图 6－21 所示。

注意：利用 Import Pictures 菜单导入图像的选项只能导入 BMP 格式的位图；DM Tool 工具可以最终生成字模数据的尺寸为 240×240 点，所以用户在导图像时要注意图像的尺寸，但由于 SPLC501 液晶显示器的屏幕大小为 128×64 点，则在 SPLC501 液晶显示模块上显示的图片尺寸就不能超过 128×64 点，如超过，则无法显示。用户可以利用图像处理的软件对原始图像进行修改后再导入 DM Tool 中，提取合适的图像字模数据。

选择 sp1，单击“打开”按钮，出现如图 6－22 的对话框。选择 source image 和 Invariable 选项，单击 OK 按钮，就导入图片了。

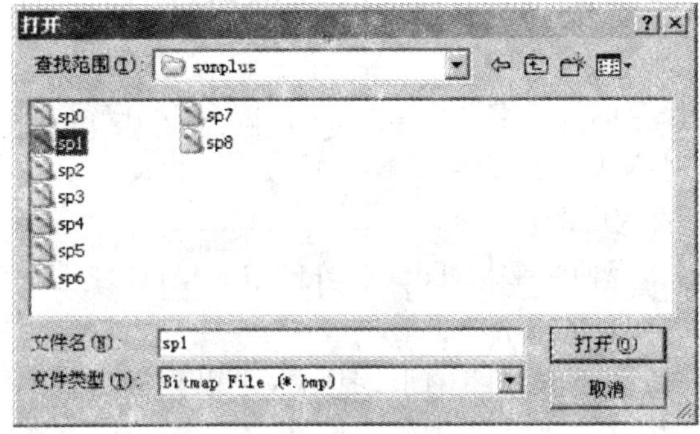

图 6－21 导入图片第二步

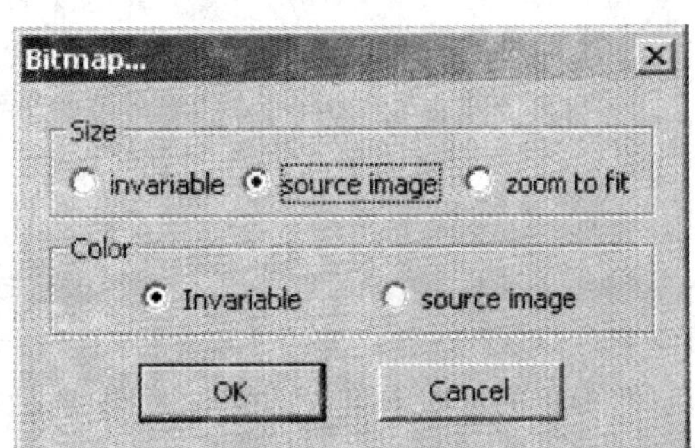

图 6－22 导入图片第三步

如图 6－23 所示，导入的图片就出现在 Regionbar 转换列表和操作区中。

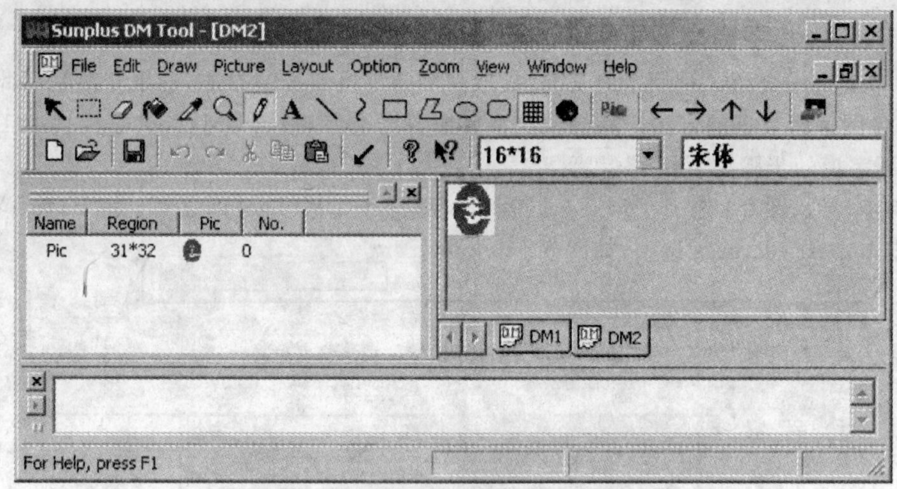

图 6－23　导入图片后 DM Tool 界面

第二步，提取字模并保存：单击图标，打开如图 6－24 所示的对话框。

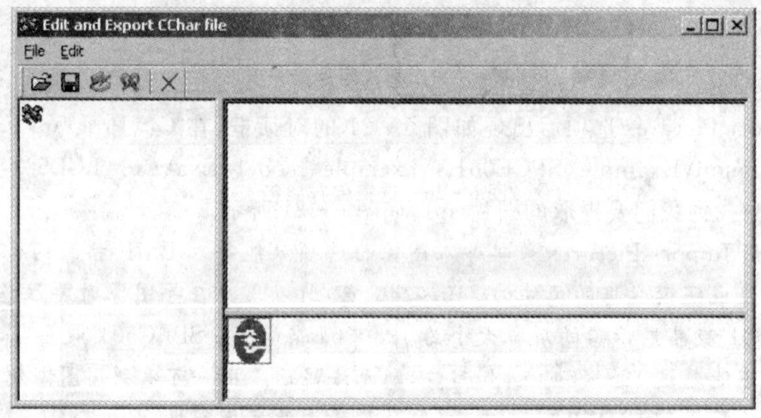

图 6－24　Edit and Export CChar File 界面

单击图标，打开如图 6－25 所示的对话框。

在 Select 中选择 Down to Up 和 Left to Right 选项，单击 char.c file：右边的浏览图标，打开如图 6－26 所示的对话框。

这里选择保存在"我的文档"文件夹中，选择保存的文件名为 sunplus，单击"保存"按钮，回到 Export CChar File 窗口，单击 OK 按钮。这时字模数据的生成操作已完成，生成了 sunplus.c 和 sunplus.h 两个字模数据文件，如图 6－27 所示。

导出文件后，用户可以关闭字模数据生成窗口，返回到 DM Tool 软件的主窗口，以便进行其他操作，DM Tool 软件的使用方法可以参考 DM Tool 的用户手册。

和导出的汉字字模数据相同，BMP 位图字模数据也以数组的形式保存，可以直接包含到工程中进行引用。

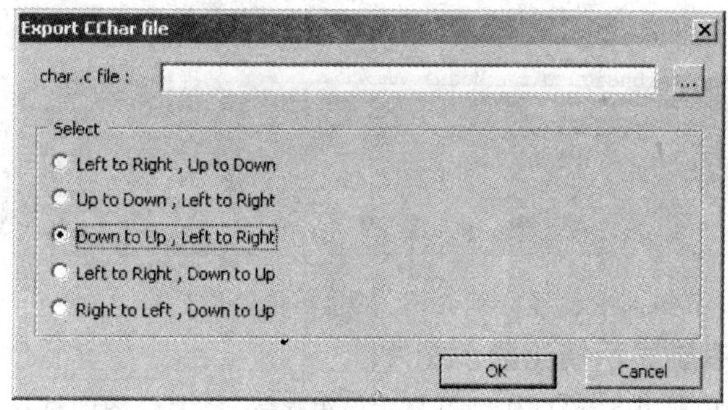

图 6-25 Export CChar File 对话框

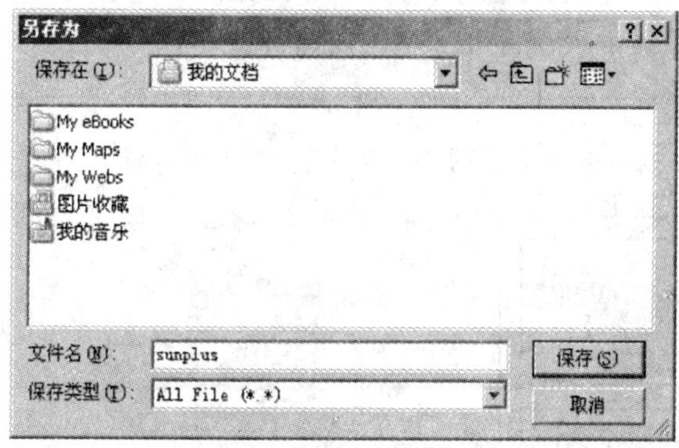

图 6-26 选择保存路径

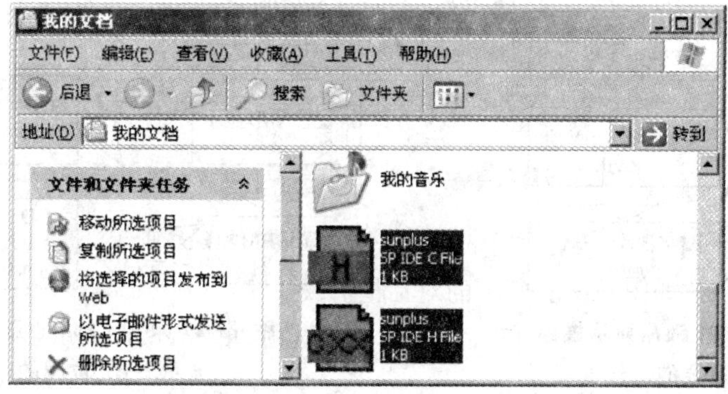

图 6-27 生成字模数据文件

2. SPLC501 液晶显示模组图片显示 API 函数介绍

SPLC501 液晶显示模组英文字符显示相关的 API 函数如下：

```
void LCD501_Init(unsigned int InitialData)                //初始化液晶显示
void LCD501_ClrScreen(unsigned int Mode)                  //点亮屏幕或清屏
void LCD501_SetPaintMode(unsigned int ModeCode)           //设置图形显示模式
unsigned int LCD501_GetPaintMode(void)                    //获取图形显示模式
void LCD501_Bitmap(unsigned int x,unsigned int y,unsigned int * word)  //显示汉字或者位图的字模数据
```

这些函数在 6.2 节实训中已经详细介绍,在此不再赘述!

3. SPLC501 液晶显示模组显示图片

和显示汉字类似,利用 SPLC501 液晶显示模组显示 BMP 位图的过程为:新建一个工程,利用字模提取工具提取字模,把字模数据文件保存在工程文件夹下,添加字模数据文件到工程中,复制并添加驱动程序文件,编写程序,运行显示,如图 6-28 所示。

利用 SPLC501 液晶显示模组显示 BMP 位图和显示汉字的过程基本相同,如图 6-29 所示。

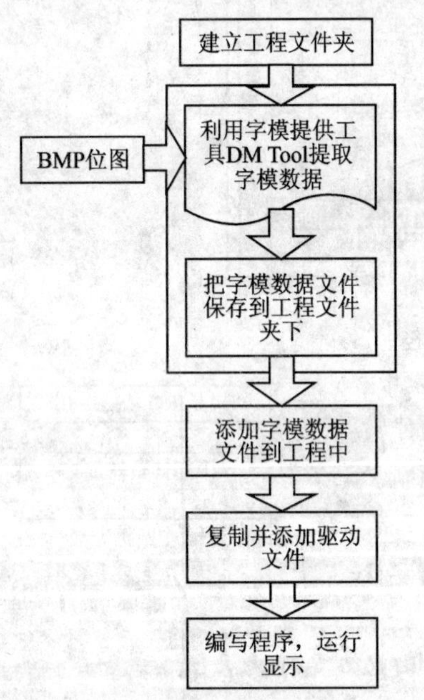

图 6-28　SPLC501 液晶显示模组显示 BMP 位图需要的操作过程

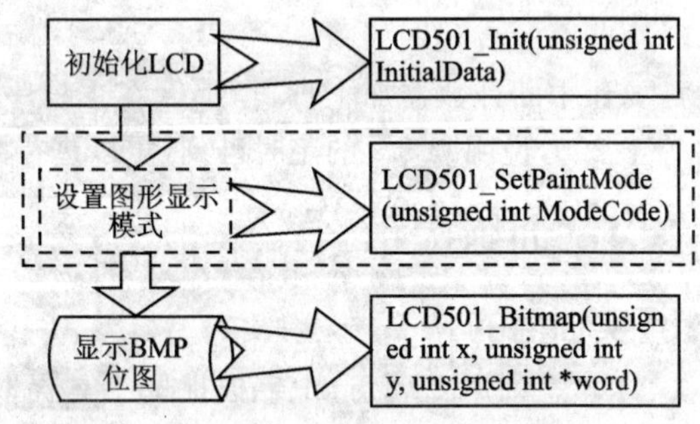

图 6-29　SPLC501 液晶显示模组显示 BMP 位图的过程

4. SPLC501 液晶显示模组显示位置移动图片

当想要让图片在屏幕上移动时,事实上就是让图片在屏幕上的位置改变。比如:图片在(0,30)位置上显示,如果想让图片向右移动 50 个像素点,只要让图片在(50,30)位置上显示即可,如图 6-30 所示。

(0, 30)

(50, 30)

图 6-30　位置的改变

6.3.3 软件流程

主程序流程图如图 6－31 所示，初始化 LCD，设置为取反并覆盖的显示模式，显示图片 sp1；进入显示循环，显示图片 sp1，延时 0.2 s；显示 sp2，延时 0.2 s，依次显示到 sp8，延时 0.2 s；显示 sp8，延时 0.2 s；显示 sp7，延时 0.2 s，依次显示到 sp0，延时 0.2 s。每帧图像都显示在(48,10)位置上。

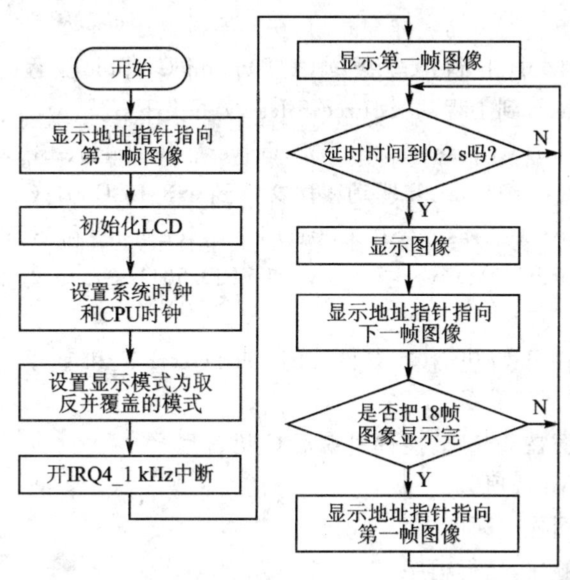

图 6－31　主程序流程图

中断服务流程图如图 6－32 所示，在中断服务程序里，只需要让中断计数器加 1 即可，那么在主程序里，只要计数器等于 200，说明 0.2 s 的定时已到，可以进行图像的刷新。

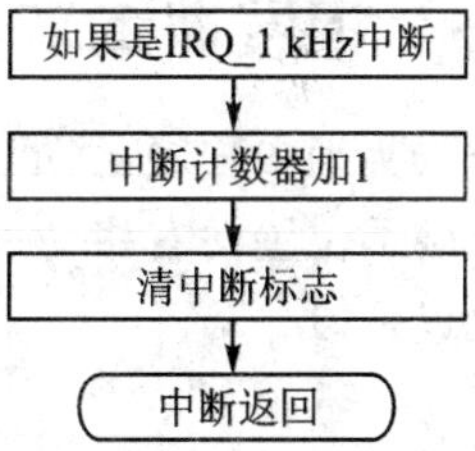

如果是IRQ_1 kHz中断
中断计数器加1
清中断标志
中断返回

图 6－32　中断服务程序流程图

6.3.4 训练提示

【实训目的】

① 熟悉利用 DM Tool 字模提取工具提取图片字模的方法。

② 掌握利用液晶显示器显示动态图片的方法。

【实训设备】

① 装有 Windows 系统和 μ'nSP™ IDE 集成开发环境的 PC 机 1 台，SPCE061A 实验仪1套。

② 本实训用到的实验仪硬件模块为 CPU 区电路模块，供电电路模块，下载模式选择电路模块，LCD 显示电路模块。

【硬件连接】

硬件连接图如图 6－3 所示，图中分别用跳线连接 IOB3 与 AO，IOB4 与 R/W，IOB5 与 EP，IOB2 与 $\overline{CS}$，IOA0～IOA7 分别与 DB0～DB7，即用跳线把实验仪 LCD(＊)的所有引针全

部短接。

【实训步骤】

① 新建一个工程 ex3_LCD501_DynamicGraphic，在工程中新建一个 C 语言文件 main. c。

② 利用字模提取工具提取图片 sp0～sp9 的字模数据（可以一次性把多个图像导入 DM Tool 中，转换后都生成在同一个字模数据文件中，方法和实训中转换一个图像相同），把字模数据文件（字模文件命名为 Sunplus_Table）保存在 ex3_LCD501_DynamicGraphic 工程文件夹下。

③ 添加 Sunplus_Table. h 到 ex3_LCD501_DynamicGraphic 工程的" Head Files "文件夹下，添加 Sunplus_Table. c 到工程的"Source Files"文件夹下。

④ 复制 DataOSforLCD. asm、SPLC501Driver _ IO. asm、SPLC501Driver _ IO. inc、SPLC501User. c 和 SPLC501User. h 驱动程序文件到 ex3_LCD501_Graphic 工程中。

⑤ 添加 DataOSforLCD. asm、SPLC501Driver _ IO. asm 和 SPLC501User. c 文件到"Source Files"，添加 SPLC501Driver_IO. inc 和 SPLC501User. h 文件到"Head Files"文件夹下。

⑥ 在 main. c 文件开始包含头文件 SPLC501User. h 和字模数据头文件 Sunplus_Table. h。

⑦ 按照程序流程图在 main. c 文件里编写 C 语言程序。

⑧ 选择 Rebuild All 选项。

⑨ 按照硬件连接图连接硬件。

⑩ 下载程序到实验仪，运行程序。

⑪ 观察实验仪 SPLC501 液晶显示模组的显示情况，分析是否和实训要求统一。

6.3.5 拓展训练

修改实训中程序，从最左边开始，要求图片转动同时向右移动：后一帧图像的位置是前一帧图像显示位置向右移动一个像素点，比如第一帧图像显示的位置是(0,15)，则第二帧图像显示的位置是(1,15)。

6.4 实训四 LCD几何图形显示

6.4.1 实训内容

① 编程要求：主程序利用 C 语言编写，调用驱动程序（驱动程序已提供在 C:\Program Files\Sunplus\unSP IDE Common\Example\SPCE061A\example\model_Exa\driver\SPLC501driver 中）。

② 实现功能：在 LCD 显示器实现实心圆和汉字的叠加显示。

③ 实训现象：LCD 显示器上显示一个实心圆，在实心圆的横向直径画一条横线，并在实心圆上叠加显示汉字"凌阳科技"，最后向上滚屏。显示图形如图 6-33 所示。

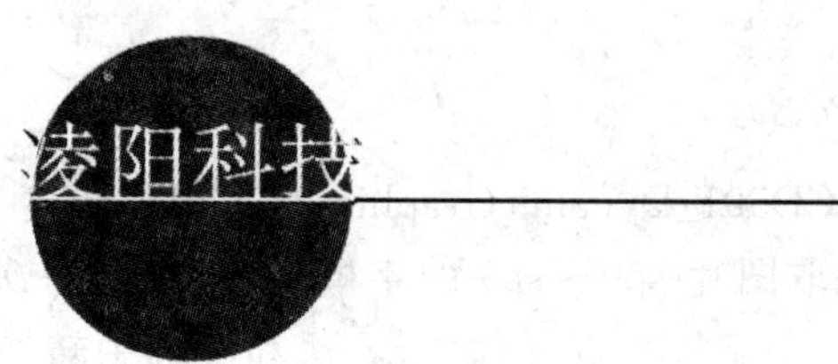

图 6-33 显示图形

6.4.2 知识要点

1. SPLC501 液晶显示模组几何图形显示 API 函数介绍

驱动程序文件 SPLC501User.c 同样定义了显示几何图形的 API 函数，在 SPLC501User.h 文件里也对这些函数进行了申明。SPLC501 液晶显示模组几何图形显示相关的 API 函数如下：

```
void LCD501_Init(unsigned int InitialData)                      //初始化液晶显示
void LCD501_ClrScreen(unsigned int Mode)                        //点亮屏幕或清屏
void LCD501_SetPaintMode(unsigned ModeCode)                     //设置图形显示模式
unsigned int LCD501_GetPaintMode(void)                          //获取图形显示模式
void LCD501_FontSet(unsinged int Font)                          //选择显示字符的字体大小
unsigned int LCD501_FontGet(void)                               //获得显示字符的字体大小
void LCD501_Bitmap(unsigned int x,unsigned int y,unsigned int * word)
                                                                //显示汉字或者位图的字模数据
void LCD501_PutPixel(unsigned int x,unsigned int y)             //画点
void LCD501_Line(unsigned int x,unsigned int y,unsigned int e_x,unsigned int e_y)//画直线
void LCD501_Circle(unsigned int x,unsigned int y,unsigned int r,unsigned int Mode)//画圆
void LCD501_Rectangle(unsigned left,unsigned top,unsigned right,unsigned bottom,unsigned Mode)
                                                                //画矩形
void LCD501_ScrollUp(unsigned Rows)                             //屏幕向上滚动
```

前面 7 个函数在前面实训里都有详细说明，这里介绍后 5 个函数：

(1)【API 格式】

C：void LCD501_PutPixel(unsigned int x,unsigned int y)

【功能说明】 在液晶显示器上画一个点。

【参数】

x 表示要画点的 x 坐标。

y 表示要画点的 y 坐标。

【返回值】 无

(2)【API 格式】

C：void LCD501_Line(unsigned int x,unsigned int y,unsigned int e_x,unsigned inte_y)

【功能说明】 在液晶显示器上画一条直线。

【参数】

x 表示要画的线的 x 起点坐标。

y 表示要画的线的 y 起点坐标。

e_x 表示要画的线的 x 终点坐标。

e_y 表示要画的线的 y 终点坐标。

【返回值】 无

(3)【API 格式】

C：void LCD501_Circle(unsigned int x，unsigned int y，unsigned int r，unsigned int Mode)

【功能说明】 在液晶显示器上画一个圆。

【参数】

x 表示要画的圆心的 x 坐标。

y 表示要画的圆心的 y 坐标。

r 表示要画的圆的半径 。

Mode 表示绘点模式，其中 Mode = M_DOT_CLEAR(0) 画圆框，Mode = M_DOT_SET(1)画实心圆。

【返回值】 无。

(4)【API 格式】

C：void LCD501_Rectangle(unsigned left，unsigned top，unsigned right，unsigned bottom，unsigned Mode)

【功能说明】 在液晶显示器上画一个矩形。

【参数】

left：矩形的左上角横坐标，范围为 0～126。

top：矩形的左上角纵坐标，范围为 0～62。

right：矩形的右下角横坐标，范围为 1～127。

bottom：矩形的右下角纵坐标，范围为 1～63。

Mode：绘制模式，可以是下列数值之一：

- PAINT_HOLLOW：矩形框(空心矩形)。
- PAINT_SOLID：矩形面(实心矩形)。

【返回值】 无。

(5)【API 格式】

C：void LCD501_ScrollUp(unsigned Rows)

【功能说明】 屏幕向上滚动。

【参数】 Rows 表示屏幕向上滚动的像素数，范围为 1～64。

【返回值】 无。

2. SPLC501 液晶显示模组显示几何图形

利用 SPLC501 液晶显示模组显示几何图形和显示英文字符类似，只有 API 函数不同。SPLC501 液晶显示模组显示几何图形的过程如图 6－34 所示。

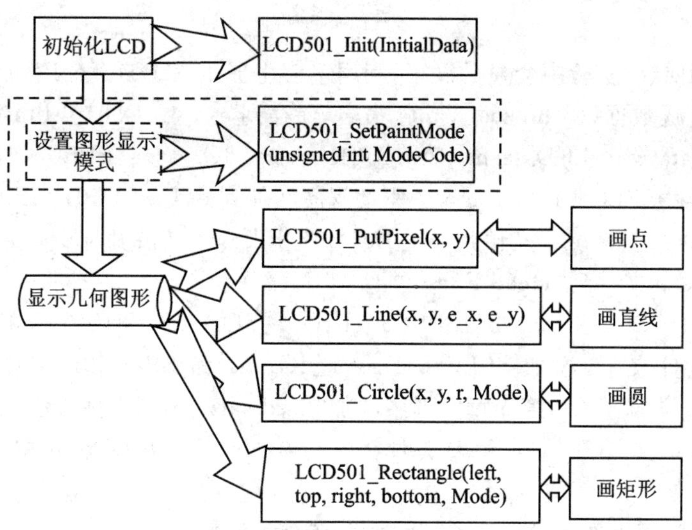

图 6-34　SPLC501 液晶显示模组显示几何图形的过程

6.4.3　软件流程

主程序流程图如图 6-35 所示。初始化 LCD;清屏,延时;在圆心为(30,30)处画一个半径为 30 的实心圆,延时;设置图像显示模式为"异或"显示模式;从(0,30)开始到(128,30)结束画一条直线,延时;显示汉字"凌"、"阳"、"科"、"技","凌"显示在(0,15)位置,"阳"显示在(16,15)位置,"科"显示在(32,15)位置,"技"显示在(48,15)位置,延时;进入图片滚动显示循环:屏幕向上滚动,每次滚动一个像素点,延时。程序中的延时同样是为了看清实验现象。

6.4.4　训练提示

【实训目的】

① 熟悉利用 SPLC501 液晶显示模组显示几何图形的 API 函数。

② 掌握利用液晶显示器显示几何图形的方法。

【实训设备】

① 装有 Windows 系统和 μ'nSP™ IDE 集成开发环境的 PC 机 1 台,SPCE061A 实验仪 1 套。

② 本实训用到的实验仪硬件模块为 CPU 区电路模块,供电电路模块,下载模式选择电路模块,LCD 显示电路模块。

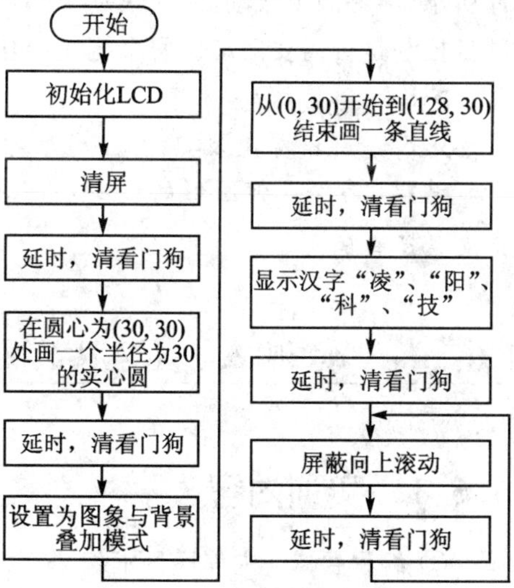

开始
初始化LCD
清屏
延时，清看门狗
在圆心为(30, 30)处画一个半径为30的实心圆
延时，清看门狗
设置为图象与背景叠加模式
从(0, 30)开始到(128, 30)结束画一条直线
延时，清看门狗
显示汉字"凌"、"阳"、"科"、"技"
延时，清看门狗
屏蔽向上滚动
延时，清看门狗

图 6-35　主程序流程图

【硬件连接】

硬件连接图同图 6-3,分别用跳线连接 IOB3 与 AO,IOB4 与 RWP,IOB5 与 EP,IOB2 与 $\overline{\text{CS}}$,IOA0～IOA7 分别与 DB0～DB7,即用跳线把实验仪 LCD 的所有引针全部短接。

【实训步骤】

① 新建一个工程 ex4_LCD501_Ellipse,在工程中新建一个 C 语言文件 main.c 和

isr. asm。

② 按照实训要求,实验中会显示汉字,利用字模生成工具 DM Tool 生成"凌阳科技"4 个字的字模数据,生成数据以 Chinese_Table 命名,保存到 ex4_LCD501_Ellipse 工程中。

③ 复制 DataOSforLCD. asm、SPLC501Driver _ IO. asm、SPLC501Driver _ IO. inc、SPLC501User. c 和 SPLC501User. h 5 个驱动程序文件到 ex4_LCD501_ Ellipse 工程中。

④ 添加 Chinese_Table. c 文件到 ex4_LCD501_Ellipse 工程的"Source Files"文件夹下;添加 Chinese_Table. h 文件到"Head Files"文件夹下。

⑤ 添加 DataOSforLCD. asm、SPLC501Driver_IO. asm 和 SPLC501User. c 文件到"Source Files"文件夹下,添加 SPLC501Driver_IO. inc 和 SPLC501User. h 文件到"Head Files"文件夹下。添加方法和第 5 章实训中添加"hardware. asm"文件方法一样。

⑥ 在 main. c 文件开始包含头文件 SPLC501User. h 和字模数据头文件 Chinese_Table. h。

⑦ 按照程序流程图在 main. c 文件里编写 C 语言程序。

⑧ 选择 Rebuild All 选项。

⑨ 按照硬件连接图连接硬件。

⑩ 下载程序到实验仪上,运行程序。

⑪ 观察实验仪 SPLC501 液晶显示模组的显示情况,分析是否和实训要求统一。

6.4.5 拓展训练

编写程序在 SPLC501 液晶显示器上显示如图 6-36 图片所示,屏幕向上滚动,每次滚动 1 个像素,并且能利用 2 个键盘控制是否需要滚动。两个键盘的功能如下:

- K1:屏幕滚动。
- K2:屏幕停止滚动。

注意:各个几何图形的大小和字体的大小由读者自己定义最适合的大小。

图 6-36 主程序流程图

6.5 实训五 UART/USB

6.5.1 实训内容

① 编程要求:主程序用汇编语言编写。

② 实现功能:PC 端利用串口调试工具通过 USB 接口把数据发送到实验仪,实验仪通过 SPCP825 芯片转换,SPCE061A 利用 UART 接收数据;当 SPCE061A 接受到数据后,又通过 UART 发送数据,发送数据经过 SPCP825 芯片转换后通过 USB 接口送给 PC 机,PC 机把接收到的数据显示在串口调试工具的接收区。UART 波特率设置为 9600 bits/s。

③ 实验现象:利用 PC 端串口调试工具发送数据,在接收区可以接收到和发送数据相同的数据。

6.5.2 知识要点

实验仪中 UART 通信方式转换成 USB 通信方式是通过 SPCP825 芯片实现的。PCP825A 芯片是凌阳公司设计开发的一款集成 USB、SPI 等通信模块的 8 位单片机，可应用于数据的上传和下载，或者只作为 UART 到 USB、UART 到 PS/2、SPI 到 USB、SPI 到 PS/2 的转换等场合。实验仪的 SPCP825 芯片仅有 USB/UART 转换功能；SPCP825 芯片与 PC 机连接后将在 PC 端虚拟出一个新的串口，PC 通过这个新的虚拟串口发送和接收的数据都是通过 USB 接口传输的。如图 6－37，SPCE061A 发送数据时，把 UART 通信模式的数据送到

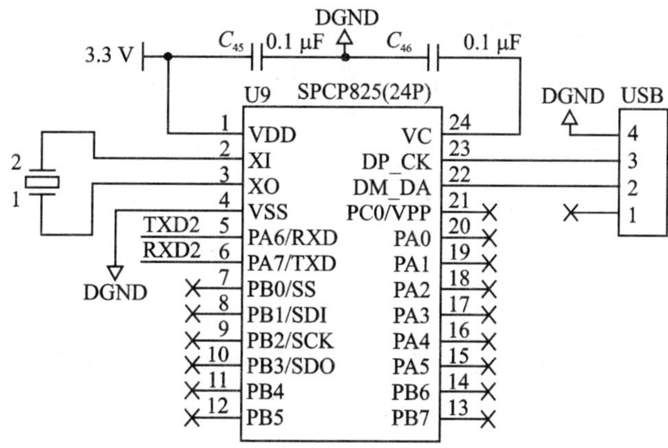

图 6－37 SPCP825 芯片

SPCP825 芯片的 PA6，转换成 USB 通信模式后，通过 USB 接口发送给 PC；同样，当 USB 接口接收到 PC 发来的数据时，SPCP825 芯片将数据转换成 UART 模式，再通过 PA7 发送到 SPCE061A 的 UART 接收口。因此，虽然实验仪和 PC 机用 USB 连接线连接，但事实上单片机端与 PC 端使用的都是串口通信程序。

6.5.3 软件流程

主程序流程图如图 6－38 所示。初始化 IOB7 为输入口，IOB10 为同相高电平输出口，波特率设置成 9600 bits/s，判断是否接收到数据。如接收到了数据，判断发送数据是否准备好。如果准备好，则把接收到的数据发送出去。

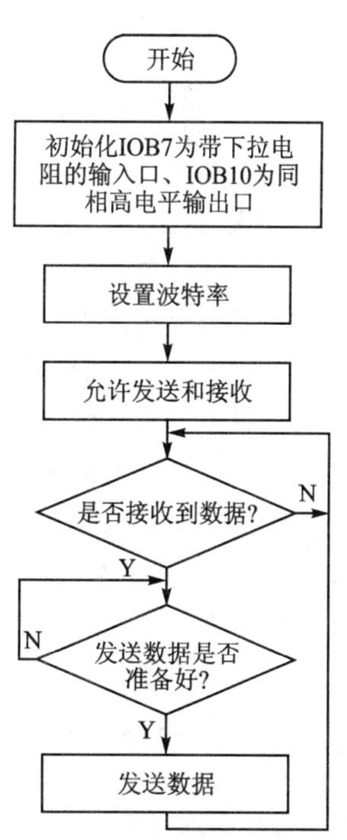

图 6－38 主程序流程图

6.5.4 训练提示

【实训目的】

① 了解 UART/USB 转换口的硬件原理。

② 熟悉 UART 的各配置单元 P_UART_BaudScalarLow(7024H)、P_UART_BaudScalarHigh(7025H)、P_UART_Command1(7021H)和 P_UART_Command2(7022H)的功能及控制方法。

③ 掌握简单的 UART/USB 通信方法。

【实训设备】

① 装有 Windows 系统和 μ'nSP™ IDE 集成开发环境的 PC 机 1 台，SPCE061A 实验仪 1 套，USB 连接线，串口调试工具。

② 本实训用到的实验仪硬件模块为 CPU 区电路模块，供电电路模块，下载模式选择电路模块，UART/USB 通信电路。

【硬件连接】

如图 6－39 所示，把 TXD2（SPCP825 的 RXD）和 SPCE061A 的 IOB10 连接，RXD2（SPCP825 的 TXD）和 SPCE061A 的 IOB7 连接，即用两个跳线把 COMM 接口靠右边（标有 USB 字样）的两个引针短接，用实验仪配套提供的 USB 连接线连接实验仪 USB 接口和 PC 机 USB 接口。

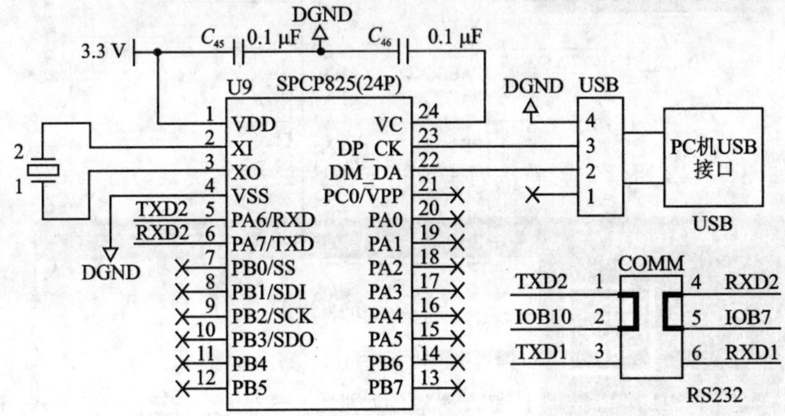

图 6－39 硬件连接图

【实训步骤】

① 新建一个工程 ex5_UART_USB，在新建工程里新建汇编语言文件 main。

② 按照程序流程图编写汇编语言程序。

③ 使用 USB 线将实验仪的 USB 接口与 PC 机的 USB 接口连接起来。

④ 然后给实验仪上电，如果在实验之前没有装过 SPCP825 的 PC 端驱动程序，则 Windows 系统会提示安装新硬件。

⑤ 根据提示安装驱动程序。

第一步：如图 6－40 所示。

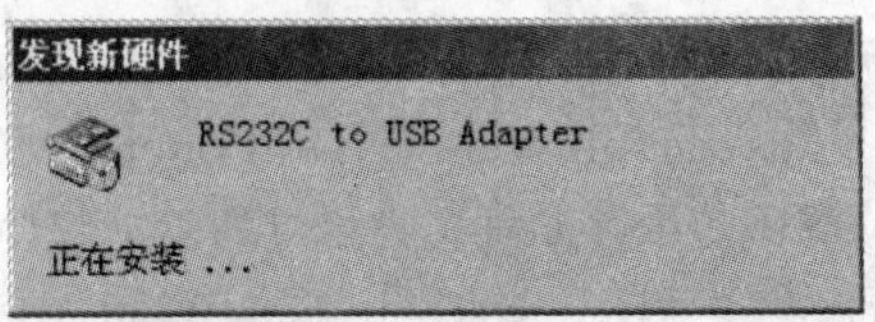

图 6－40 提示安装驱动程序第一步

第二步：如图 6－41 所示，单击“下一步”按钮。

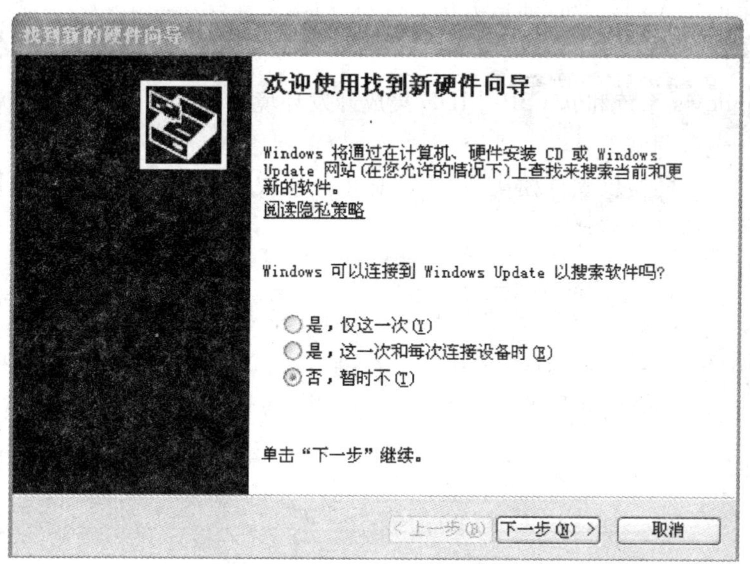

图 6-41 安装驱动程序第二步

第三步：如图 6-42 所示，选择“从列表或指定位置安装(高级)(s)”，单击“下一步”按钮。

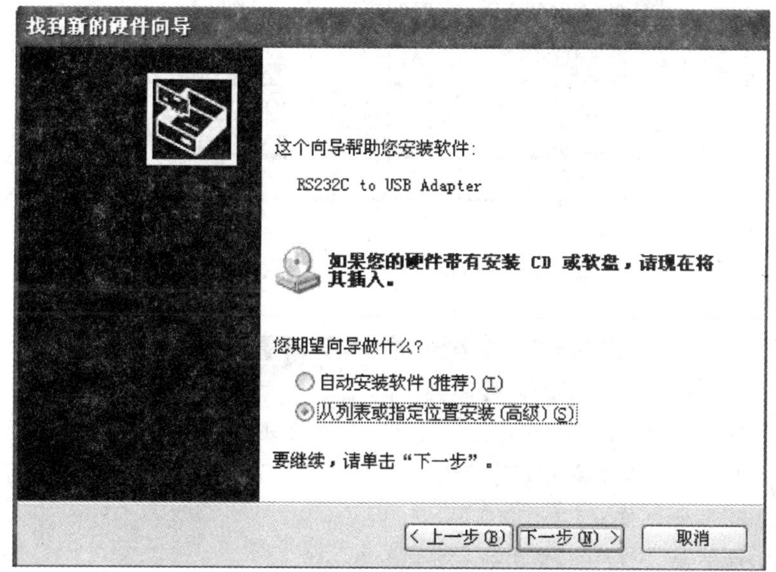

图 6-42 安装驱动程序第三步

第四步：如图 6-43 所示，选择“在这些位置上搜索最佳驱动程序”，单击“下一步”按钮。

第五步：在 C:\Program Files\Sunplus\unSP IDE Common\Example\SPCE061A\example\model_Exa\ex5_UART_USB\pcdriver 中找到相应的驱动程序。

注意：如果 PC 机的运行系统是 Windows2000 或者 WindowsXP，选择 Win2KXP 文件夹里驱动程序；如果 PC 机的运行系统是 Windows98 或者 WindowsME，选择 Win98ME 文件夹里驱动程序。安装驱动程序对话框如图 6-44 和图 6-45 所示。

第六步：如图 6-46 所示，选择好驱动程序后，单击“下一步”按钮。

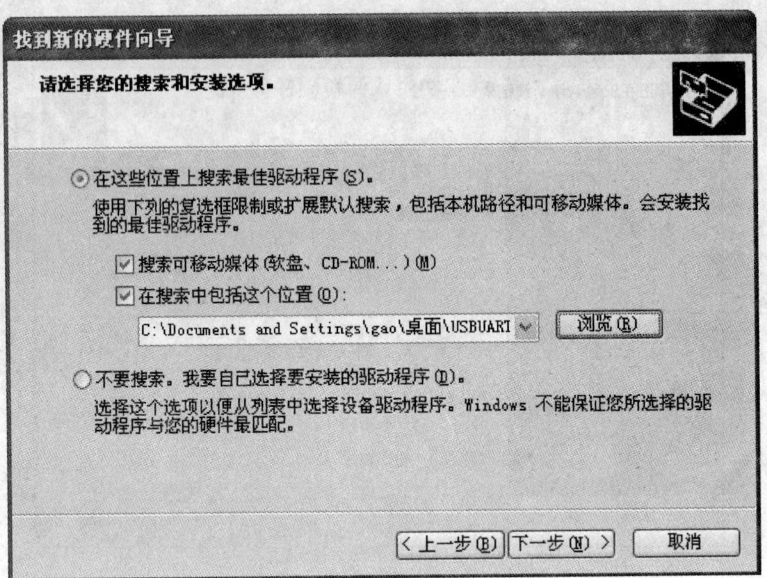

图 6-43　安装驱动程序第四步

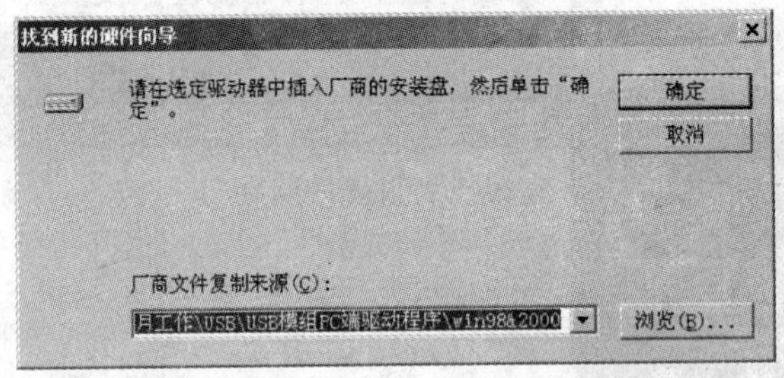

图 6-44　安装驱动程序第五步对话框 1

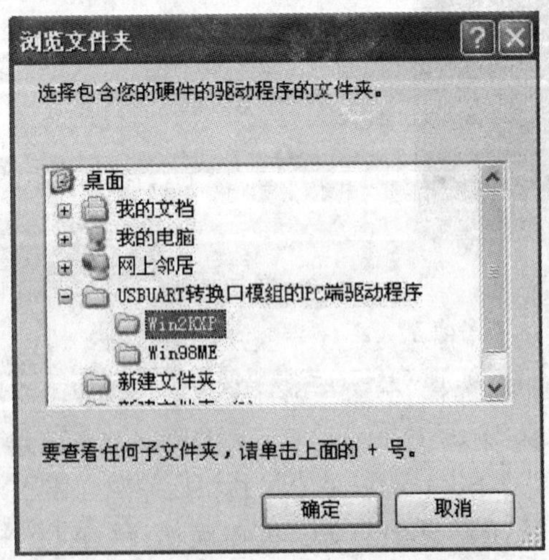

图 6-45　安装驱动程序第五步对话框 2

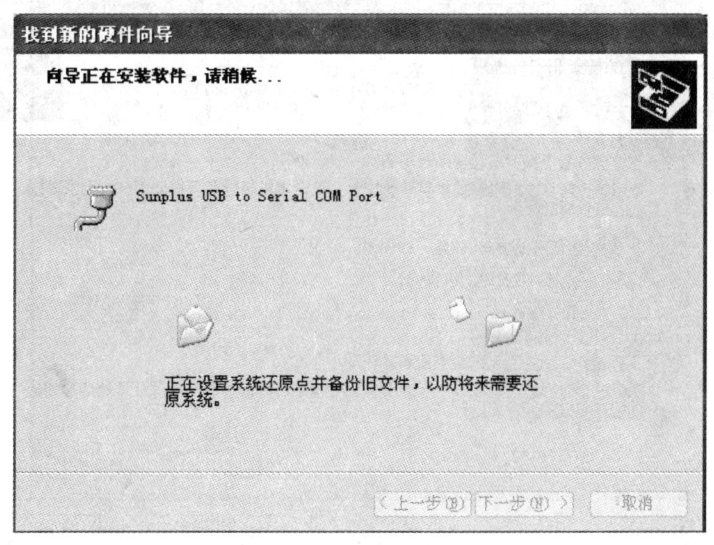

图 6-46　安装驱动程序第六步

第七步：如图 6-47 所示，单击“完成”按钮，完成驱动程序安装。

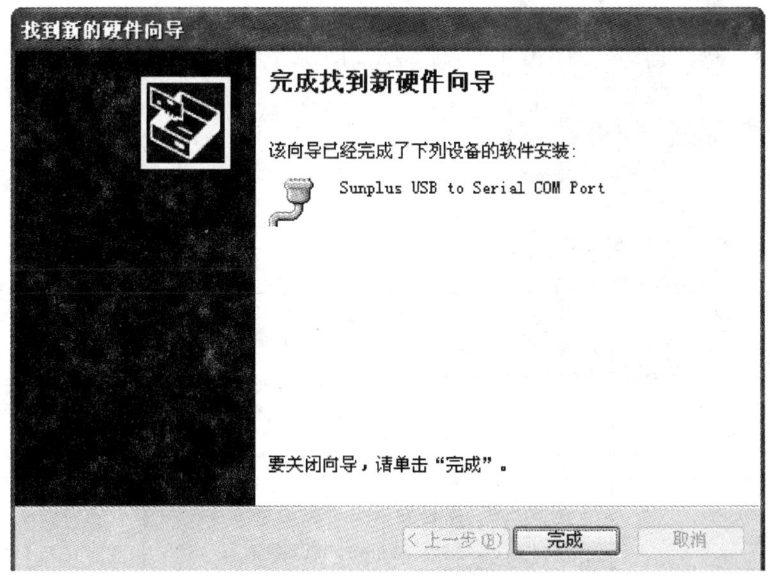

图 6-47　安装驱动程序第七步

注意：也可以在连接 PC 机与 USB/UART 转换口模组之前，单击“安装文件”选项进行安装，如图 6-48 和图 6-49 所示。

第八步：确定 USB/UART 已经与 PC 机正确连接(在 PC 机资源管理器中查看)，如图 6-50所示。

⑥ 在 IDE 集成开发环境编译、链接、确认没有错误，如图 6-51 所示。

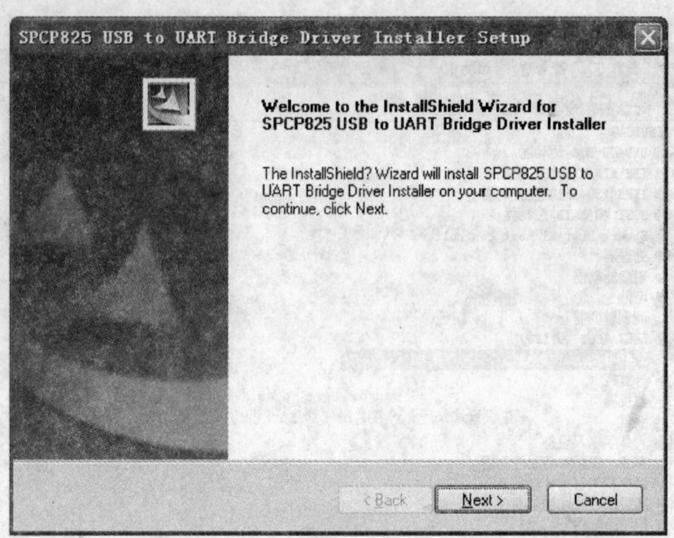

图 6-48 单击文件安装驱动第一步

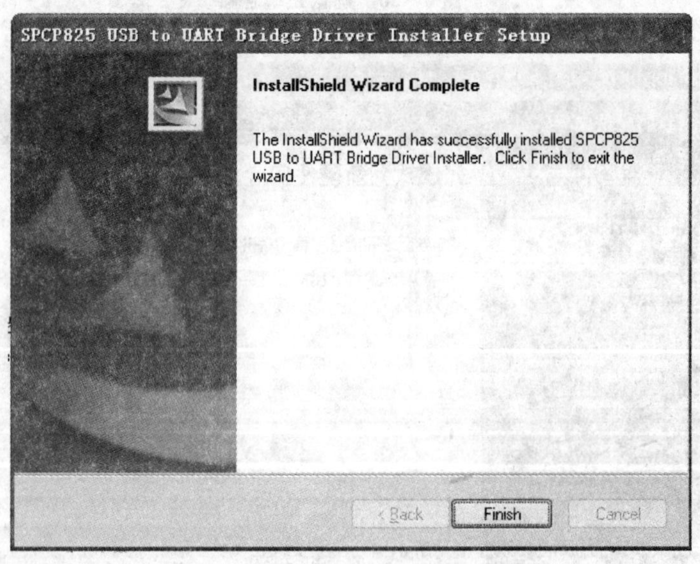

图 6-49 单击文件安装驱动第二步

⑦ 将正确无误的程序下载到实验仪上。

⑧ 按照如图 6-39 硬件连接图连接硬件。

⑨ 运行程序。

⑩ 打开串口调试工具，这里选择 PortExpert2.0，设置串口调试工具，如图 6-52 所示。

单击“端口设置”图标后，打开如图 6-53 界面，端口设置为 COM3，因为上面的安装驱动步骤中安装了 Sunplus USB to Serial COM Port(COM3)，如图 6-50 所示。设置波特率为“9600”，数据位设置为“8”。

⑪ 发送数据。在串口调试工具的发送区输入要发送的字符，单击“发送”按钮，如图 6-54

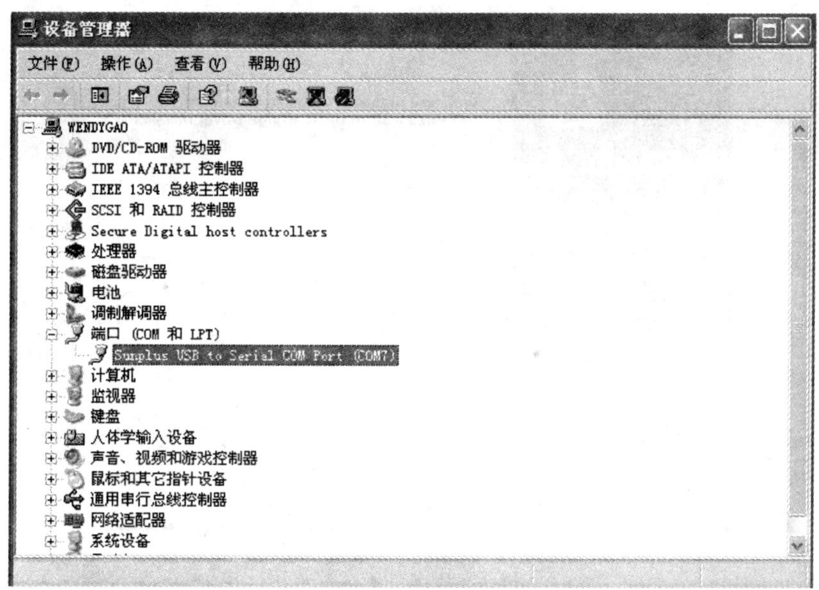

图 6-50　确认正确连接

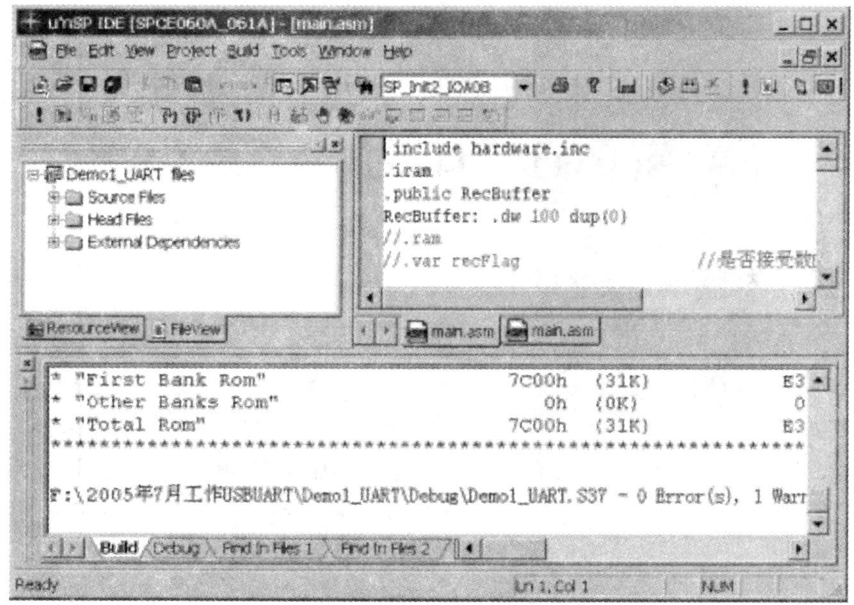

图 6-51　编译、链接图

所示。

⑫ 接收数据。如图 6-55 所示，单击“接收”图标，在接收区就可以接收到和发送区相同的数据，观察串口调试工具接收区的数据，比较是否和发送的数据相同。

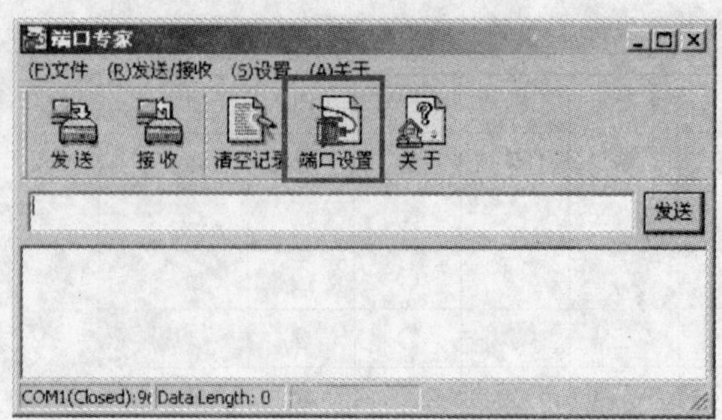

图6-52 串口调试工具界面

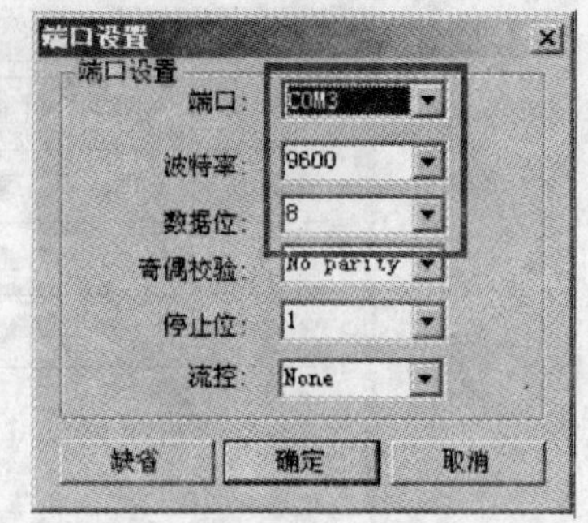

图6-53 端口设置界面

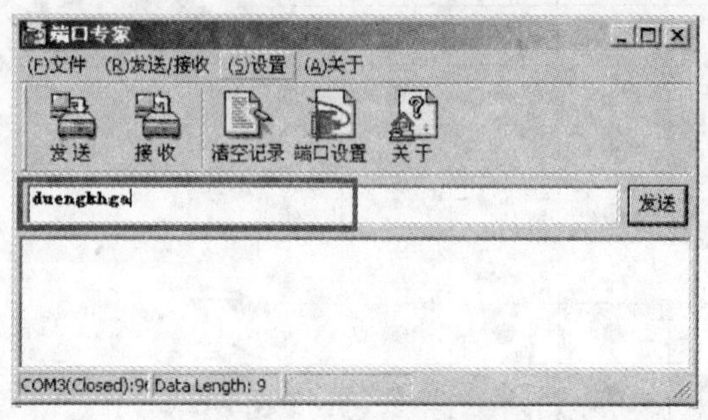

图6-54 发送数据

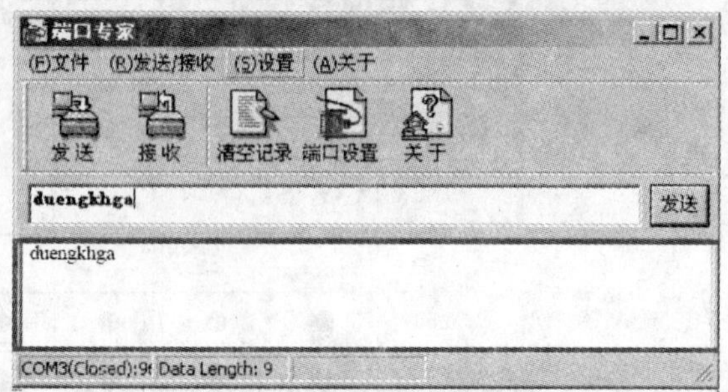

图6-55 接收数据

6.6 实训六 SPR4096A Flash的擦除及其读/写

6.6.1 实训内容

① 编程要求：主程序利用C语言编写，调用驱动程序。

② 实现功能：检测SPR4096A Flash读/写数据是否正确：读出0x0000地址单元数据，输出控制发光二极管显示，读出数据加1，写入0x0000地址单元；复位后或者断电后再上电时，读出0x0000地址单元数据，输出控制发光二极管显示，根据发光二极管显示状态判断读出数据是否正确。这样相当于在SPR4096A的Flash里面保存了一个记忆开机次数的数据。

③ 实验现象：运行，发光二极管全部点亮；按复位键，所有发光二极管被熄灭；按复位键，第一个发光二极管点亮；再按复位键，第二个发光二极管点亮；接着按复位键，第一个和第二个发光二极管点亮；依次类推，按复位键后发光二极管显示状态对应的数据是复位前显示状态对应的数据加1。即二极管显示开机或者复位合起来的总次数。点亮与熄灭状态顺序如表6-1所列。其中，“●”表示二极管是点亮状态，“○”表示二极管是熄灭状态。表中LED1～8为实验仪上发光二极管电路模块中从左到右的8个发光二极管。

表 6-1　8 个发光二极管状态

序　号	LED8	LED7	LED6	LED5	LED4	LED3	LED2	LED1
0	●	●	●	●	●	●	●	●
1	○	○	○	○	○	○	○	○
2	○	○	○	○	○	○	○	●
3	○	○	○	○	○	○	●	○
4	○	○	○	○	○	○	●	●
5	○	○	○	○	○	●	○	○
6	○	○	○	○	○	●	○	●
7	○	○	○	○	○	●	●	○
8	○	○	○	○	○	●	●	●
9	○	○	○	○	●	○	○	○
10	○	○	○	○	●	○	○	●
⋮	⋮	⋮	⋮	⋮	⋮	⋮	⋮	⋮
254	●	●	●	●	●	●	●	○
255	●	●	●	●	●	●	●	●
256	○	○	○	○	○	○	○	○
257	○	○	○	○	○	○	○	●
⋮	⋮	⋮	⋮	⋮	⋮	⋮	⋮	⋮

6.6.2　知识要点

1. SPR4096A 工作原理

SPR4096A 是一个高性能的 4M 位(512K×8 位)Flash，分为 256 个扇区(Sector)，每个扇区为 2 KB。SPR4096A 还内置了一个 4K×8 位的 SRAM。

SPR4096A 串行接口的工作频率可达 5 MHz。SPR4096A 有两个电源输入端 VDDI 和 VDDQ。VDDI 是给内部 Flash 和控制逻辑电路供电的；VDDQ 是专门为 I/O 供电的。供电端分别为 VDDI：2.25～2.75 V，VDDQ：2.25～3.6 V。

SPR4096A 以串行接口模式工作，CF2～CF0 均接高电平。CF7 为低电平时选中 Flash，高电平时选中 SRAM。本实训中 CF7 外接一个选择接口，当 CF7 和 DGND 连接时选择 SPR4096A 的 Flash，CF7 和 3.3 V 连接时选择 SPR4096A 的 SRAM。图 6-56 为 SPR4096A 的电路原理图。

2. SPR4096A 的 API 函数

凌阳科技大学计划提供 SPR4096A 的读/写驱动程序 4096.asm 文件，文件里包含 SPR4096A 的 API 函数：

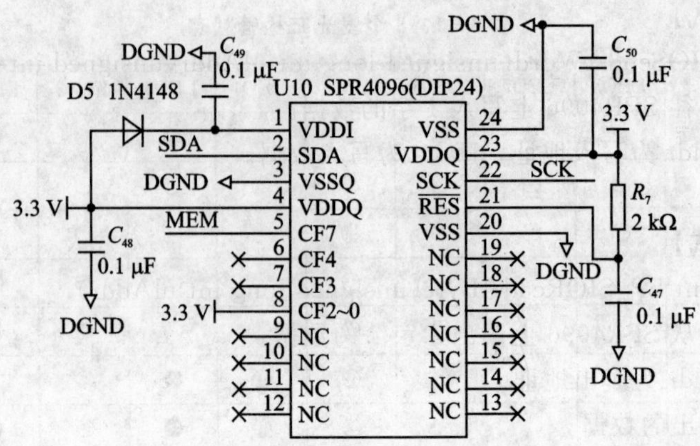

图 6-56 实验仪的 SPR4096A 模块原理图

```
void SP_SIOInitial(void)                                              //初始化 SIO
void SP_SIOMassErase(void)                                            //擦除 SPR4096A 的所有扇区
void SP_SIOSectorErase(unsigned int uiSector)                         //擦除 SPR4096A 的 1 个扇区
void SP_SIOSendAByte(unsigned long int ulAddr,unsigned int uiData)    //写 1 字节
void SP_SIOSendAWord(unsigned long int ulAddr,unsigned int uiData)    //写 1 字
unsigned int SP_SIOReadAByte(unsigned long int ulAddr)                //读 1 字节
unsigned int SP_SIOReadAWord(unsigned long int ulAddr)                //读 1 字
```

这些函数的说明如下：

(1)【API 格式】

C：void SP_SIOInitial(void)

【功能说明】 初始化 SIO。

【参数】 无。

【返回值】 无。

(2)【API 格式】

C：void SP_SIOMassErase(void)

【功能说明】 擦除 SPR4096A 的所有扇区。

【参数】 无。

【返回值】 无。

(3)【API 格式】

C：void SP_SIOSectorErase(unsigned int uiSector)

【功能说明】 擦除 SPR4096A 的 1 个扇区。

【参数】 uiSector 为扇区的编号，0～255 可选。

【返回值】 无。

(4)【API 格式】

C：void SP_SIOSendAByte(unsigned long int ulAddr, unsigned int uiData)

【功能说明】 往 SPR4096A 写入 1 字节的数据。

【参数】 ulAddr 为写入地址，uiData 为写入数据。

【返回值】 无。

(5)【API 格式】

C：void SP_SIOSendAWord(unsigned long int ulAddr,unsigned int uiData)

【功能说明】 往 SPR4096 上写入 1 字的数据。

【参数】 ulAddr 为写入地址，uiData 为写入数据。

【返回值】 无。

(6)【API 格式】

C：unsigned int SP_SIOReadAByte(unsigned long int ulAddr)

【功能说明】 从 SPR4096 上读出 1 字节的数据。

【参数】 ulAddr 为读出地址。

【返回值】 读出的数据。

(7)【API 格式】

C：unsigned int SP_SIOReadAWord(unsigned long int ulAddr)

【功能说明】 从 SPR4096 上读出 1 字的数据。

【参数】 ulAddr 为读出地址。

【返回值】 读出的数据。

3. 驱动程序流程图

上面介绍了驱动函数的 API 函数，下面介绍各个函数的程序流程图。这些数据详细的传输时序可参考 SPR4096AV12 DataSheet(可以在凌阳大学计划网站的下载专区下载)。这里详细讲解写数据的操作原理。图 6－57 是 SPCE061A SIO 的读/写操作时序图。

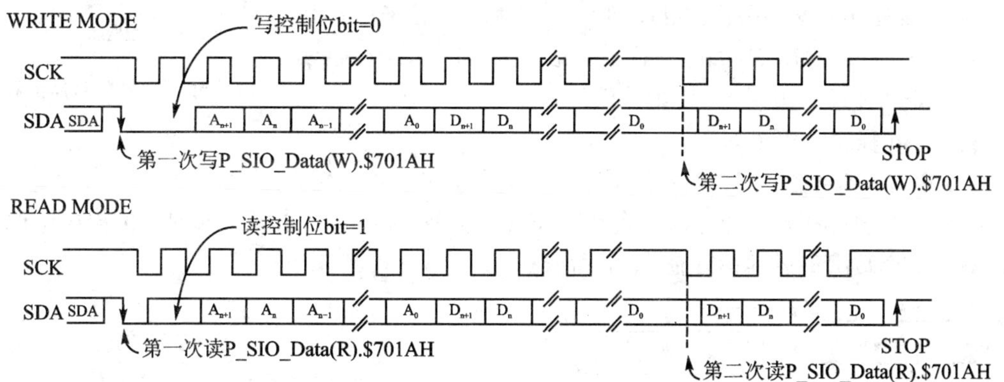

图 6－57　SPCE061A SIO 的时序图

仅看 SIO 的时序图，当需要写数据的时候，先送一个写控制位 bit=0，接着写入 Flash 的地址，然后送数据。

图 6－58 是 SPR4096A 写命令字时序图。

仅看 SPR4096A 写操作的时序图，它的命令字由 1 个 start 位，24 个地址位和 8 个数据位构成，即一次接收 33 位。所以在写数据时，它接收的第一位是 start 位，后面接着的 24 位是地址数据，接着的 8 位才是写入的数据。

下面是写控制字的各位功能。前面“0000”加上“CF4CF3”，再加上 19 位地址信号和 8 位

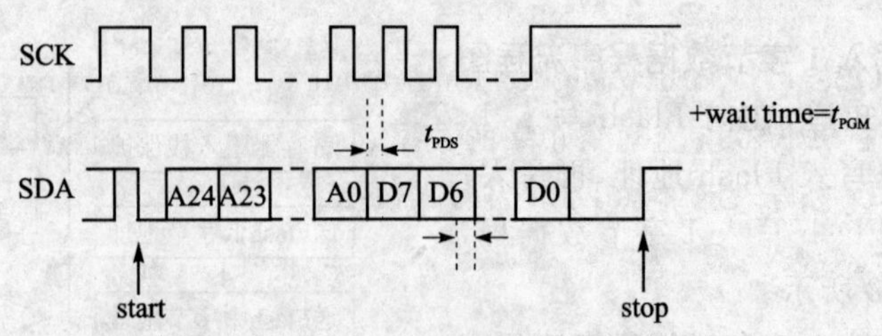

图 6-58 SPR4096A 写命令字时序

数据信号刚好是 33 位，也就是说事实上这时候只有低 16 位地址有效。对应到 SPCE061A SIO 中 SDA 传输的数据：SPR4096A 写控制字的"0000"中后面 3 位、CF4、CF3、A18～A16 对应 SIO 的 A23～A16，A15～A0 对应 A15～A0，D7～D0 对应 D7～D0，然后发送一个结束标志位，延时等待 60 μs。

S	0000	CF4	CF3	A18~A0	D7~D0	P	+wait 60 μs

其他操作和写操作的原理类似，基于这些原理，下面介绍对 SPR4096A 进行各种操作的流程。

(1) 初始化程序流程图

把与 SCK、SDA 和 CF7 连接的 IOB0、IOB1、IOB11 初始化为同相高电平输出口，并把系统时钟初始化为 49 MHz。初始化程序流程图如图 6-59 所示。

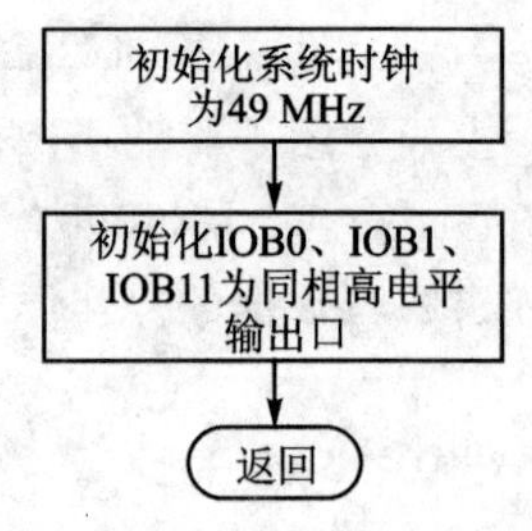

图 6-59 初始化程序流程图

(2) 擦除整块 Flash 程序流程图

其中，低字节地址、中字节地址和高字节地址合起来就形成了擦除整块 Flash 的命令，由于串行设备地址为 16 位，所以事实上高字节地址并没有用到，而是在后面传输了一个字节的 0。擦除整块 Flash 程序流程图如图 6-60 所示。

(3) 擦除 1 个扇区程序流程图

擦除 1 个扇区的程序流程和擦除整块 Flash 类似，只不过由低字节地址、中字节地址和后面传输的 1 个数据组成的擦除命令不同而已。如图 6-61 所示。

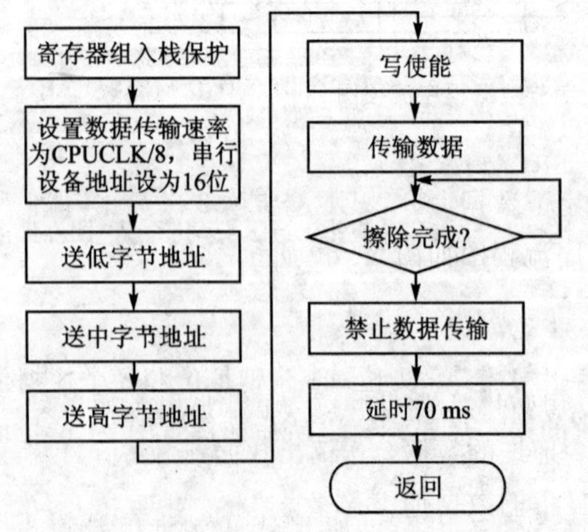

图 6-60 擦除整块 Flash 程序流程图

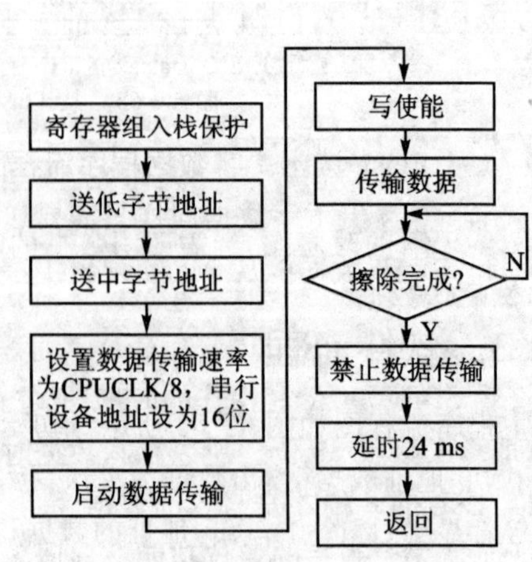

图 6-61 擦除 1 个扇区程序流程图

(4) **向 Flash 写入 1 字节数据程序流程图**

从上面的时序知道，在向 Flash 写入 1 字节的数据时，应先写入 Flash 地址，再写入 1 字节的数据。向 Flash 写入 1 字节数据程序流程图如图 6-62 所示。

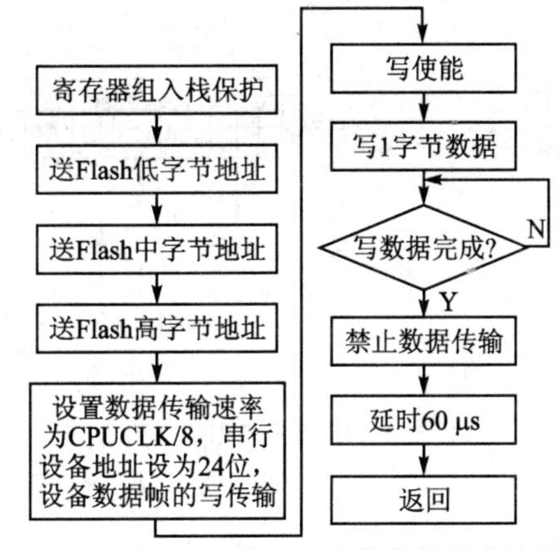

图 6-62　向 Flash 写入 1 字节数据程序流程图

(5) **从 Flash 读出 1 字节数据程序流程图**

读数据是写数据的反过程，先送由 Flash 3 字节地址组成的命令字，再读出 1 字节的数据。从 Flash 读出 1 字节数据程序流程图如图 6-63 所示。

(6) **向 Flash 写入 1 字数据程序流程图**

写 1 字数据事实上相当于写 2 字节数据，即低字节数据和高字节数据的过程，只不过只需要送一次写字节数据的命令，在写高字节数据的时候不需要再送一次写字节数据的命令。向 Flash 写入 1 字数据程序流程图如图 6-64 所示。

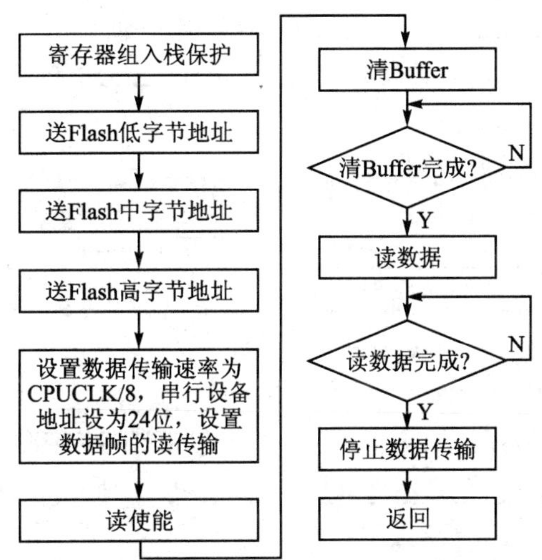

图 6-63　从 Flash 读出 1 字节数据程序流程图

(7) **从 Flash 读出 1 字数据程序流程图**

从 Flash 读出 1 字数据同样只需要送 1 次读字节数据命令，只不过要读 2 次数据，即低字节数据和高字节数据。从 Flash 读出 1 字数据程序流程图如图 6-65 所示。

6.6.3　软件流程

主程序流程图如图 6-66 所示。初始化 SIO，初始化 A 口低 8 位为同相低电平输出口，读出 0x0000 地址数据(读出数据为上次写入 0x0000 地址的数据)，送读出数据到 IOA 口控制发光二极管显示；擦除 0x0000 地址的数据；把读出显示的数据加 1，写入 0x0000 地址单元；进入主程序循环，执行清看门狗操作。

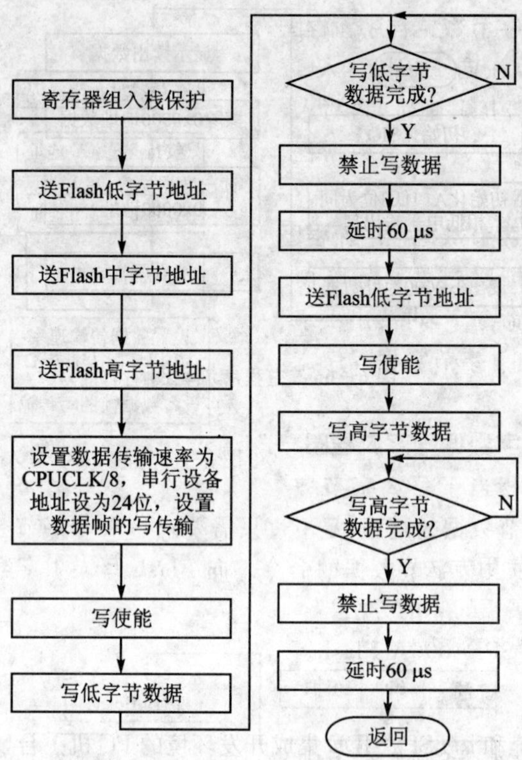

图 6－64　向 Flash 写入 1 字数据程序流程图

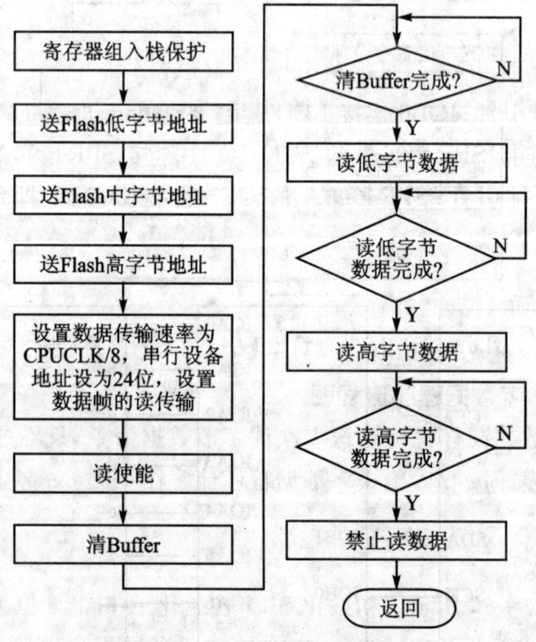

图 6－65　从 Flash 读出 1 字数据程序流程图

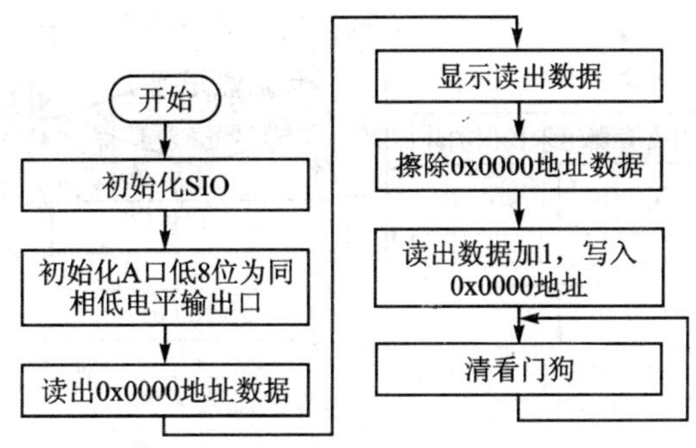

图 6-66　主程序流程图

6.6.4　训练提示

【实训目的】

① 了解 SIO 的基本使用方法。

② 掌握通过 SIO 扩展 Flash 的方法。

③ 学会读/写和擦除 SPR4096A Flash。

【实训设备】

① 装有 Windows 系统和 μ'nSP™ IDE 集成开发环境的 PC 机 1 台，SPCE061A 实验仪 1 套。

② 本实训用到的实验仪硬件模块为 CPU 区电路模块，供电电路模块，下载模式选择电路模块，SPR4096A 存储电路模块。

【硬件连接】

如图 6-67 硬件连接图，IOA 口低 8 位 IOA0～IOA7 连接 8 个 LED 的 a～h，即用跳线短接 LED_SEG 的左右两排引针；IOB6 连接 LED_DIG 的 DIG5，即把 LED_DIG 的最下面一排引针用跳线短接；IOB0 连接 SPR4096A 的 SCK，IOB1 连接 SPR4096A 的 SDA，即用跳线短接 4096PORT 的左右两排引针；SPR4096A 的 CF7 连接 DGND，即用跳线把 CF7 引针和 DGND 引针短接。

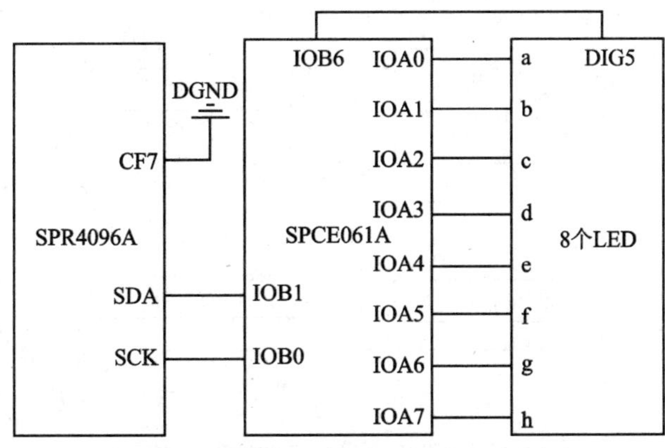

图 6-67　硬件连接图

【实训步骤】

① 新建一个工程 ex6_SPR4096_FLASH，在新工程里新建一个 C 语言文件 main. c。

② 复制驱动程序 4096. asm 到 ex6_SPR4096_FLASH 工程文件夹下。

③ 添加驱动程序 4096. asm 到"Source Files"文件夹下，编写程序时就可以直接调用程序 4096. asm 里面的 API 函数。

④ 在 main. c 文件里编写 C 语言程序。

⑤ 选择 Rebuild All 选项。

⑥ 按照硬件连接图连接电路，注意 CF7 选择 DGND。

⑦ 下载程序到实验仪上，运行。

⑧ 按下实验仪的复位键，观察发光二极管的状态变化，分析是否与实验要求统一。

6.6.5 拓展训练

修改实验程序，要求写入 SPR4096A 一段音乐，写完后读出音乐数据，并利用手动播放的方式播放出来。

第7章 综合实训

7.1 实训一 4位7段LED数码管显示

7.1.1 实训内容

① 编程要求：主程序采用C语言编写，中断服务程序采用汇编语言编写。

② 实现功能：SPCE061A单片机控制4个LED数码管的显示。

③ 实验现象：运行开始点亮所有的数码管，4位LED数码管均显示0并持续1 s。1 s后，第一位数码管从0显示到9，刷新时间为0.5 s，其他数码管全部显示0。当第一位数码管显示到9后，第一位数码管保持显示9，第二位数码管从0显示到9，刷新时间为0.5 s，其他数码管显示0。依次直到第四位数码管显示9，即4位数码管全部显示9，4位数码管全部显示0，持续1s，如此循环。其中1 s、0.5 s的时间都由2 Hz的时基信号(IRQ5)提供。4位数码管的显示状态如表7-1所列。

表7-1 4位数码管显示状态

序 号①	第一位数码管	第二位数码管	第三位数码管	第四位数码管
0	0	0	0	0
1～10	0～9②	0	0	0
11～20	9	0～9②	0	0
21～30	9	0	0～9②	0
31～40	9	0	0	0～9②
41	0	0	0	0
42～51	0～9②	0	0	0
52～61	9	0～9②	0	0
⋮	⋮	⋮	⋮	⋮

注：① 序号为0和41的状态持续1 s；其他状态刷新时间为0.5 s。

② “0～9”表示有10个状态。

7.1.2 知识要点

1. 4位8段数码管工作原理

实验仪的数码管示意图如图7-1所示，数码管电路图如图7-2所示。

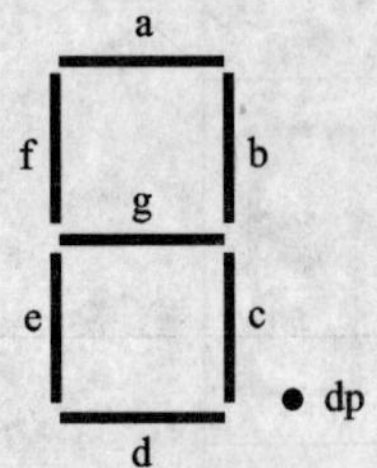

图 7-1　数码管示意图

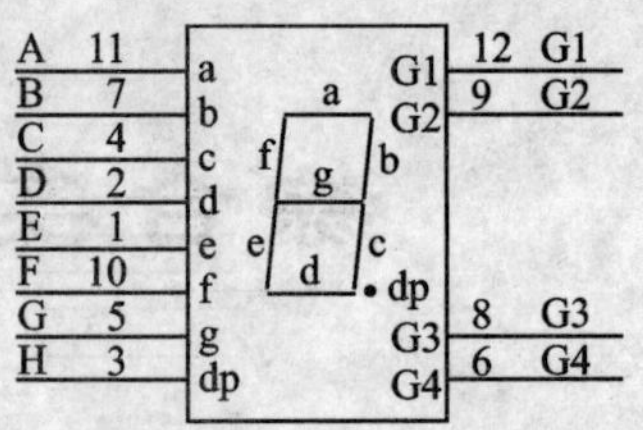

图 7-2　数码管电路图

首先介绍两个基本概念：段码和位码。段码即段选信号 SEG，它负责数码管显示的内容，图 7-1 中 a～g、dp 组成的数据(a 为最低位，dp 为最高位)就是段码。例如，1 的段码为 0x06(b=1，c=1，其他都为 0，即段码为 00000110b)，8 的段码为 0x7F。位码即位选信号 DIG，它决定哪个数码管工作，哪个数码管不工作。例如，如果仅使能 DIG4，那么 4 个 LED 只有 LED4 工作，而其他的 3 个都不工作。

当需要某一位数码管显示数字时，应先选中这位数码管的位信号，再给出显示数字的段码。例如，当在第一个数码管上显示 6 时(见图 7-3)，先选中第一位数码管的位信号(实验仪上的标号是 DIG1)，即先给与 DIG1 相连接的 I/O 口送 1，再把段码设置为 0x007D，即 a、c、d、e、f、g 各段引出的端口为高电平，就可显示出 6。

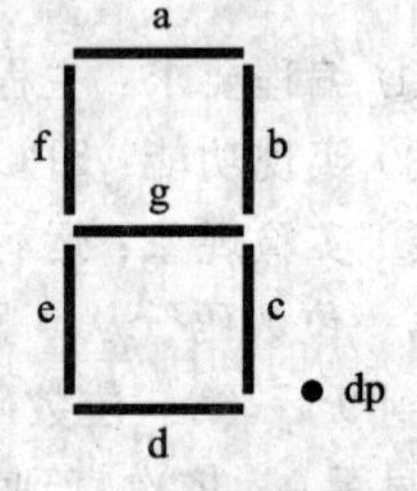

图 7-3　数码管显示 6

2. 实验仪上 SPCE061A 控制 4 位 8 段数码管的显示

实验仪在 4 位 8 段数码管的左面有 LED_SEG 和 LED_DIG 两个排针接口，其中 LED_SEG 控制此 4 位 8 段数码管的段码选择，LED_DIG 控制 4 位 8 段数码管的位选择及发光二极管的公共端选择，h 段控制小数点。把实验仪上 LED_SEG 的所有两排引针与 LED_DIG 靠上面的 4 排引针用跳线短接。其连接图如图 7-4 所示。

按照上面数码管的显示原理，当要在第四个数码管上显示 E 时，先通过 IOB5 端口给 DIG4 端口送“1”，选中第四个数码管；根据图 7-1，给 IOA0、IOA3、IOA4、IOA5、IOA6 端口各送一个“1”，点亮 a、d、e、f、g 段，就可以显示出 E。

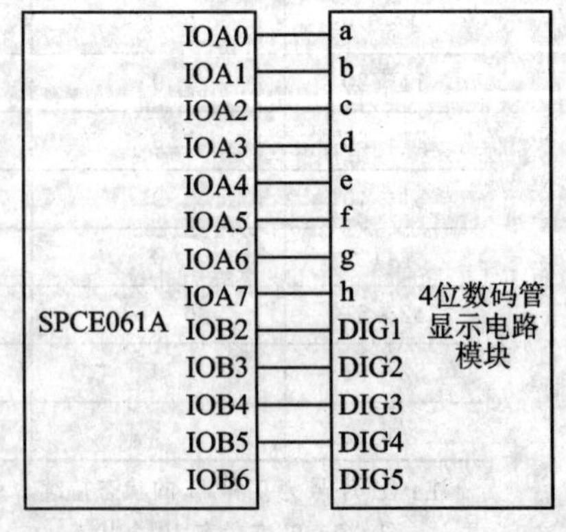

图 7-4　实验仪上 SPCE061A 和 4 位数码管显示电路模块的连接

3. 动态显示原理

动态显示是数码管显示比较常用的方式，可以很好地解决端口资源紧张问题。4 位 7 段数码管动态显示原理图如图 7-5 所示。

动态显示的过程：以显示 1234 为例说明，首先仅使能位信号 DIG4，然后发送 1 的段码 0x06 至数码管，LED4 显示 1，其余的数码管都不显示；延时一定时间之后仅使能位信号 DIG3，再发送 2 的段码 0x5b 至数码管，LED3 上显示 2；延时之后使能位信号 DIG2，再发送 3 的段码，LED2 就会显示 3；延时之后使能位信号 DIG1，再发送 4

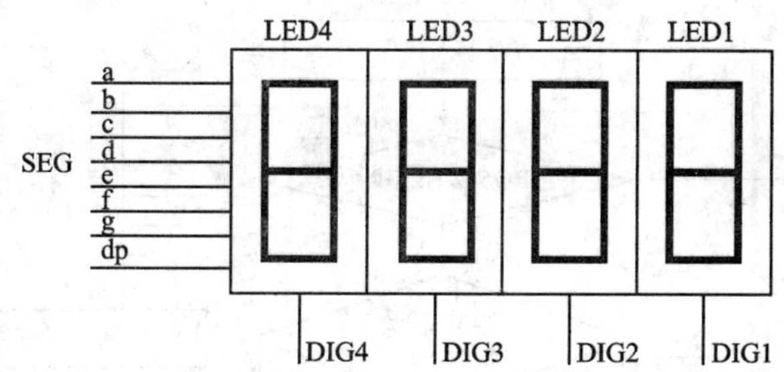

图 7-5　4 位 7 段数码管动态显示原理图

的段码，LED1 就会显示 4；如此重复循环点亮数码管。由于相邻两次（如第一次点亮 LED4 和第二次点亮 LED4）之间的时间间隔很短（$t<10$ ms），看起来仿佛 4 位数码管整体上一直在显示 1234。

动态显示的延时很重要，延时太短，数码管发光时间过短，数码管的亮度不够；延时太长，回扫间隔过大（超过 11 ms），肉眼就会感觉到闪烁。该例程采用 4 kHz 中断作为时间基准执行动态扫描，每响应一次中断，显示自动移位，回扫时间 $t=0.25$ ms * 6=1.5 ms。

通过对 I/O 口的控制，定时 1 s 的时间和 0.5 s 的时间都使用 2 Hz 的时基信号（IRQ5）。按照基础实验中 IRQ5 中断的工作原理，响应 1 次 IRQ5_2 Hz 中断需要 0.5 s 的时间，而响应 2 次中断的时间刚好是 1 s。按照实训要求，当开 IRQ5_2 Hz 中断时，6 位数码管全部显示 0 后，响应 2 次 IRQ5_2 Hz 中断，再从第一个数码管开始显示；而刷新时间刚好是响应一次 IRQ5_2 Hz 中断的时间。

7.1.3　软件流程

1. 主程序流程图

主程序流程图如图 7-6 所示。先进行系统初始化；开 2 Hz 中断；进入数码管循环显示程序。判断位信号变量是否为“0”（位信号变量由读者自己定义，这个变量在中断里会改变），如果为“0”，则 4 位数码管显示 0000；如果不为“0”，则按照位信号和段码显示数据进行显示。

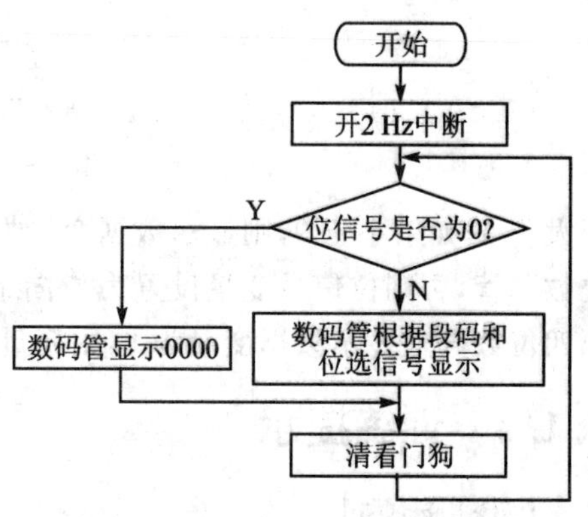

图 7-6　主程序流程图

2. 中断服务程序流程图

由于显示数据的刷新时间为 1 s 和 0.5 s，因此考虑采用 2 Hz(0.5 s)时基中断，并且在中断内部完成段码数据更新。具体的流程如图 7-7 所示。

在中断服务程序中会用到 3 个重要的变量：中断计数变量、显示数据变量和位信号变量。其中中断计数变量用于记录第几次进入中断（前 3 次有效），显示数据变量的内容为当前被刷新显示数据的数值（0～9），位信号变量用于标识被刷新数据所在位。结合主程序分析中断程序：首先显示 0000 时需要延时 1 s，使用 2 Hz 中断产生 1 s 延时，需要连续响应 2 次中断。当第二次响应中断延时满 1 s 时，设置显示数据变量和位信号变量，让第一位数码管显示“1”，其余各位仍为 0，即显示 1000。然后判断显示数据变量是

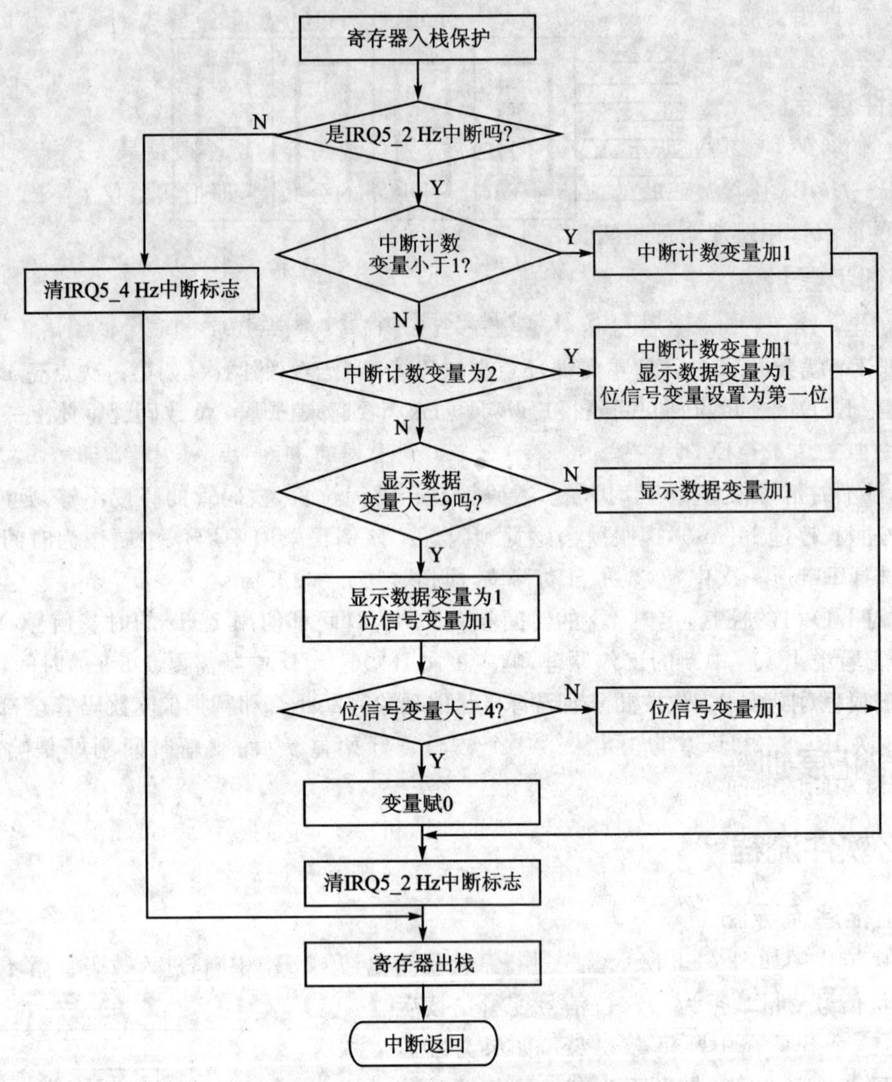

图 7-7 中断服务程序流程图

否大于 9,如果小于 9,则显示数据变量加 1;如果大于 9,则判断位信号变量是否已经指向第四位数码管,否则位信号变量设置为指向下一位数码管,显示数据变量设置为 0;如果已经指向第四位数码且显示数据变量为 9,则变量赋 0,清中断标志,中断返回。

7.1.4 训练提示

【实训目的】

① 了解 4 位 7 段 LED 数码管的工作原理。

② 熟悉并进一步掌握定时器和时基信号的使用方法。

③ 掌握 SPCE061A 单片机控制 LED 数码管显示的方法。

【实训设备】

① 装有 Windows 系统和 μ'nSP™ IDE 集成开发环境的 PC 机 1 台和 SPCE061A 实验仪 1 套。

② 本实训用到的实验仪硬件模块为CPU区电路模块、供电电路模块、下载模式选择电路模块和4位数码管电路模块。

【硬件连接】

硬件连接图如图7-4所示，IOA0～IOA7分别接数码管的7个段信号a～g和小数点信号h，IOB2～IOB6连接数码管的位信号DIG1～DIG5的公共端，即把实验仪上LED_SEG和LED_DIG的引针用跳线全部短接。

【实训步骤】

① 新建一个工程ex1_Led_Show，新建一个C语言文件main.c和一个汇编语言文件isr.asm(根据读者需要可以自己新建文件)。

② 复制头文件SPCE061A.inc和SPCE061A.h到新建工程ex1_Led_Show中。

③ 添加文件SPCE061A.h、SPCE061A.inc到工程的Head Files中，添加后可以直接用这两个头文件中申明变量或地址单元。

④ 按照程序流程图编写程序。

⑤ 选择Rebuild All选项。

⑥ 按照硬件连接图连接电路，注意断开LCD中IOB2和$\overline{CS}$的连接，以免影响第一个数码管的输出显示数据。

⑦ 下载程序到实验仪，并根据数码管显示的现象判断是否和实训要求统一。

7.1.5 拓展训练

编写程序实现数码管显示时间，要求显示“时”和“分”，即按照16.04的格式显示。时间计数用中断去实现(选择什么中断读者可自行选择)，刚开机时显示时间是00.00，接着计数显示。

7.2 实训二 1×8键盘输入在LED数码管上的显示

7.2.1 实训内容

① 编程要求：主程序采用C语言编写。

② 实现功能：给1×8键盘的每个键定义一个数字，当键按下时，将数码管上原有的显示内容左移1位，然后将按键代表的数字显示在最右边的数码管上。1×8键盘各个键对应的数字如表7-3所列。

表7-3 键盘功能表

1	2	3	4
5	6	7	8

③ 实验现象：开机后(程序运行后)，数码管全部显示0，当键按下时，数码管上显示的数字左移1位，该键对应的数字显示到最右边的数码管上。

7.2.2 知识要点

1×8键盘的工作原理在4.5节实训中已详细说明，数码管的显示原理及SPCE061A控制数码管显示在本章实训中也已详细说明，不再赘述。本实训中，键码与功能键的对应关系如

表7－2所列。根据实训要求，当取得键码为表7－2中数字键对应的键码值时，就让数码管显示这些数字键所代表的数字。

表7－2　实训要求定义的功能键与键码的对应关系

键码(IOA0～IOA7)	功能键	键码(IOA0～IOA7)	功能键
0 * 80	1	0 * 08	5
0 * 40	2	0 * 04	6
0 * 20	3	0 * 02	7
0 * 10	4	0 * 01	8

7.2.3　软件流程

1. 主程序流程图

主程序流程图如图7－8所示。首先初始化系统，进入扫键循环，调用键盘程序取键值，然后根据键值进入相应的程序：原来显示的数字左移1位，再把数字键代表的数字显示在最右边的数码管上。

2. 键值程序流程图

与前面实训中使用1×8键盘程序一样，键盘程序是利用延时的方法进行消抖处理的：先读取IOA口键值并保存在寄存器中，判断读回值是否为0，为0，则表示没有键按下，返回0；非0，则延时大约30 ms后，再次读取IOA口键值。然后比较两次读取的键值是否相同，如果相同，则返回键值；否则返回0。键盘程序流程图如图7－9所示。

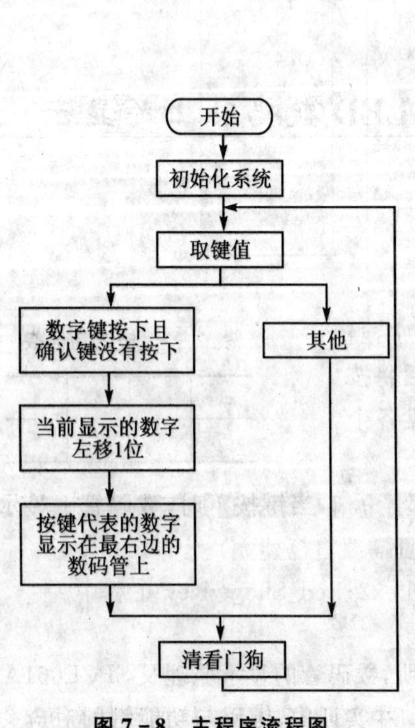

图7－8　主程序流程图

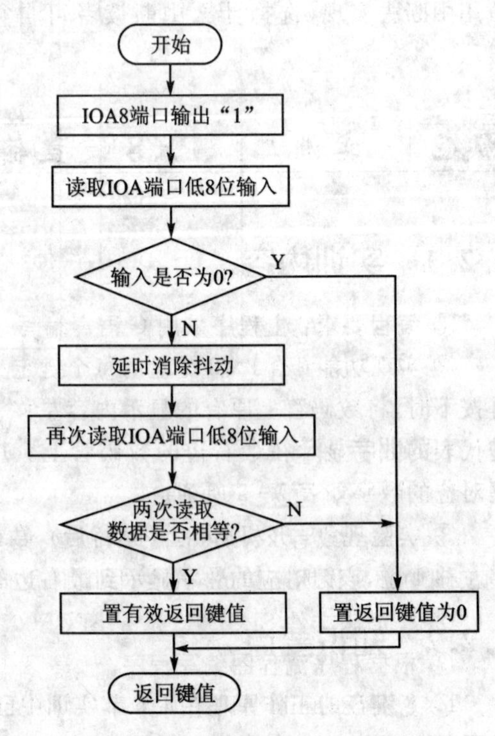

图7－9　键操作程序流程图

7.2.4 训练提示

【实训目的】

① 熟悉 SPCE061A 单片机控制数码管显示的方法。

② 熟悉 1×8 键盘的使用方法。

③ 掌握 1×8 键盘控制数码管显示的方法。

【实训设备】

① 装有 Windows 系统和 μ'nSP™ IDE 集成开发环境的 PC 机 1 台和 SPCE061A 实验仪 1 套。

② 本实训用到的实验仪硬件模块为 CPU 区电路模块、供电电路模块、下载模式选择电路模块、I/O 口引出接口模块、4 位数码管电路模块和 1×8 键盘电路。

【硬件连接】

硬件连接图如图 7-10 所示。IOA7～IOA0 连接 8 个按键的 COL1～COL8,IOA8 连接键盘的 ROW,即用跳线把 KEYPAD 的左右两排引针用跳线短接;IOB15～IOB8 连接 8 个 LED 的 a～h,即用排线分别连接 IOBHIG 与 LED_SEG。注意,这里的连接顺序是 IOBHIG 的 IOB15 脚连接 LED_SEG 的 a,IOBHIG 的 IOB8 脚连接 LED_SEG 的 h;IOB2～IOB5 脚连接 LED_DIG 的 DIG1～DIG4,即用跳线把 LED_DIG 上面的 4 排引针用跳线短接。

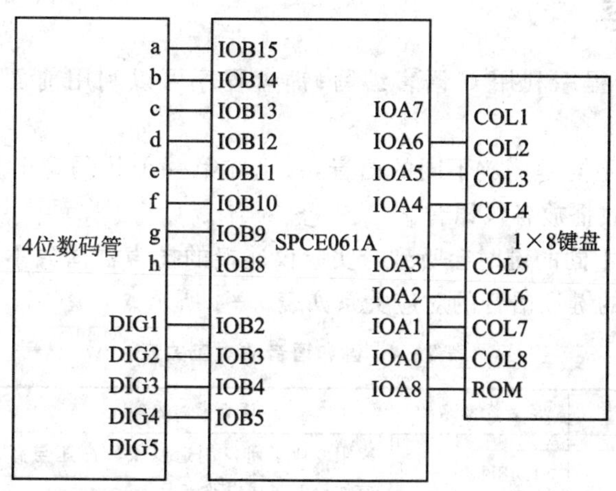

图 7-10 硬件连接图

【实训步骤】

① 新键一个工程 ex2_Led_Show_Key,在工程中新建一个 C 语言文件 main.c,以及新建文件 key.asm 或者 key.c(根据读者的编程习惯自己决定用 C 语言还是汇编语言编写。以后的实训中都只说明新建 main 文件,其他文件读者根据需要自己建立)。

② 添加头文件 SPCE061A.h、SPCE061A.inc 到 ex2_Led_Show_Key 工程中。

③ 根据程序流程图编写程序。

④ 选择 Rebuild All 选项。

⑤ 按照硬件连接图连接硬件。注意把 LCD 接口中 IOB2 与 $\overline{CS}$ 连接的跳线断开,以免影

响数码管的显示内容。

⑥ 下载程序到实验仪并运行。

⑦ 按任意数字键 1～8，观察数码管显示的内容，并分析是否与实训要求的数字键功能相同，数码管的显示是否正确。

7.2.5 拓展训练

修改实训中程序，要求把数码管显示换成采用 SPLC501 液晶显示模块显示，要求在 SPLC501 液晶显示器上显示如图 7-11 所示的图片，当有键按下时，这个键对应的功能字符及方格反色显示。例如，当按下 S2 时，显示的图片如图 7-12 所示。

1	2	3	4
5	6	7	8

图 7-11 开始显示的图片

1	2	3	4
5	6	7	8

图 7-12 当 S2 按下时显示的图片

7.3 实训三 1×8 键盘播放语音

7.3.1 实训内容

① 编程要求：主程序利用 C 语言编写；键盘程序可以利用前面几个实训编写的键盘程序。

② 实现功能：按不同键播放不同的语音，并且在第一个数码管上显示键值，注意这里要求利用自动播放的方式播放各段语音。

③ 实验现象：按不同的键时会听到与实验仪连接的扬声器播放不同的语音，并能看到数码管显示键值。具体的键和语音的对应关系如表 7-4 所示。

表 7-4 键和语音的对应关系

按 键	语音资源名称	语音资源内容	数码管显示内容
K1(数字键"1")	S1.48K	凌阳专业于研发制造以及较高速与高速加价型集成电路产品	1
K2(数字键"2")	S2.48K	凌阳用全客户委托设计模式，提供客户满意的产品与服务	2
K3(数字键"3")	S3.48K	凌阳专向与媒体语言信号处理核心技术，迎接多媒体时代的来临	3
K4(数字键"4")	S4.48K	凌阳以创新、专业保持产品的领导地位	4
K5(数字键"5")	S5.48K	凌阳以完整产品线满足客户要求	5
K6(数字键"6")	S6.48K	凌阳科技以人为本，诚信第一	6
K7(数字键"7")	S7.48K	凌阳科技走入您的生活	7
K8(数字键"8")	S8.48K	凌阳科技为专业集成电路设计公司	8

7.3.2 知识要点

以 SACM_S480 格式播放语音在第 5 章已经有详细说明，1×8 键盘的工作原理在第 4 章也已详细介绍，这里只简单介绍本实训的原理。

如图 7－13 所示，把 IOA7～IOA0 连接键盘接口（KEYPAD）的 COL1～COL8。SPCE061A 单片机进行键盘扫描，确定哪个键按下；确定之后，计算键值，例如当 K4 按下时，使返回的键值为 4。取得键值后，利用自动播放的方式播放相应索引号的语音资源。仍然以 K4 按下为例，当 SPCE061A 单片机判断取得的键值为 4 时，播放第四段语音。

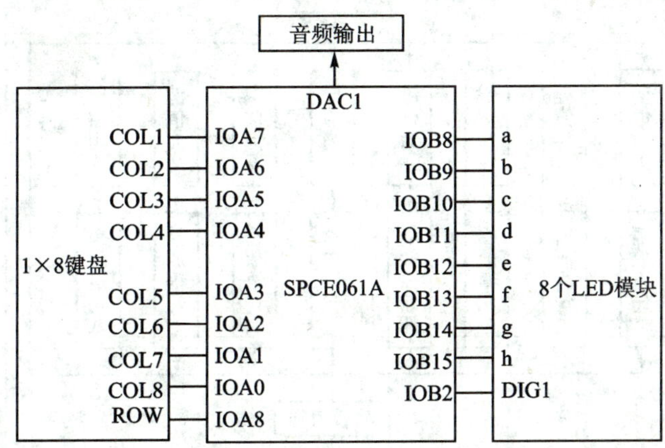

图 7－13 SPCE061A 与数码管、1×8 键盘及语音输出通道的连接框图

7.3.3 软件流程

主程序流程图如图 7－14 所示，在主程序中，先要初始化键盘并开中断，因为要播放语音，要对语音播放进行初始化，这里初始化为自动播放的方式；调用键盘程序取键值，这里可以用前几个实训的键盘程序；用第一个数码管显示取到的键值；根据键值播放实训要求相应的语音语句；执行清看门狗操作，返回，继续扫描键盘。

7.3.4 训练提示

【实训目的】

① 熟悉 1×8 键盘的使用方法。

② 熟悉语音播放过程和方法。

【实训设备】

① 装有 Windows 系统和 μ'nSP™ IDE 集成开发环境的 PC 机 1 台，SPCE061A 实验仪 1 套。

② 本实训用到的实验仪硬件模块为 CPU 区电路模块，供电电路模块，下载模式选择电路模块，I/O 口引出接口模块，4 位数码管电路模块，1×8 键盘电路，音频输出电路模块。

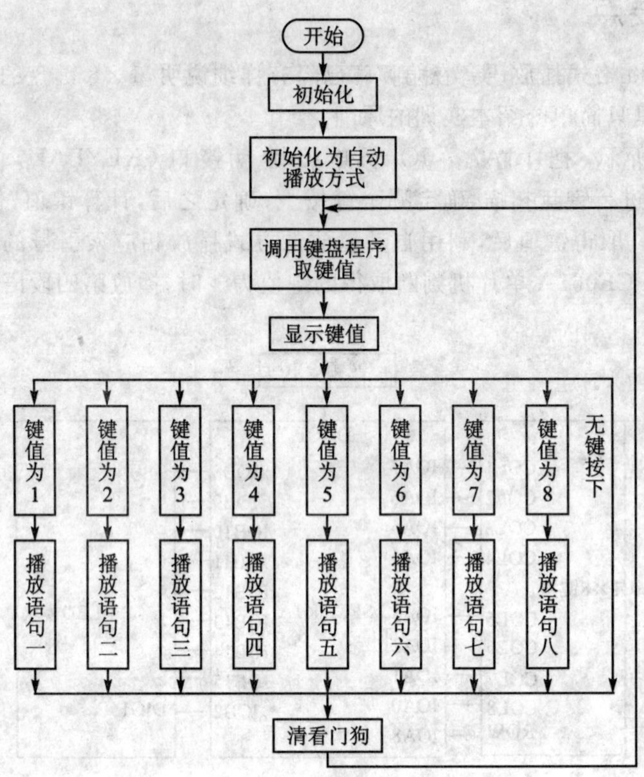

图 7-14　主程序流程图

【硬件连接】

如图 7-13 所示，IOA7～IOA0 连接键盘接口(KEYPAD)的 COL1～COL8，IOA8 连接键盘接口(KEYPAD)的 ROW，即用跳线直接把 KEYPAD 的左右两排引脚短接；IOB8～IOB15 连接数码管的 a～h，即用排线将 LED_SEG 和 IOBHIG 连接起来，注意 a 接 IOB8，h 连接 IOB15；IOB2 连接 LED_DIG 的 DIG1，即用跳线把 LED_DIG 的第一排引针用跳线短接。选择 DAC1 音频输出通道，即把扬声器接在上面一个扬声器接口，用跳线把"DAC1"和"音频"引针短接。

【实训步骤】

① 新建一个工程 ex3_LED_Key_Music，在工程里新建 C 语言文件 main.c。

② 复制并添加语音库支持文件 hardware.asm 、hardware.h 以及 hardware.inc 到 ex3_LED_Key_Music 工程中。

③ 复制语音播放库 sacmv26e.lib 和头文件 s480.h、s480.inc 到新建的 ex3_LED_Key_Music 工程文件夹下。(sacmv26e.lib 语音库在 C:\Program Files\Sunplus\unSP IDE Common\Example\SPCE061A\library 路径可以找到)。

④ 如果在以前的实训中已经编写好键盘程序、数码管显示程序，则添加到 ex3_LED_Key_Music 工程中；如果没有，则读者可以自己定义文件，编写程序。

⑤ 在 IDE 集成开发环境的 Project/Setting/link 中链接 sacmv26e.lib 库到新建的工程

中。链接库的方法见5.1节实训。

⑥ 添加 hardware. asm 到新建的工程的“Source Files”文件夹下，添加 s480. h、s480. inc、hardware. h、hardware. inc 4个头文件到“Head Files”文件夹下。

⑦ 添加语音资源 S1. 48K～S8. 48K 到工程中。S1. 48K～S8. 48K 语音资源在 C:\Program Files\Sunplus\unSP IDE Common\Example\SPCE061A\example\IntExa\ex3_LED_Key_Music\voice 路径下可以找到。

⑧ 按照程序流程图在 main. c 文件中编写程序。如果没有编写键盘程序，自行按照 1×8 键盘的工作原理编写键盘程序。

⑨ 选择 Rebuild All 选项。

⑩ 按照硬件连接图连接电路，注意把 LCD 的 IOB2 和 $\overline{CS}$ 连接的跳线拔掉。

⑪ 下载程序，运行。

⑫ 按任意键，观察第一个数码管，根据与实验仪连接的扬声器播放的声音，分析是否和实训要求相符。

7.3.5 拓展训练

自己录制8段语音，这8段语音分别是“1”、“2”、“3”、“4”、“5”、“6”、“7”、“8”；按照第5章中的实训步骤压缩成 SACM_S480 格式，第一次按键时数字键（同7.2节实训的键盘定义）数字显示在第一个数码管上，同时语音播放对应的数字。

7.4 实训四 语音识别和 LCD 显示

7.4.1 实训内容

① 编程要求：主程序利用 C 语言编写。

② 实现功能：实现语音识别功能，液晶显示器上显示不同图片，以示响应不同的语音指令。

③ 实验现象：开机后（运行后）LCD 显示器显示图片 2，按照语音提示训练，训练过程如下（详细的训练过程会在实验步骤中详细说明）：

- 提示音“1”，训练名字，读者可以自己取任意名字，训练两遍。
- 提示音“2”，训练语音“How are you”，训练两遍。
- 提示音“3”，训练语音“happy new year”，训练两遍。
- 提示音“4”，训练语音“I love you”，训练两遍。
- 提示音“5”，训练语音“go to sleep”，训练两遍。

训练成功以后，提示开始识别（提示音为 begin. 24 K），进入识别过程（详细的识别过程在实验步骤中会详细说明）：

- 识别名称，显示图片 1，播放应答音“lalalalala”。
- 识别命令“How are you”，显示图片 2，播放应答音“I’m fine”。

➤ 识别命令“happy new year”,显示图片4,播放应答音“happy new year”。

➤ 识别命令“I love you”,显示图片3,播放应答音“I love you too”。

➤ 识别命令“go to sleep”,显示图片5和图片0组成的动画图形,播放应答音打呼噜声。

注:图片见光盘\SPCE061A\example\model_Exa\ex4_LCD501_DynamicGraphic\picture。

7.4.2 知识要点

和语音播放类似,凌阳科技公司也提供了语音识别库bsrv222SDL.lib,语音识别库支持语音的识别过程。在bsrv222SDL.lib库中提供了语音识别整个过程(包括训练和识别两个过程)的API函数:

```
int BSR_DeleteSDGroup(0)
int BSR_Train  (int CommandID,int TraindMode)
void BSR_InitRecognizer(int AudioSource)
int BSR_GetResult(Void)
void BSR_StopRecognizer(void)
_BSR_FIQ_Routine
```

在上面的函数中,第一个函数为初始化函数,第二个函数为训练函数,第三到第五个函数为识别函数,最后一个函数是中断调用的函数。下面分别详细说明这些函数。

(1)【API格式】

C:int BSR_DeleteSDGroup(0)

【功能说明】 SRAM初始化。

【参 数】 该参数是辨识的一个标识符,0代表选择SRAM并初始化。

【返回值】 当SRAM擦除成功,返回0;否则,返回-1。

【备注】 语音命令的特征模型是通过BSR_Train函数保存在RAM空间中的。如果所需的RAM空间已被旧的特征模型数据占满,新特征模型则无法保存到RAM中。利用BSR_DeleteSDGroup函数可以把RAM空间中所有的特征模型删除,释放出所需空间。

(2)【API格式】

C:int BSR_Train (int CommandID,int TraindMode)

【功能说明】 训练函数。

【参 数】

CommandID:命令序号,范围为0x100~0x105,并且对于每组训练语句都是唯一的。

TraindMode:训练次数,要求使用者在应用之前训练一或两遍。

➤ BSR_TRAIN_ONCE :要求训练一次。

➤ BSR_TRAIN_TWICE :要求训练两次。

【返回值】

训练成功,返回0。

没有声音,返回-1。

需要更多的语音数据来训练,返回-2。

当环境太吵时,返回-3。

当数据库满时，返回－4。

当两次输入命令不同时，返回－5。

当序号超出范围时，返回－6。

【说明】

① 在调用训练程序之前，确保识别器正确地初始化。

② 训练次数是 2 时，则两次一定会有差异，所以一定要保证两次训练结果接近。

语音识别过程如图 7－15 所示。训练过程中，每条语音命令的长度不要超过 1.3 s。训练后得到的语音特征模型保存在 RAM 中，每条命令占用 96 Word，由于 RAM 空间的限制，同时可识别的语音命令数量最大为 5 条。如果需要识别更多语音命令，可以采用命令分组的方法。

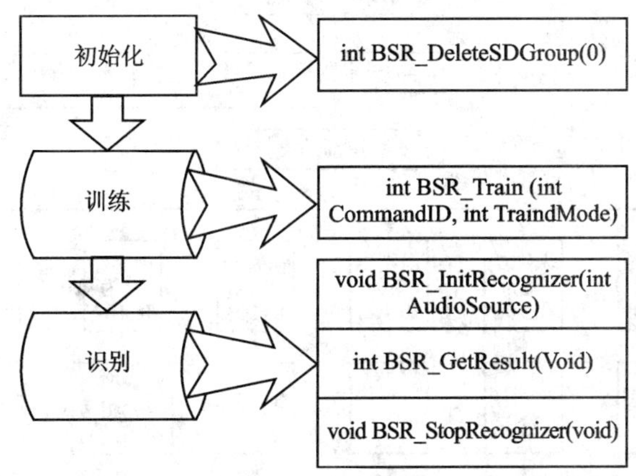

图 7－15 语音识别过程

本实训中要求利用 SPLC501 液晶显示器显示整个识别过程，由 BSR_GetResult(Void)读回的值判断要进行哪些操作，从而控制液晶显示器显示哪一幅图片。由于和前面显示的图片留下的视觉效应，就可以看到一个很听话的图片显示在屏幕上。

7.4.3 软件流程

主程序流程图如图 7－16 所示，按照实训要求，初始化 LCD 后，设置 LCD 图像显示模式为取反叠加模式，显示图片 2；调用训练函数训练；训练成功后，播放识别提示音(语音资源为 begin. 24 K)；初始化识别器，显示图像 0；进入识别循环，取识别结果，如果识别出名字，显示图片 1，播放语音“lalalalala”(语音资源为 C7. 24 K)；如果识别出第一条命令，显示图片 2，播放语音“I'm fine”(语音资源为 C2. 24 K)；如果识别出第二条命令，显示图片 4，播放语音“Happy new year”(语音资源为 C9. 24 K)；如果识别出第三条命令，显示图片 3，播放语音“I love you too”(语音资源为 C3. 24 K)；如果识别出第四条命令，交替显示图片 5 和图片 0，显示 3 次，播放语音打呼噜声(语音资源为 ZZZ. 24 K)；判断是否连续有 600 次没有识别出任何命令，如果是，显示图片 0，执行清看门狗操作；如果不是，直接执行清看门狗操作，返回取识别结果。

训练程序流程图如图 7－17 所示，训练命令时如(a)图所示，播放训练提示音；取训练结果；当两次都训练成功时，返回训练结果(成功)；如果还需要训练一次时，播放提示音“HOO”

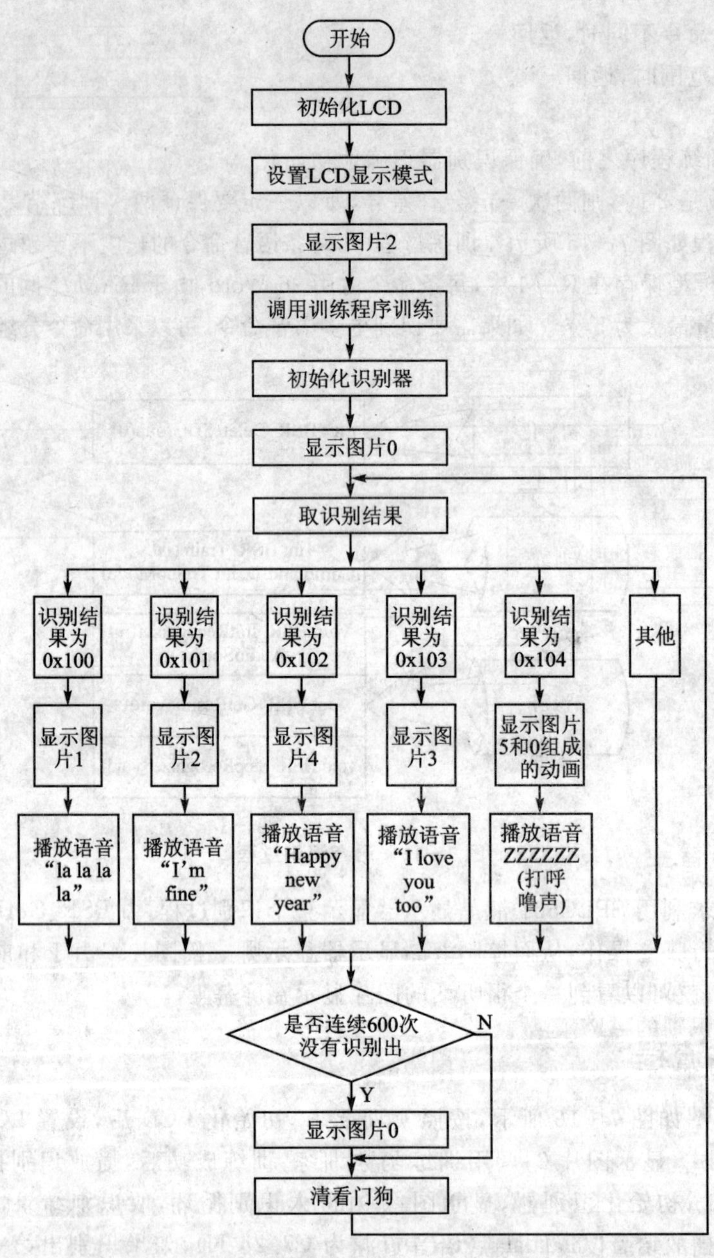

图7-16 主程序流程图

(语音资源为 hoo.24 K或者 hoo.16 K),返回循环继续训练;如果没有训练成功,包括没有检测到任何声音、环境太吵、数据库满、两次检测出声音不同和序号错误的情况,播放语音“OHOH”(语音资源为 OHOH.24 K或者 OHOH.16 K),返回训练结果(没有训练成功)。注意这里返回到训练结果程序中,即右边的程序流程中,如(b)图所示。(b)图为训练结果的程序,无论训练哪条语句,如果没有训练成功就一直循环训练,直到成功;如果训练成功,则进入下一步。

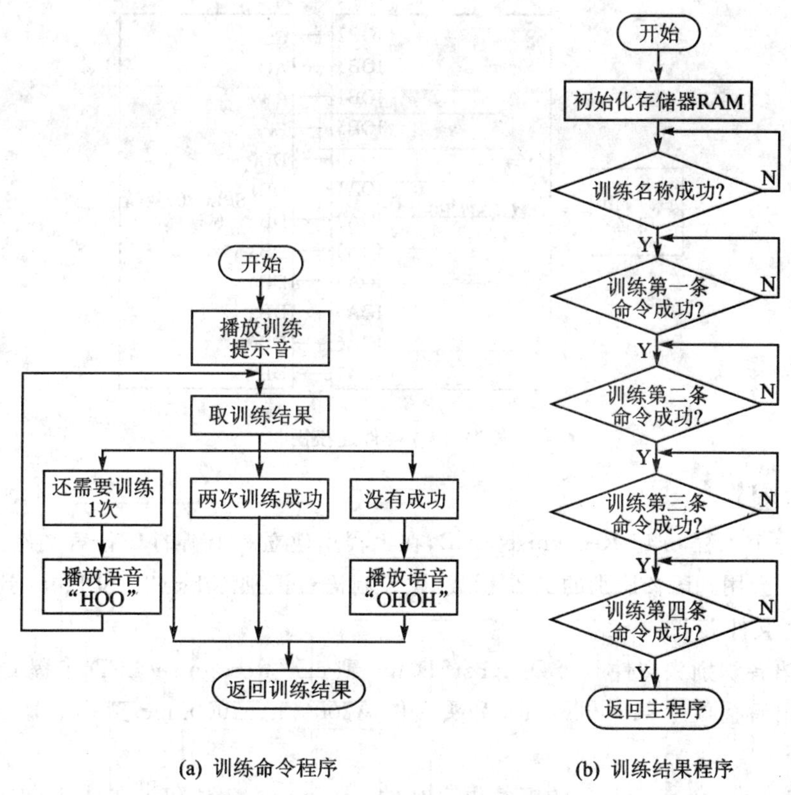

(a) 训练命令程序　　(b) 训练结果程序

图 7-17　训练程序流程图

7.4.4　训练提示

【实训目的】

① 了解语音识别的原理。

② 熟悉语音识别的 API 函数。

③ 熟悉 LCD 显示模块显示字符及图像的方法。

④ 掌握语音识别的使用方法。

【实训设备】

① 装有 Windows 系统和 μ'nSP™ IDE 集成开发环境的 PC 机 1 台,SPCE061A 实验仪 1 套。

② 本实训用到的实验仪硬件模块为 CPU 区电路模块,供电电路模块,下载模式选择电路模块,LCD 显示电路模块,音频 MIC 输入、音频输出电路。

【硬件连接】

硬件连接图如图 7-18 所示,图中,分别用跳线连接 IOB3 与 AO,IOB4 与 R/W,IOB5 与 EP,IOB2 与$\overline{CS}$,IOA0～IOA7 与 DB0～DB7;即用跳线把实验仪 LCD 的所有引针全部短接。选择 DAC1 音频输出通道,即把扬声器接在上面一个扬声器接口,用跳线把"DAC1"和"音频"引针短接。

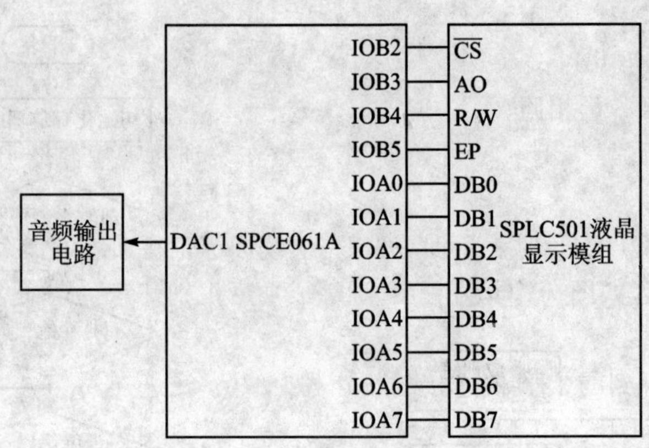

图 7-18 硬件连接图

【实训步骤】

① 新建一个工程 ex4_ Recognise_LCD，在工程里建立一个新的 C 语言文件。

② 程序中会用到语音识别的 API 函数，先复制语音识别库 bsrv222SDL. lib 到 ex4_Recognise_LCD 工程文件夹下。

③ 复制语音识别头文件 bsrSD. h、bsrSD. inc 到 ex4_Recognise_LCD 工程文件夹下。

④ 复制语音播放库 sacmv26e. lib 和头文件 A2000. h、a2000. inc 到 ex4_Recognise_LCD 工程文件夹下。

⑤ 复制支持 sacmv26e. lib 的汇编语言文件 hardware. asm 和头文件 hardware. h、hardware. inc 到 ex4_Recognise_LCD 工程文件夹下。

⑥ 复制 SPLC501 液晶显示 DataOSforLCD. asm、SPLC501Driver _ IO. asm、SPLC501Driver_IO. inc、SPLC501User. c 和 SPLC501User. h 5 个驱动程序到 ex4_Recognise_LCD 工程文件夹下。

⑦ 在 IDE 集成开发环境的 Project/Setting/link 中链接 bsrv222SDL. lib 和 sacmv26e. lib 库到工程中。

⑧ 添加 hardware. asm、DataOSforLCD. asm、SPLC501Driver_IO. asm 和 SPLC501User. c 到工程文件的“Source Files”文件夹下，添加 bsrSD. h、bsrSD. inc、A2000. h、a2000. inc、hardware. h、hardware. inc、SPLC501Driver_IO. inc、SPLC501User. h 8 个头文件到“Head Files”文件夹下。

⑨ 复制语音资源，并加载到工程当中。

⑩ 提取 BMP 图片的字模数据，并将数据加载到工程中。

⑪ 按照程序流程图编写程序。

⑫ 选择 Rebuild All 选项。

⑬ 按照硬件连接图连接硬件。

⑭ 下载程序，运行。

⑮ 训练。按照如下顺序训练：提示音“1”→输入名称→提示音“HOO”→输入名称→提示音“2”→输入“How are you”→提示音“HOO”→输入“How are you”→提示音“3”→输入“happy new year”→提示音“HOO”→输入“happy new year”→提示音“4”→输入“I love you”→提示音“HOO”→输入“I love you”→提示音“5”→输入“go to sleep”→提示音“HOO”→输

入“go to sleep”。

在训练中要注意以下几点：

➤ 两次训练命令要尽量相同；

➤ 在播放提示音后，等待 1～2 s 开始训练；这点在实训原理中介绍 BSR_Train 函数时有详细说明；

➤ 当播放提示音“OHOH”时表示训练失败，继续训练正在训练的命令。

⑯ 识别。识别过程如图 7-19 流程图，训练成功后识别任意一条命令。识别过程中现象如下：

➤ 识别“名称时”听到与实验仪连接的扬声器播放语音“lalalalala”，LCD 显示模块上显示一个吐舌头的图片。

➤ 识别“How are you”时，听到与实验仪连接的扬声器播放语音“I'm fine”，LCD 显示模块上显示一个笑脸的图片。

➤ 识别“happy new year”时，听到与实验仪连接的扬声器播放语音“happy new year”，LCD 显示模块上显示一个大笑的图片。

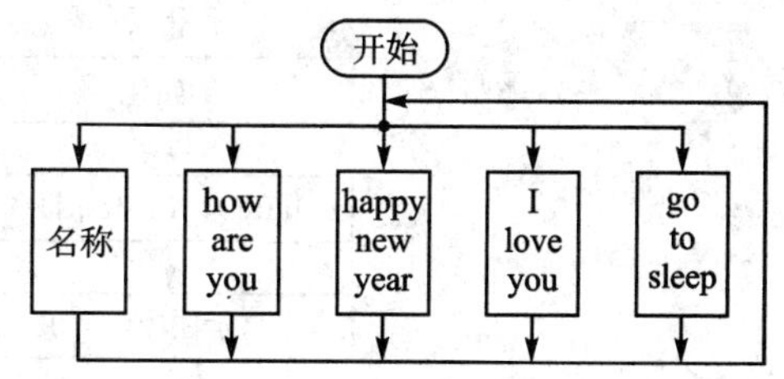

图 7-19 识别流程

➤ 识别“I love you”时，听到与实验仪连接的扬声器播放语音“I love you too”，LCD 显示模块上显示一个眨一只眼睛的图片。

➤ 识别“go to sleep”时，听到与实验仪连接的扬声器播报打呼噜的语音，LCD 显示模块上显示一个大哭和睡觉交替显示的动画图片。

⑰ 根据实训现象，分析是不是和实训要求相统一。

7.5 实训五 带有背景音乐的动态图片

7.5.1 实训内容

① 编程要求：主程序利用 C 语言编写。

② 实现功能：图片显示配合背景音乐播放。由于实训中要播放音乐，对音质的要求比较高，所以本实训要求利用 SACM_A2000 格式播放音乐。

③ 实验现象：开机后显示图像 ON_01，接着按 ON_01→ON_02→ON_03→ON_04→ON_05→ON_06→ON_07→ON_08→ON_010 的顺序循环显示动态图片，同时播放背景音乐。

7.5.2 知识要点

在本实训中，主循环中要先显示一帧或者几帧图像，而显示程序相对来说耗时较长；为了保证语音资源的及时获取，同时得到及时的解码，在设计当中利用 IRQ4 的 1 kHz 中断调用 SACM_A2000_ServiceLoop()函数，主循环当中只进行刷新显示即可。

7.5.3 软件流程

主程序流程图如图 7－20，初始化操作包括初始化 LCD 和初始化语音播放，语音播放初始化为自动播放方式；开 IRQ4_1 kHz 中断，在 1 kHz 中断当中完成语音的服务程序（SACM_A2000_ServiceLoop()）调用，以及进行计数累加（定义有一个全局的变量，用于中断计时），响应 300 次 IRQ4_1 kHz 中断的时间刚好是 LCD 动态图片的显示刷新时间 0.3 s；显示第一帧图像，也就是 ON_01 图像。调用 SACM_A2000_Play 函数播放语音；进入显示动态图片加背景音乐循环，按照实训要求顺序显示图片，刷新时间为 0.3 s，判断是否播放结束，如果播放结束，则停止播放后，调用 SACM_A2000_Play 函数循环播放；如果没有播放结束，清看门狗。IRQ4_1 kHz中断服务程序流程图如图 7－21 所示。

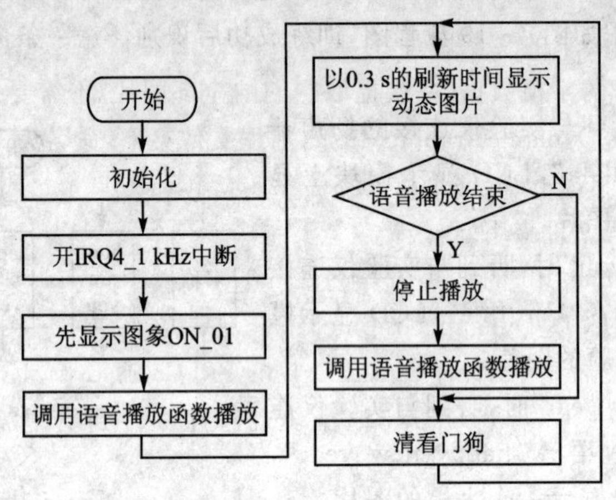

图 7－20　主程序流程图

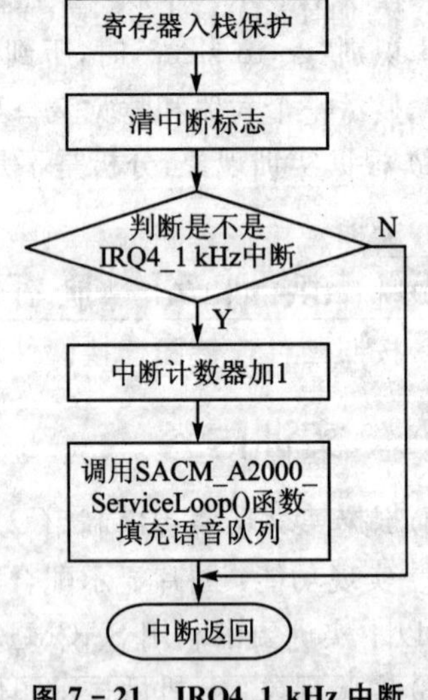

图 7－21　IRQ4_1 kHz 中断

7.5.4 训练提示

【实训目的】

① 巩固 SPLC501 液晶显示模块的使用方法。

② 掌握显示动态图片并伴有音乐背景的方法。

【实训设备】

① 装有 Windows 系统和 μ'nSP™ IDE 集成开发环境的 PC 机 1 台，SPCE061A 实验仪1 套。

② 本实训用到的实验仪硬件模块为 CPU 区电路模块，供电电路模块，下载模式选择电路模块，LCD 显示电路模块，音频输出电路。

【硬件连接】

硬件连接图如图 7－18 所示，图中，分别用跳线连接 IOB3 与 AO，IOB4 与 R/W，IOB5 与

EP,IOB2 与$\overline{CS}$,IOA0～IOA7 与 DB0～DB7;即用跳线把实验仪 LCD 的所有引针全部短接。选择 DAC1 音频输出通道,即把扬声器接在上面一个扬声器接口,用跳线把"DAC1"和"音频"引针短接。

【实训步骤】

① 新建一个工程 ex5_LCD_DynamicGraphicMusic,在新工程里建立一个 C 语言文件 main. c。(按照读者自己的编程习惯或者编程要求,可以根据实际情况自行定义更多的文件。)

② 在光盘找到实训要求的 9 幅图片。

③ 提取这 9 幅图片的字模数据,一次提取它们的全部图片,不需要一幅幅提取;字模文件保存在新建的 ex5_LCD_DynamicGraphicMusic 工程文件夹下,命名为 PicData。

④ 复制语音播放库 sacmv26e. lib 和头文件 a2000. h 、a2000. inc 到新建的 ex5_LCD_DynamicGraphicMusic 工程文件夹下。

⑤ 复制支持 sacmv26e. lib 的汇编语言文件 hardware. asm 和头文件 hardware. h、hardware. inc 到新建的 ex5_LCD_DynamicGraphicMusic 工程文件夹下。

⑥ 复制 SPLC501 液晶显示 DataOSforLCD. asm、SPLC501Driver_IO. asm、SPLC501Driver_IO. inc、SPLC501User. c 和 SPLC501User. h 5 个驱动程序文件到新建的 ex5_LCD_ DynamicGraphic Music 工程文件夹下。

⑦ 在 IDE 集成开发环境的 Project/Setting/link 中链接 sacmv26e. lib 库到新建的工程中。

⑧ 添加 PicData. c、hardware. asm、DataOSforLCD. asm、SPLC501Driver _ IO. asm 和 SPLC501User. c 文件到新建的工程的"Source Files"文件夹下,添加 PicData. h、a2000. h、a2000. inc、hardware. h、hardware. inc、SPLC501Driver_IO. inc、SPLC501User. h 6 个头文件到"Head Files"。

⑨ 按照程序流程图编写程序。

⑩ 选择 Rebuild All 选项。

⑪ 按照硬件连接图连接硬件。注意把 KEYPAD 的所有跳线断开,以免对 I/O 口数据造成影响。

⑫ 下载程序,运行。

⑬ 根据实训现象,分析是不是和实训要求相统一。

7.6 实训六 UART 控制液晶显示

7.6.1 实训内容

① 编程要求:主程序利用 C 语言编写。

② 实现功能:SPLC501 液晶显示模组显示 UART 通信的过程,包括"准备"、"接收中"和"接收完成";SPCE061A 接收到从 PC 机应用程序发送的数据后,SPR4096A Flash 存储器存储通信数据,SPLC501 液晶显示模组显示接收到的数据;UART 通信速率设置为 9 600 bits/s。

③ 实验现象：运行程序后，SPLC501 液晶显示模组显示“UART Ready”；设置 PC 端串口调试工具后，发送一串数据，SPLC501 液晶显示模组显示“Receiving”；当数据发送完成并已保存到 SPR4096A 存储器，SPLC501 液晶显示模组显示“Complete”；延时后显示“The Datais：”，并显示从 PC 机应用程序发送的数据。

7.6.2 知识要点

前面的实训已分别讲述过 SPR4096A Flash 存储器、UART 和 LCD 单独使用的原理，本实训是三者结合在一起工作时的情况，下面简要介绍一下它们结合在一起的工作原理。刚开始还没有发送数据，所以只需要调用 SPLC501 液晶显示模组驱动程序显示英文字符串“UART Ready”；当接收到从 PC 机应用软件发送的第一个数据时，调用 SPLC501 液晶显示模组驱动程序显示英文字符串“Receiving”；延时等待接收完毕，如果已经接收完成，调用 SPLC501 液晶显示模组驱动程序显示英文字符串“Complete”；之后把接收到的数据显示在 SPLC501 液晶显示模组上，这样，就完成一次 UART 通信，也可以说 SPLC501 液晶显示模组显示了通信过程。

7.6.3 软件流程

1. 主程序流程图

主程序流程图如图 7－22 所示，先进行初始化操作，包括初始化 SIO、初始化 UART 和初始化 LCD；开 IRQ 中断；擦除整个 Flash；把写入地址指向 0x5000 地址单元(即从第 10 扇区开始存储)；显示“UART Ready”到(10,15)位置；等待接收直到接收到第一个数据；清屏显示“Receiving”到(10,15)位置；延时等待接收完成，如果没有接收完数据，继续接收，如果已经接收完成，清屏显示“Complete”到(10,15)位置；延时的目的是能在 LCD 上看清楚数据发送已经完成；清

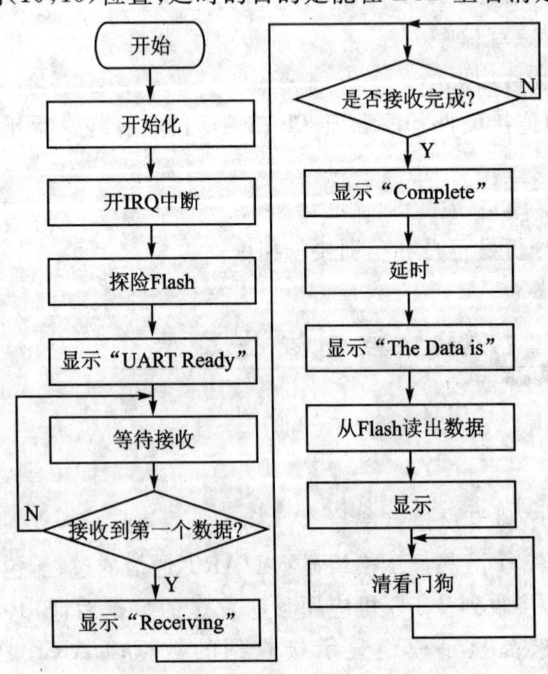

图 7－22 主程序流程图

屏显示“The Data is：”到(5,5)位置；从 SPR4096 Flash 一字节一字节地读出数据，清屏后从(5,20)开始显示读出的数据：当显示到最右边时，即 X 已经达到了 128(事实上不能达到128)，则换行显示，如果一页不能显示完全，则清屏换页显示；进入主程序循环，执行清看门狗操作。

在主程序的循环当中，有一个等待接收完毕的过程，可以利用接收超时的概念进行设计；在等待接收完成的循环等待中，利用一个全局变量(定义为超时计数器)进行不断地累加，并判断累加值是否大于设置的超时值，当检测到大于设置的超时值时，则表示数据已接收完成，进入显示接收字符数据的处理。在 UART 的接收中断服务程序当中，还有一步对前面所介绍的超时计数器进行清零的操作，也就是说，只要有连续的串行数据接收到来，就会不断对该变量清零，则在主循环当中判断接收完毕的检测会认为数据正在接收当中。只要在一定时间内没有串行数据的接收发生，超时计数器就会在循环当中累加到超时的数值，从而表明接收完毕。

2. UART 接收中断服务程序

UART IRQ(IRQ7)中断服务程序流程图如图 7-23 所示。因为每响应 1 次中断，说明接收到 1 字节数据，向 Flash 写 1 字节的数据，改变 Flash 的地址指针；当收到数据时，给收到数据标志置 1，返回主程序，这时候当接收到第一个数据时，在主程序就返回一个已经接收到第一个数据的标志。

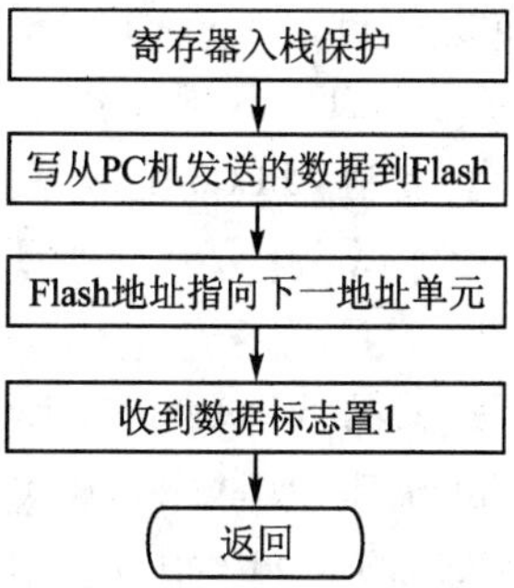

寄存器入栈保护 → 写从PC机发送的数据到Flash → Flash地址指向下一地址单元 → 收到数据标志置1 → 返回

图 7-23 中断服务程序流程图

7.6.4 训练提示

【实训目的】

① 巩固 SIO 的基本使用方法。

② 巩固 UART 的基本使用方法。

③ 巩固 LCD 的基本使用方法。

【实训设备】

① 装有 Windows 系统和 μ'nSP™ IDE 集成开发环境的 PC 机 1 台，SPCE061A 实验仪 1 套，9 针标准串口线 1 根；串口调试工具，如“串口调试助手 V2.1.exe”。

② 本实训用到的实验仪硬件模块为 CPU 区电路模块，供电电路模块，下载模式选择电路模块，LCD 显示电路模块，UART/USB 通信电路，SPR4096 存储电路模块。

【硬件连接】

硬件连接图如图 7-24 所示，图中，分别用跳线连接 IOB3 与 AO，IOB4 与 R/W，IOB5 与 EP，IOB2 接 $\overline{CS}$，IOA0～IOA7 与 DB0～DB7；即用跳线把实验仪 LCD 的所有引针全部短接；IOB0 连接 SPR4096A 的 SCK，IOB1 连接 SPR4096A 的 SDA，即用跳线短接 4096PORT 的左右两排引针；SPR4096A 的 CF7 连接 DGND，即用跳线把 CF7 引针和 DGND 引针短接；用 9 针标准串口线连接 PC 机和实验仪 UART 接口，用两个跳线把实验仪的 COMM 端口中靠左边的两排引针短接。

【实训步骤】

① 新建一个工程 ex6_UART&LCD&SPR4096，在新工程里新建 C 语言文件 main.c。(根据需要建立其他文件。)

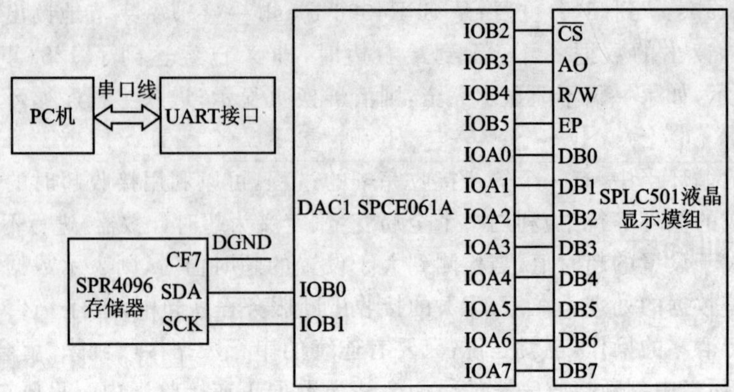

图 7－24 硬件连接图

② 复制 SPCE061A 硬件寄存器定义头文件 SPCE061A. h、SPCE061A. inc 到 ex6_UART&LCD&SPR4096 工程文件夹下。

③ 复制 SPLC501 液晶显示 DataOSforLCD. asm、SPLC501Driver_IO. asm、SPLC501Driver_IO. inc、SPLC501User. c 和 SPLC501User. h 5 个驱动程序到 ex6_UART&LCD&SPR4096 工程文件夹下。

④ 复制 SPR4096 的驱动程序 4096. asm 到 ex6_UART&LCD&SPR4096 工程文件夹下。

⑤ 添加 DataOSforLCD. asm、SPLC501Driver_IO. asm 和 SPLC501User. c、4096. asm 到工程文件的"Source Files"文件夹下，添加 SPCE061A. h、SPCE061A. inc、SPLC501Driver_IO. inc、SPLC501User. h 4 个头文件到"Head Files"文件夹下。

⑥ 按照程序流程图编写程序。

⑦ 选择 Rebuild All 选项。

⑧ 按照硬件连接图连接硬件。注意把 KEYPAD 的所有引脚全部断开，以免对 I/O 口的数据造成影响。另外注意用跳线把 COMM 左边的两排引针短接。

⑨ 下载程序，全速运行。

- 当 LCD 显示"UART Ready"时，把串口工具的波特率设置为 9600，无检验位，8 位数据位，1 位结束位。
- 从 PC 端串口工具发送数据(可以是一字节，也可以是多字节)，观察 LCD 显示内容，当收到第一个数据时应该显示"Receiving"。
- LCD 显示"Complete"时，通过存储器观察窗口(Memory)观察[P_UART_Data]单元(7023H)是不是已经接收到最后一个数据。
- LCD 显示"The Data is: "和从 PC 端应用程序发送的数据。
- 观察 LCD 显示内容，分析接收到的数据是不是正确。

⑩ 如果读者感觉第 9 步骤没有看清实训要求的状态，比如没有看清楚显示"Receiving"，只是一晃而过了，可以单击图标重新运行，加断点运行观察完整的过程。

- 在显示"UART Ready"语句的后一句加断点，运行。
- 在显示"Receiving"的语句后一句加断点，运行；从 PC 端串口工具发送一字节数据，这时候程序运行会停在显示"Receiving"语句的后一句。
- 在显示"Complete"的语句后一句加断点，运行；这时候可以看到 LCD 显示"Complete"。

➤ 运行,如果第 9 步骤显示的数据和发送数据相同,这时候 LCD 显示的数据也应该为发送的 1 字节数据。

7.7 实训七 0～3 V 电压测量表

7.7.1 实训内容

① 编程要求:主程序利用 C 语言编写,中断服务程序利用汇编语言编写。

② 实现功能:实现一个模拟电压表的功能,要求电压表能够测量电压值,在液晶显示器上显示并播报测量电压值。

③ 实验现象:开机(运行)后,显示一个图片 MM. bmp,显示并播放当前电位器所在位置的电压;变化 R_{73} 电位器,显示并播报 R_{73} 电位器变化后的电压;即只要 R_{73} 电位器改变,系统就能自动测量出 R_{73} 电位器的电压,并把测量得到的电压值播报并显示出来。(要求显示和播报电压值的精度为小数点后第 3 位)

7.7.2 知识要点

通过 SPCE061A 内部 ADC 采集数据,如图 7－25 所示。当滑动头变化时,IOA0 口输入的电压就随着变化;当已经通过[P_ADC_Ctrl]启动转换,通过[P_ADC_MUX_Ctrl]设置从 LINE_IN1 输入时,读取[P_ADC_MUX_Data]即可得到转换数据。把这些数据换算成电压值,然后把电压值按从个位到小数点后第 3 位的顺序播报和显示。

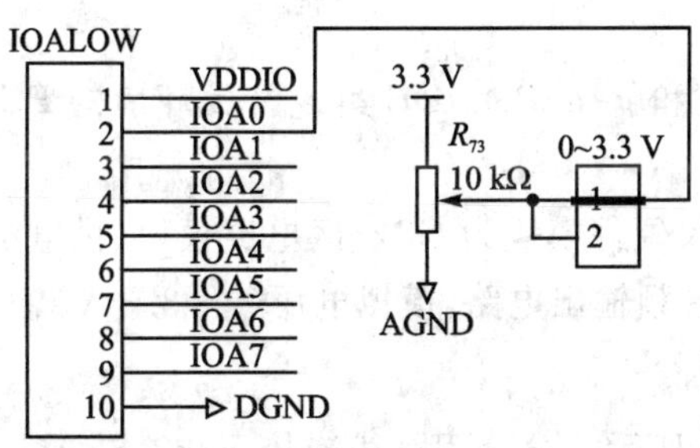

图 7－25 0～3.3 V 直流电平输入电路

7.7.3 软件流程

主程序流程图如图 7－26 所示。初始化 LCD 后,显示开机图片 MM;进入电压测量循环:启动转换,采集 20 个转换数据并取平均值,主要是为了减少误差;计算电压值;如果和上次电压值之差小于±0.1 V,则电压没有变化,返回继续采集数据;如果和上次电压值之差大于±0.1 V,表示有电压变化,计算电压各位(包括个位到小数点后 3 位)的数;清屏,显示图片 MM;播报并显示电压值。

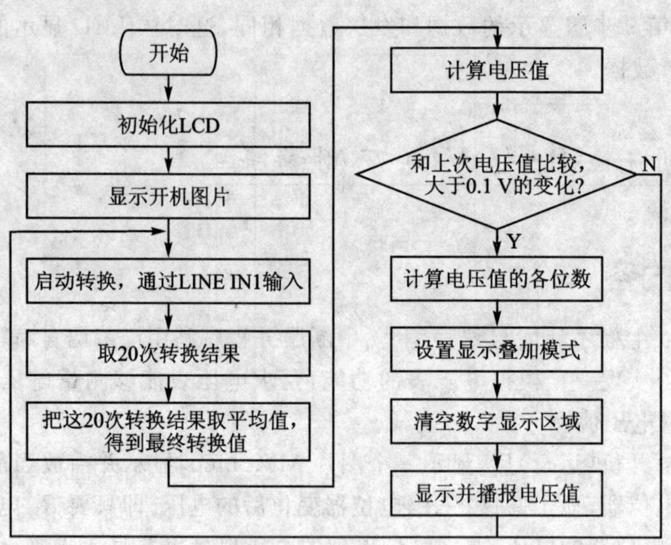

图 7-26 主程序流程图

7.7.4 训练提示

【实训目的】

① 熟悉凌阳音频算法和 SACM_S480 格式的语音播放方式。

② 熟悉实验仪 LCD 显示模块的使用方法。

③ 进一步掌握 SPCE061A 内部 ADC 的使用方法。

【实训设备】

① 装有 Windows 系统和 μ'nSP™ IDE 集成开发环境的 PC 机 1 台,SPCE061A 实验仪 1 套。

② 本实训用到的实验仪硬件模块为 CPU 区电路模块,供电电路模块,下载模式选择电路模块,LCD 显示电路模块,音频输出电路,模拟电压(0～3.3 V)输入电路模块。

【硬件连接】

硬件连接图如图 7-27 所示。分别用跳线连接 IOB3 与 AO,IOB4 与 R/W,IOB5 与 EP,IOB2 与$\overline{CS}$,IOA8～IOA15 与 DB0～DB7,即用跳线把实验仪 LCD 的上面 5 排引针全部短接,用排线连接 IOAHIG 和 LCD 的数据口 DB0～DB7;选择 DAC1 音频输出通道,即把扬声器接在上面一个扬声器接口,用跳线把"DAC1"和"音频"引针短接;IOA0 连接 R_{73} 电位器,即用排线把 IOALOW 的 IOA0 引针和 0～3.3 V 接口(模拟电压输入电路模块)中任一引针连接起来。

【实训步骤】

① 新建一个工程 ex7_VoltageMeasureFrom0To3,新建一个 C 语言程序 main.c。(根据编程需要,读者可自行新建其他文件)。

② 复制支持 sacmv26e.lib 的汇编语言文件 hardware.asm 和头文件 hardware.h、hardware.inc 以及头文件 SPCE061A.h 和 SPCE061A.inc 到 ex7_VoltageMeasureFrom0To3 工

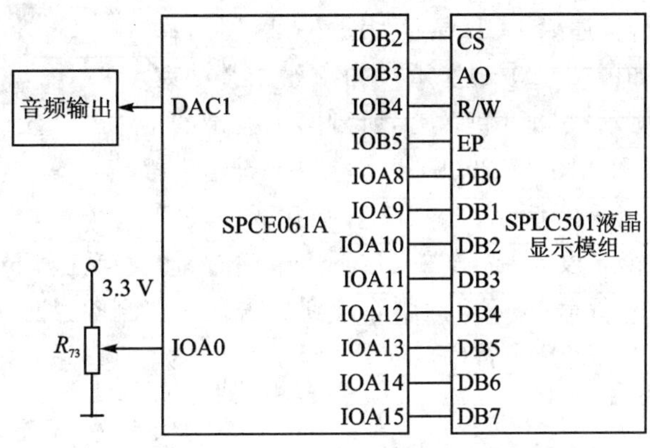

图 7－27　硬件连接图

程文件夹下。

③ 复制语音播放库 sacmv26e. lib 和头文件 s480. h、s480. inc 到 ex7_VoltageMeasureFrom0To3 工程文件夹下。

④ 复制语音资源到当前工程的文件夹中，并将语音资源加载到工程中。

⑤ 复制 SPLC501 液晶显示 DataOSforLCD. asm、SPLC501Driver_IO. asm、SPLC501Driver_IO. inc、SPLC501User. c 和 SPLC501User. h 五个 LCD 驱动程序到 ex7_VoltageMeasureFrom0To3 工程文件夹下。

⑥ 在 IDE 集成开发环境的 Project→Setting→link 中链接 sacmv26e. lib 库到工程中。

⑦ 添加 hardware. asm、DataOSforLCD. asm、SPLC501Driver_IO. asm 和 SPLC501User. c 到工程文件的"Source Files"文件夹下，添加 s480. h、s480. inc、hardware. h、hardware. inc、SPLC501Driver_IO. inc、SPLC501User. h 六个头文件到"Head Files"文件夹下。

⑧ 按照程序流程图编写程序。

⑨ 选择 Rebuild All 选项。

⑩ 按照硬件连接图连接硬件。注意把 IOALOW 的 IOA0 引针和 0～3.3 V 接口中任一引针连接，把 KEYPAD 的所有跳线全部拔掉，以免对 I/O 口的数据造成影响。

⑪ 下载程序，运行。

⑫ 调节 R_{73} 电位器(模拟电压输入电路模块)，观察 LCD 显示数据和与实验仪连接的扬声器播报的数据，分析是不是和实训要求相统一。

7.8　实训八　录音笔

7.8.1　实训内容

① 编程要求：主程序采用 C 语言编写。

② 实现功能：实现一个录音笔功能，要求 1×8 键盘控制录/放音过程，录入语音存储到 SPR4096A 存储器中。LCD 显示现象如图 7－28 所示，图中 STOP 的后面显示一个空心方

框，表示录音或者放音结束。

③ 实验现象：运行程序后 LCD 显示如图 7-28 所示；按 K1 键录音，LCD 显示如图 7-29(a)所示；按 K2 键录音结束，LCD 显示如图 7-28 所示；按 K3 键放音，听到第一段录的语音被播放出来，LCD 显示如图 7-29(b)所示；按 K2 键语音播放结束，LCD 显示如图 7-28 所示；按 K4 键，听到下一段(第一次按这个键时，播放第二段录音，第二次按下这个键时，播放第三段录音)录音被播放出来，LCD 显示如图 7-29(b)所示；按 K5 键删除录到的语音。在删除过程中，和上面几个图片类似，LCD 显示方框在 DELETE 字符串后面。

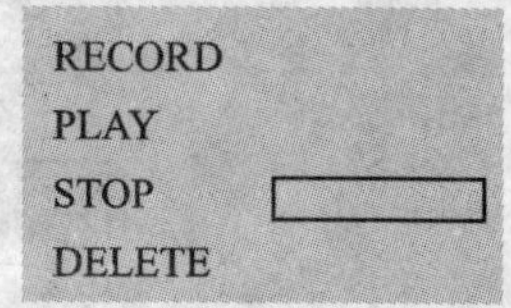

图 7-28 液晶显示器显示现象

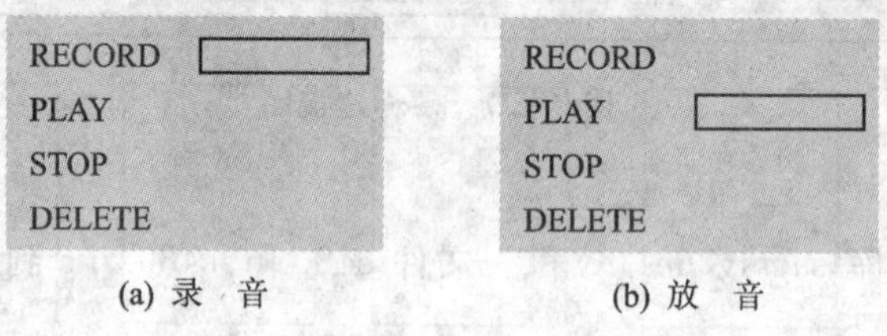

(a) 录 音　　(b) 放 音

图 7-29 录音与放音过程中的 LCD 显示

7.8.2 知识要点

利用显示字符串函数先把这些字符串全部显示在 LCD 上，利用画矩形函数画一个空心的矩形框，根据取到的键值判断在 LCD 的哪个位置显示空心的方框，在录放音的整个过程中只需要纵向移动这个空心方框就可以了。

录音时，通过 MIC 录入语音，利用 DVR 的 API 函数，把录入语音队列中的语音资源先用 SACM_DVR_FetchQueue()函数取出来，写到 SPR4096 Flash 中去。下一次录音时，从前面一段语音资源存放结束地址的下一个地址开始存放。放音时，先找到语音资源存储的起始地址，并从 SPR4096 Flash 中读出语音数据，然后逐字节地填充到语音播放队列中解码播放，一直到该段语音资源存储的结束地址。

7.8.3 软件流程

主程序流程图如图 7-30 所示。首先进行初始化，初始化包括 I/O 口初始化、LCD 初始化和 SIO 初始化；其次擦除整个 Flash，以存储录音数据；然后设置 LCD 显示模式为取反叠加模式，LCD 显示一个停止模式(分别显示 RECORD、PLAY、STOP、DELETE，在 STOP 后面显示一个空心的矩形方框)，即显示如图 7-28 所示的图，在 STOP 后面显示方框；最后进入录放音循环，扫描键盘取键值。如果扫描到 K1 按下，则进行录音处理；如果扫描到 K2 按下，则进行停止录音或者停止放音处理；如果扫描到 K3 按下，则播放第一段语音；如果扫描到 K4 按下，则播放下一段录音；如果扫描到 K5 按下，则擦除整个 Flash，删除所有录音。

注意：各个功能实现程序在前面的实训中都已讲过，这里不再给出流程图。

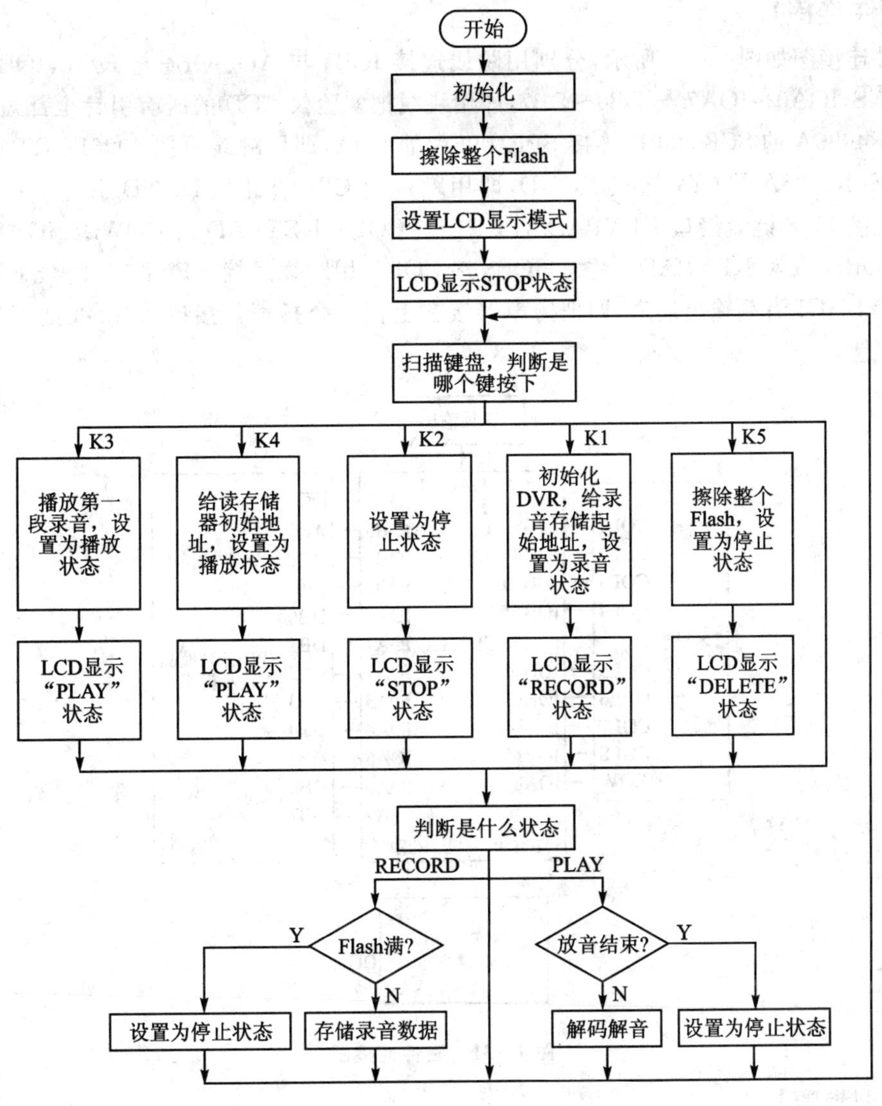

图 7-30　主程序流程图

7.8.4　训练提示

【实训目的】

① 巩固 SIO 的基本使用方法。

② 巩固 LCD 的基本使用方法。

③ 巩固凌阳音频算法及语音播放方法。

【实训设备】

① 装有 Windows 系统和 μ'nSP™ IDE 集成开发环境的 PC 机 1 台，SPCE061A 实验仪1 套”。

② 本实训用到的实验仪硬件模块为 CPU 区电路模块、供电电路模块、下载模式选择电路模块、LCD 显示电路模块、SPR4096 存储电路模块、1×8 键盘电路和音频输出电路模块。

【硬件连接】

硬件连接图如图 7-31 所示，分别用跳线连接 IOB3 与 AO、IOB4 与 R/W，IOB5 与 EP，IOB2 与$\overline{CS}$，IOA0～IOA7 与 DB0～DB7，即用跳线把实验仪 LCD 的所有引针全部短接；IOB0 连接 SPR4096A 的 SCK，IOB1 连接 SPR4096A 的 SDA，即用跳线短接 4096PORT 的左右两排引针；SPR4096A 的 CF7 连接 DGND，即用跳线把 CF7 引针与 DGND 引针短接；IOB8～IOB15 连接 1×8 键盘接口 KEYPAD 的 COL1～COL8，KEYPAD 的 ROW 接 IOA8，即用排线连接 IOBHIG 和 KEYPAD。注意，IOB8 接 COL1，用跳线短接 KEYPAD 的最下面一排引针。选择 DAC1 音频输出通道，即把扬声器接在上面一个扬声器接口，用跳线把 DAC1 与音频引针短接。

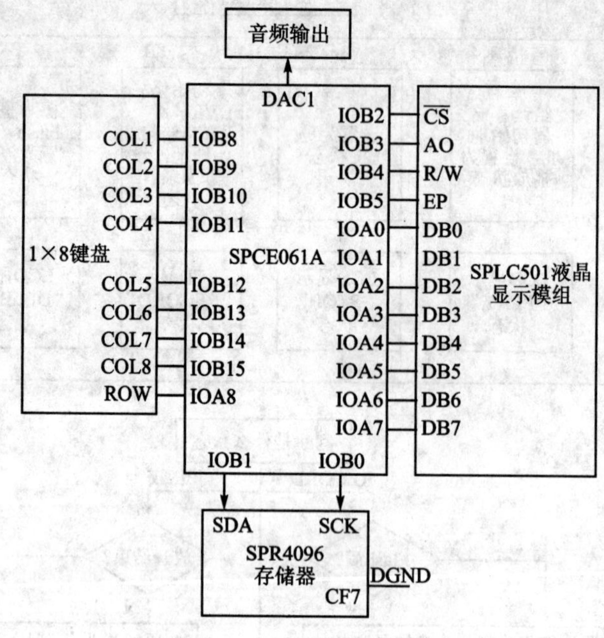

图 7-31　硬件连接图

【实训步骤】

① 新建一个工程 ex8_Record，在工程中新建个 1 个 C 语言文件 main. c 和 1 个汇编语言文件 isr. asm。

② 复制头文件 SPCE061A. h 和 SPCE061A. inc 到 ex8_Record 工程文件夹下。

③ 复制语音播放库文件 sacmv26e. lib 和支持文件 hardware. asm、hardware. inc、hardware. h、sram. asm，以及头文件 dvr. h、dvr. inc 到 ex8_Record 工程文件夹下。

④ 复制 SPLC501 液晶显示 DataOSforLCD. asm、SPLC501Driver_IO. asm、SPLC501Driver_IO. inc、SPLC501User. c 和 SPLC501User. h 共 5 个 LCD 驱动程序到 ex8_Record 工程文件夹下。

⑤ 复制 SPR4096 的驱动程序 4096. asm 到 ex8_Record 工程文件夹下。

⑥ 在 IDE 集成开发环境的 Project→Setting→link 中链接 sacmv26e. lib 库到工程中。

⑦ 添加 DataOSforLCD. asm、SPLC501Driver_IO. asm、SPLC501User. c、hardware. asm、sram. asm 和 4096. asm 到工程文件的 Source Files 中，添加 dvr. h、dvr. inc、SPCE061A. h、

SPLC501User.h、SPCE061A.inc、SPLC501Driver_IO.inc 和 SPLC501User.h 共 6 个头文件到 Head Files 中。

⑧ 按照程序流程图编写程序。

⑨ 选择 Rebuild All 选项。

⑩ 按照硬件连接图连接硬件。注意：CF7 与 DGND 引针短接，DAC1 与音频引针短接。

⑪ 下载程序，运行，观察 LCD 是否显示 STOP 状态。

⑫ 按"录音"键(K1)，开始录音，LCD 显示 RECORD 状态。

⑬ 按"停止"键(K2)，停止录音，LCD 显示 STOP 状态。

⑭ 按"放音"键(K3)，开始放音，LCD 显示 PLAY 状态。

⑮ 按"停止"键(K2)，停止录音，LCD 显示 STOP 状态。

⑯ 按"录音"键(K1)，开始录音，LCD 显示 RECORD 状态，录入第二段语音。

⑰ 按"停止"键(K2)，停止录音，LCD 显示 STOP 状态，第二段语音录入结束。

⑱ 按"放音"键(K3)，开始放音，LCD 显示 PLAY 状态，这时候发现播放的仍然是第一段语音。

⑲ 按"播放下一段"键(K4)，播放第二段录入的语音。

⑳ 按"删除"键(K5)，LCD 显示 DELETE 状态。再按"放音"键(K3)，发现这时候的语音全部被删除。

参考文献

[1] 李晶皎. 嵌入式语音技术及凌阳16位机单片机应用[M]. 北京：北京航空航天大学出版社,2003.

[2] 张齐,杜群贵. 单片机应用系统设计技术——基于C语言编程[M]. 北京：电子工业出版社,2004.

[3] 林全新,苏丽娟. 单片机原理与接口技术[M]. 北京：人民邮电出版社,2002.

[4] 谢志萍,林金泉. 传感器与检测技术[M]. 北京：电子工业出版社,2004.

[5] 侯大年,常江,王瑾,戴士弦. 电工技术. 北京：电子工业出版社,2005.

[6] 李明,赵淑娟. 电机与电力拖动[M]. 北京：电子工业出版社,2006.

[7] 任哲. C++面向对象程序设计[M]. 北京：高等教育出版社,2003.

[8] 吴金,沈庆阳,郭庭吉. 8051单片机实践与应用[M]. 北京：清华大学出版社,2002.

[9] 杨文显. 微机原理与接口技术[M]. 北京：电子工业出版社,2007.

[10] 薛弘晔,刘原,马永. 计算机控制技术[M]. 西安：西安电子科技大学出版社,2003.

[11] 杨志忠,卫桦林. 数字电子技术[M]. 北京：高等教育出版社,2003.

[12] 刘淑英,蔡胜乐,王文辉. 电路与电子学[M]. 北京：电子工业出版社,2002.

[13] 高鹏,安涛,寇怀成. Protel 99入门与提高[M]. 北京：人民邮电出版社,2000.

书　　名	作　者	定价	出版日期
PIC 单片机			
dsPIC 数字信号控制器入门与实战——入门篇(含光盘)	石朝林	49.0	2009.01
PIC 单片机 C 程序设计与实践	后闲哲也	39.0	2008.07
其他公司单片机			
Freescale 08 系列单片机开发与应用实例(含光盘)	何此昂	39.0	2009.01
MSP430 系列 16 位超低功耗单片机原理与实践(含光盘)	沈建华	48.0	2008.07
ST7 单片机 C 程序设计与实践(含光盘)	梁海波	36.0	2008.06
HT48Rxx I/O 型 MCU 在家庭防盗系统中的应用	吴孔松	32.0	2008.06
HT46xx AD 型 MCU 在厨房小家电中的应用	杨　斌	35.0	2008.06
HT46xx 单片机原理与实践(含光盘)	钟启仁	55.0	2008.09
AVR 单片机入门与实践	李　泓	38.0	2008.04
AVR 单片机原理及测控工程应用——基于 ATmega 48/ATmega 16	刘海成	39.0	2008.03
MSP430 单片机基础与实践(含光盘)	谢兴红	28.0	2008.01
AVR 单片机嵌入式系统原理与应用实践　(含光盘)	马　潮	52.0	2007.10
HCS12 微控制器原理及应用	王　威	26.0	2007.10
总线技术			
圈圈教你玩 USB(含光盘)	刘　荣	39.0	2009.01
ET44 系列 USB 单片机控制与实践	董胜源	39.0	2008.09
8051 单片机 USB 接口 VB 程序设计	许永和	49.0	2007.10
现场总线 CAN 原理与应用技术(第 2 版)	饶运涛	42.0	2007.08
其　他			
短距离无线通信详解——基于 CYWM6935 芯片	喻金钱	32.0	2009.01
FPGA/CPLD 应用设计 200 例(上、下)	张洪润	92.0	2009.01

书　　名	作　者	定价	出版日期
Verilog HDL 入门(第 3 版)	夏宇闻译	39.0	2008.10
SystemC 入门(第 2 版)(含光盘)	夏宇闻译	36.0	2008.10
Verilog 数字系统设计教程(第 2 版)	夏宇闻	40.0	2008.06
Altium Designer 快速入门	徐向民	45.0	2008.11
Profel DXP 2004 电路设计与仿真教程	李秀霞	33.0	2008.03
数字信号处理的 SystemView 设计与分析(含光盘)	周润景	29.0	2008.01
传感器技术大全(上)、(中)、(下)	张洪润	78.0 76.0 82.0	2007.10
计算机系统结构	胡越明	32.0	2007.10
EDA 实验与实践	周立功	34.0	2007.09
高职高专规则教材——传感器与测试技术	李　娟	22.0	2007.08
EDA 技术与可编程器件的应用	包　明	45.0	2007.09
传感器与单片机接口及实例	来清民	28.0	2008.01
基于 MCU/FPGA/RTOS 的电子系统设计方法与实例	欧伟明	39.0	2007.07
无线发射与接收电路设计(第 2 版)	黄智伟	68.0	2007.07
电子技术动手实践	崔瑞雪	29.0	2007.06
数字电子技术	靳孝峰	38.0	2007.09
ZigBee 网络原理与应用开发	吕治安	35.0	2008.02
无线单片机技术丛书——CC1110/CC2510 无线单片机和无线自组织网络入门与实战	李文仲	29.0	2008.04
无线单片机技术丛书——ARM 微控制器与嵌入式无线网络实战	李文仲	55.0	2008.05
无线单片机技术丛书——ZigBee 2006 无线网络与无线定位实战	李文仲	42.0	2008.01
无线单片机技术丛书——CC1010 无线 SoC 高级应用	李文仲	41.0	2007.07
无线 CPU 与移动 IP 网络开发技术	洪　利	56.0	2008.03
电子设计竞赛实训教程	张华林	33.0	2007.07

注：表中加底纹者为 2008 年后出版的图书。

以上图书可在各地书店选购，或直接向北航出版社书店邮购(另加 3 元挂号费)邮购电话：010－82316936

地址：北京市海淀区学院路 37 号北航出版社书店 5 分箱　邮购部收　邮编：100083　邮购 Email：bhcbssd@126.com

投稿联系电话：010－82317035、82317022　传真：010－82317022　投稿 Email：emsbook@gmail.com